“十三五”江苏省高等学校重点教材(编号：2018-1-049)

高职高专国家示范性院校课改教材

单片机应用技术(C语言版)

(第二版)

主　编　单正娅　芮长颖

副主编　冯宏伟　曹小兵

主　审　郭　琼

西安电子科技大学出版社

内 容 简 介

本书共八个项目，内容包括单片机最小系统设计、流水灯系统设计、交通灯系统设计、电子万年历系统设计、数据采集与输出系统设计、串行通信系统设计、单片机应用系统设计及STM32单片机开发入门简介。本书紧密结合高职高专的教育特点，通过19个任务的引领，使读者掌握单片机的应用技能以及项目开发与设计方法。

本书内容循序渐进，可作为高职高专电子、自动化、计算机等相关专业的教材，也可作为相关领域技术人员的参考书。

图书在版编目(CIP)数据

单片机应用技术：C语言版 / 单正娅，芮长颖主编. —2版. —西安：
西安电子科技大学出版社，2020.8(2021.11重印)
ISBN 978-7-5606-5673-1

Ⅰ. ① 单…　Ⅱ. ① 单…　② 芮…　Ⅲ. ① 单片微型计算机—C语言—程序设计—高等职业教育—教材　Ⅳ. ① TP368.1

中国版本图书馆CIP数据核字(2020)第076770号

策　　划　秦志峰
责任编辑　王　瑛
出版发行　西安电子科技大学出版社(西安市太白南路2号)
电　　话　(029)88202421　88201467　　邮　　编　710071
网　　址　www.xduph.com　　电子邮箱　xdupfxb001@163.com
经　　销　新华书店
印刷单位　陕西日报社
版　　次　2020年8月第2版　　2021年11月第7次印刷
开　　本　787毫米×1092毫米　1/16　印　张　16
字　　数　377千字
印　　数　11 201～14 200册
定　　价　39.00元
ISBN 978-7-5606-5673-1 / TP
XDUP 5975002-7
如有印装问题可调换

前　言

初次接触单片机的高职院校学生普遍感到单片机难学，针对这种情况，作者根据自己多年单片机教学的经验积累，同时吸取其他高职院校教学改革的成果和经验，以 MCS-51 系列单片机为主线，突出单片机的实用性和应用性，编写了本书，希望高职院校的学生在学习单片机时不再望而生畏。

本书在编写时，力求以通俗的语言、精简的内容，使初学者快速入门。本书的主要特点如下：

(1) 采用项目教学法。在项目的选取上，按照由浅入深、循序渐进的原则，并充分考虑初学者的接受能力，确定了 8 个项目 19 个任务。每个项目在内容上以够用为原则，仅包含该项目所必需的硬件、软件知识，不求全，只求精。针对每个项目，始终贯彻先硬件后软件的开发思想，先设计硬件原理图，再画出流程图，并编写源程序。

(2) 体现新技术的应用。随着嵌入式技术的发展，如 STM32 这种 32 位的 ARM 因速度快、资源丰富而逐渐得到广泛应用。考虑到许多毕业生面临从 51 单片机到 ARM 的迁移，本书修订时增加了 STM32 案例。通过开发案例的介绍，让学生了解 32 位 ARM 的应用开发过程。

(3) 引入 Proteus 和 Keil 的联调。单片机的教学和实训实验中需要硬件开发板，不便于学生课后学习。引入 Proteus 和 Keil 的联调，学生只需一台计算机即可实现软件和硬件联调，既避免了因硬件开发板的不一致带来的困扰，又便于学生课后学习。

(4) 提供立体化学习资源。充分利用与发挥数字资源的直观性，提高书本的可读性。学生通过扫描书中的二维码即可得到相应的视频、微课、重难点解析，让学生在校期间就可以接触实际项目，有助于提升其实践能力、应用能力。

无锡职业技术学院的单正娅和芮长颖担任本书主编，她们具有多年单片机教学经验和项目开发经验，对本书的编写思想和大纲进行了总体规划。无锡职业技术学院的冯宏伟和曹小兵担任本书副主编，冯宏伟在企业从事了 10 年的嵌入式开发工作，作为项目负责人完成了双波段红外可燃气体探测器、四波段红外火焰探测器、紫外红外式火焰探测器等产品的硬件电路设计及整体系统架构设计，具有丰富的实践经验。其中，单正娅编写项目一、项目四，芮长颖编写项目三、项目五和项目七，冯宏伟编写项目八，曹小兵编写项目二，无锡必创无线传感器有限公司胥峰编写项目六。郭琼教授担任本书主审。

本书在编写过程中得到了兄弟院校的同行和企业专家的支持与帮助，特别感谢江苏信息职业技术学院的刘艳红老师，郑州安全职业技术学院的吴灿博老师，他们结合自身教学经验对本书的知识点难易与前后衔接提出了宝贵的意见。

由于编者水平有限，书中难免有不妥之处，敬请读者批评指正，以便不断改进。

编者

2020 年 3 月

前　　言(第一版)

初次接触单片机的高职院校学生普遍感到单片机难学，针对这种情况，作者根据自己多年单片机教学的经验积累，同时吸取其他高职院校教学改革的成果和经验，以 MCS-51 系列单片机为主线，突出单片机的实用性和应用性，编写了本书，希望高职院校的学生在学习单片机时不再望而生畏。

本书在编写时，力求以通俗的语言、精简的内容，使初学者快速入门。本书的主要特点如下：

(1) 采用 C 语言编程。以往单片机教学一般采用汇编语言进行程序设计，但是汇编语言要求初学者必须很好地掌握单片机内部的硬件结构，而且汇编指令较多，而 C 语言是面向对象的，对硬件要求不高，从而有效地降低了学习难度。在实际开发中，单片机与 C 语言结合，极大地缩短了单片机应用系统的开发周期，在可读性、可移植性、功能扩充等方面都优于汇编语言。本书以 C51 语言为基础，使初学者能快速地掌握单片机的应用与开发，实现与人才市场需求的接轨。

(2) 采用项目教学法。在项目的选取上，按照由浅入深、循序渐进的原则，并充分考虑初学者的接受能力，确定了 7 个项目 17 个任务。每个项目在内容上以够用为原则，仅包含该项目所必需的硬件、软件知识，不求全，只求精。针对每个项目，始终贯彻先硬件后软件的开发思想，先设计硬件原理图，再画出流程图，并编写源程序。

无锡职业技术学院的单正娅和芮长颖担任本书主编。其中，单正娅编写项目四和项目六，芮长颖编写项目三和项目七，吴灿博编写项目五，王芳琴编写项目二，韩东起编写项目一，赵翱东编写附录。无锡职业技术学院郭琼教授担任本书主审。

由于编者水平有限，书中难免存有不妥之处，敬请读者批评指正，以便不断改进。

编　者

2014 年 9 月

目　　录

项目一　单片机最小系统设计

1.1　单片机应用系统的组成

1.1.1　单片机概述

1. 单片机的概念

单片机是一种集成电路芯片，是单片微型计算机的简称。它将具有数据处理能力的中央处理器(CPU)、存储器(含程序存储器 ROM 和数据存储器 RAM)、输入/输出接口(I/O 接口)电路集成在同一个芯片上，构成一个既小巧又完善的计算机硬件系统，在单片机程序的控制下能准确、迅速、高效地完成程序设计者事先规定的任务。所以说，一个单片机芯片具有了组成计算机的全部功能。

2. 单片机的发展历程

自 1971 年美国 Intel 公司首先研制出 4 位单片机 4004 以来，单片机的发展大致经历了五个阶段。

第一阶段(1971—1976 年)：萌芽阶段，发展了各种 4 位单片机。其多用于家用电器、计算器、高级玩具等。典型代表为 Fairchild 公司研制的 F8 单片机。

第二阶段(1976—1980 年)：初级 8 位机阶段，发展了各种低档 8 位单片机。典型代表为 Intel 公司的 MCS-48 系列单片机，此系列的单片机在片内集成了 8 位 CPU、多个并行 I/O 口、一个 8 位定时/计数器、RAM 等，无串行 I/O 口，寻址范围不大于 4 KB。其功能可以满足一般工业控制和智能化仪器仪表的需要，将单片机推向市场，为单片机的发展奠定了基础，成为单片机发展史上重要的里程碑。

第三阶段(1980—1983 年)：高性能单片机阶段，发展了各种高性能 8 位单片机。典型代表为 Intel 公司的 MCS-51 系列，此系列的单片机均带有串行 I/O 口，具有多级中断处理系统、多个 16 位定时/计数器，片内 RAM 和 ROM 的容量相对增大，寻址范围可达 64 KB。这一阶段进一步拓宽了单片机的应用范围，使之能用于智能终端、局部网络的接口，并挤入个人计算机领域，所以该类单片机的应用领域极其广泛。

第四阶段(1983—1986 年)：16 位微控制器阶段，发展了 MCS-96 系列等 16 位单片机。除了 CPU 为 16 位之外，片内 RAM 和 ROM 的容量进一步增大，片内 RAM 增加为 232 B，ROM 为 8 KB，且带有高速 I/O 处理单元、多路 A/D 转换通道、8 个中断源等。其网络通信能力提高，可用于高速的控制系统。

第五阶段(1986 年至今)：32 位微控制器阶段。1986 年英国 Inmos 公司推出了 32 位

IMST414 单片机，1990 年美国 Intel 公司推出了 80960 超级 32 位单片机，引起了计算机界的轰动，产品相继投放市场，成为单片机发展史上又一个重要的里程碑。

3. 单片机的用途

由于单片机体积小、稳定性好，因此被应用在生产、生活等领域。单片机的主要用途如下：

(1) 智能仪器仪表，如数字示波器、数字万用表、数字流量计、煤气检测仪等。

(2) 机电一体化产品，如机器人、数控机床、点钞机、医疗设备、打印机、传真机、复印机等。

(3) 实时工业控制，如电机转速控制(汽车)、温度控制、自动生产线等。

(4) 家用电器，如空调、冰箱、洗衣机、电饭煲、高档洗浴设备、高档玩具等。

1.1.2 单片机应用系统的组成

虽然单片机已经具备一个微型计算机的基本结构和功能，但实质上它是一个芯片，而仅有单片机一个芯片难以完成实际工作。在实际应用中，要让单片机去实现相应的功能，就必须将单片机与被控对象进行电气连接，根据需要增加各种扩展接口电路、外部设备和相应软件，从而构成一个“单片机应用系统”，如图 1.1 所示。

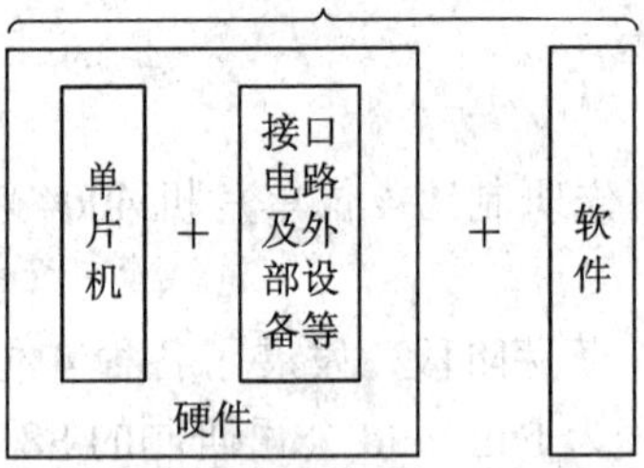

图 1.1 单片机应用系统的组成

单片机应用系统是以单片机为核心，配以输入、输出、显示、控制等外围电路和相应的控制、驱动软件，能完成一种或多种功能的实用系统。同微型计算机系统一样，单片机应用系统也是由硬件和软件组成的，二者相互依赖，缺一不可。

由此可见，单片机应用系统的设计人员必须从硬件和软件两个角度深入了解单片机并将二者有机地结合起来，才能设计出具有特定功能的应用系统或整机产品。

1.2 MCS-51 系列单片机组成结构

1.2.1 MCS-51 系列单片机的内部结构

MCS-51 系列单片机的内部结构框图如图 1.2 所示。MCS-51 系列单片机主要包括 8031、8051 和 8751 等通用产品。

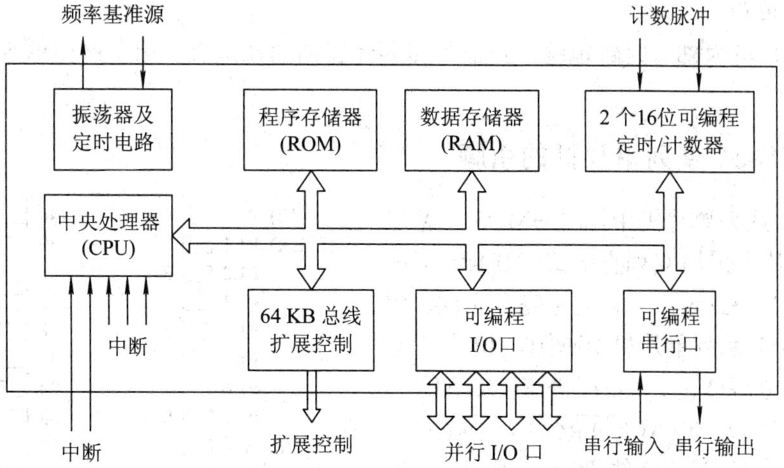

图 1.2　MCS-51 系列单片机的内部结构框图

1. 中央处理器(CPU)

中央处理器(CPU)是整个单片机的核心部件，是 8 位数据宽度的处理器，能同时处理 8 位二进制数据或代码，负责控制、指挥和调度整个单元系统协调地工作，完成运算和控制输入/输出功能等操作。

2. 数据存储器(RAM)

8051 单片机内部有 128 B 数据存储器(RAM)和 21 个专用寄存器单元，它们是统一编址的。专用寄存器有专门的用途，通常用于存放控制指令数据，不能用于存放用户数据。用户能使用的 RAM 只有 128 B，可存放读写的数据、运算的中间结果或用户定义的字型表。

3. 程序存储器(ROM)

8051 单片机共有 4 KB 程序存储器(ROM)，掉电后数据不会丢失，用于存放用户程序和程序运行过程中不会改变的原始数据。

4. 定时/计数器

8051 单片机有 2 个 16 位的可编程定时/计数器，可实现定时或计数。当定时/计数器产生溢出时，可用中断方式控制程序转向。

5. 并行 I/O 口

8051 单片机共有 4 个 8 位的并行 I/O 口(P0 口、P1 口、P2 口、P3 口)，可实现数据的并行输入/输出。

6. 全双工串行口

8051 单片机内置一个全双工异步串行通信口，用于与其他设备间的串行数据传送。该串行口既可以用作异步通信收发器，也可以用作同步移位器。

7. 中断系统

8051 单片机具备较完善的中断功能，有 5 个中断源(2 个外中断、2 个定时/计数器中断和 1 个串行中断)，基本满足不同的控制要求，并具有 2 级的优先级别可供选择。

8. 时钟电路

8051 单片机内部有时钟电路，只需外接晶体振荡器和电容，用于产生整个单片机运行的时序脉冲。

1.2.2　MCS-51 系列单片机的引脚

MCS-51 系列单片机中，用 HMOS 工艺制造的单片机基本采用双列直插式(DIP)40 引脚或贴片式(PLLD)封装，引脚信号完全相同。图 1.3 为 MCS-51 系列单片机引脚图，40 个引脚大致可分为电源(V_{CC}、V_{SS})、时钟(XTAL1、XTAL2)、控制总线(ALE/$\overline{PROG}$、$\overline{PSEN}$、RST/V_{PD}、$\overline{EA}$/V_{PP})、I/O 线(P0 口～P3 口)、地址总线(P0 口、P2 口)等几部分。它们的功能简述如下。

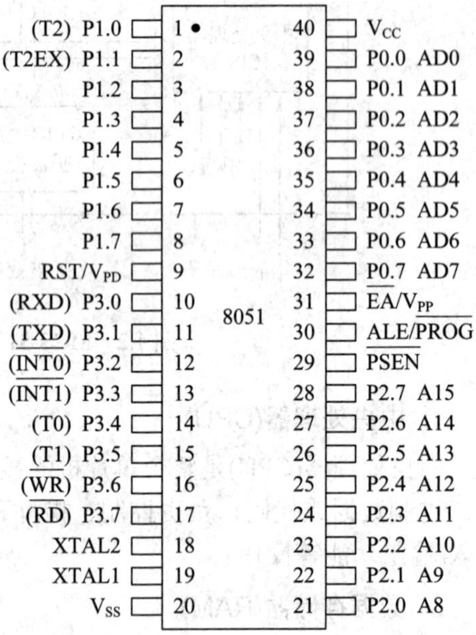

图 1.3　MCS-51 系列单片机引脚图

1. 电源

V_{CC}(引脚号 40)：芯片电源，接 +5 V。

V_{SS}(引脚号 20)：电源接地端。

2. 时钟

XTAL1(引脚号 19)：内部振荡电路反相放大器的输入端，是外接晶振的一个引脚。当采用外部振荡器时，此引脚接地。

XTAL2(引脚号 18)：内部振荡电路反相放大器的输出端，是外接晶振的另一个引脚。当采用外部振荡器时，此引脚接外部振荡源。

3. 控制总线

ALE/$\overline{PROG}$(引脚号 30)：ALE 为地址锁存控制信号。当系统外部扩展存储器电路时，ALE 端输出脉冲的下降沿用于锁存 16 位地址的低 8 位，以实现低 8 位地址和数据的隔离。简单地讲，系统扩展时，若 ALE = 1，则 P0 口被当作地址总线；若 ALE = 0，则 P0 口被当作数据总线。

$\overline{PROG}$为编程脉冲输入端。单片机内部有程序存储器，其作用是用来存放用户需要执行的程序，写好的程序可以通过编程脉冲输入写进程序存储器中。

小提示

现在很多单片机都不需要编程脉冲输入端往程序存储器中写程序了，如 STC 单片机可以直接通过串口往程序存储器中写程序，现在的单片机内部都带有丰富的 RAM，所以也不需要扩展存储器，因此 ALE/$\overline{PROG}$引脚的用处不大。

$\overline{PSEN}$(引脚号 29)：外部程序存储器读选通信号，接外部程序存储器时，作为读指令信号输出端。当 8051 要读取外部数据存储器时，此引脚输出一个低电平信号。在访问外部数据存储器或片内程序存储器时，不会产生有效信号。

RST/V_{PD}(引脚号 9)：RST 为复位信号输入端。振荡器工作时，该引脚上持续 2 个机器周期的高电平，可实现复位操作。

V_{PD} 为备用电源引脚。在掉电期间，可在此引脚上接备用电源，以保持内部 RAM 中的数据不丢失。

$\overline{EA}$/V_{PP}(引脚号 31)：$\overline{EA}$ 为内部程序存储器和外部程序存储器的选择端。当 $\overline{EA}$=1 时，系统使用内部程序存储器；当 $\overline{EA}$=0 时，系统使用外部程序存储器。

V_{PP} 为片内 EPROM(或 Flash ROM)编程电压输入引脚。

小提示

现在使用的单片机内部都有足够大的 ROM，对初学者而言，所写程序不会太复杂，大多只使用内部程序存储器就足够了，这时可将 $\overline{EA}$ 直接接到 V_{CC}，而第 29、30 引脚就可当它们不存在。

4. I/O 线、地址总线

P0 口(引脚号 32～39)：单片机的双向数据总线和低 8 位地址总线。在访问外部存储器时实现分时操作，先用作地址总线，在 ALE 信号的下降沿，地址被锁存，然后用作数据总线。它也可以用作双向输入/输出口。

P1 口(引脚号 1～8)：准双向输入/输出口。

P2 口(引脚号 21～28)：准双向输入/输出口。在访问外部存储器时，用作高 8 位地址总线。

P3 口(引脚号 10～17)：准双向输入/输出口。P3 口还具有第二功能，见表 1.1。P3 口的第二功能都是单片机的重要控制信号，在实际使用时，如有需要一般先选用第二功能，剩下的才用作输入/输出口。

表 1.1　P3 口的第二功能

端　口	第 二 功 能
P3.0	RXD：串行口输入端
P3.1	TXD：串行口输出端
P3.2	$\overline{INT0}$：外部中断 0 中断请求输入端
P3.3	$\overline{INT1}$：外部中断 1 中断请求输入端
P3.4	T0：定时/计数器 0 外部输入端
P3.5	T1：定时/计数器 1 外部输入端
P3.6	$\overline{WR}$：外部数据存储器写选通信号
P3.7	$\overline{RD}$：外部数据存储器读选通信号

1.2.3　MCS-51 系列单片机 I/O 口结构

MCS-51 系列单片机含有 4 个 8 位并行 I/O 口(P0 口、P1 口、P2 口和 P3 口)，每个口有 8 个引脚，共有 32 个 I/O 引脚，每一个并行 I/O 口都能用作输入或输出口。MCS-51 系列单片机共有 40 个引脚，其中 4 个 I/O 口去掉了 32 个引脚，而剩下 8 个引脚又要用作电源、地等，因此 MCS-51 系列单片机已不可能专设地址与数据总线引脚，而是由 P0 口、P2 口的第二功能完成地址与数据的传送工作。具体用法如下：

地址的低 8 位由 P0 口传送，地址的高 8 位由 P2 口传送。数据由 P0 口传送。P0 口既要用作地址总线，又要用作数据总线，实现的方法是分时，即先用 P0 口传送地址的低 8 位，并通过锁存器锁存后，再用 P0 口传送 8 位数据。P3 口的第二功能是用于串行口的输入/输出、中断请求信号的输入、定时/计数器脉冲信号的输入、外部数据存储器选通信号的读/写。各口的第一、第二功能如表 1.2 所示。

表 1.2　P0 口～P3 口的第一、第二功能

I/O 口	引 脚	第 一 功 能	第 二 功 能
P0 口	P0.0～P0.7	普通输入/输出口	地址的低 8 位与数据总线
P1 口	P1.0～P1.7	普通输入/输出口	无第二功能
P2 口	P2.0～P2.7	普通输入/输出口	地址的高 8 位
P3 口	P3.0～P3.7	普通输入/输出口	第二功能

4 个通道口都有一种特殊的线路结构，每个口都包含一个锁存器(即特殊功能寄存器 P0～P3)、一个输出驱动器和两个(P3 口有三个)三态缓冲器。这种结构在数据输出时可以锁存，即在重新输出新的数据之前，口上的数据一直保持不变。但它对输入信号是不锁存的，所以外设欲输入的数据必须保持到取数指令执行(把数据读取后)为止。

下面分别简述各个口的结构、功能和使用方法。

1. P0 口的组成与功能

1) 位结构

在访问外部存储器时，P0 口是一个真正的双向数据总线口，并分时送出地址的低 8 位。图 1.4 所示的是 P0 口的一位结构。它包含两个输入缓冲器、一个输出锁存器以及输出驱动电路、输出控制电路。输出驱动电路由两只场效应管 V1 和 V2 组成，其工作状态受输出控制电路的控制。输出控制电路包括与门、反相器和多路模拟开关 MUX。

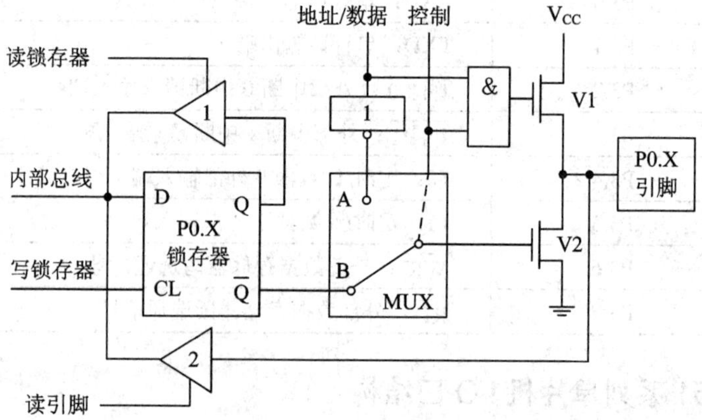

图 1.4　P0 口的一位结构

2) 功能

P0 口既可用作通用 I/O 口，又可用作地址/数据总线口。

(1) 用作通用 I/O 口。

P0 口作为通用 I/O 口使用时，CPU 令控制信号为低电平。这时多路开关 MUX 接通 B 端即输出锁存器的$\overline{Q}$端，同时使与门输出低电平，场效应管 V1 截止，因而输出级为开漏电路。

当 P0 口用于输出数据时，写信号加在锁存器的时钟端 CL 上，此时与内部总线相连的 D 端其数据经反相后出现在$\overline{Q}$端上，再经 V2 管反相，于是在 P0 口引脚上出现的数据正好是内部总线上的数据。由于输出级为开漏电路，因此 P0 口用作输出口时应外接上拉电阻。

当 P0 口用于输入数据时，要使用端口中的两个三态输入缓冲器之一。这时有两种工作方式：读引脚和读锁存器。

当 CPU 执行一般的端口输入指令时，“读引脚”信号使图 1.4 中的缓冲器 2 开通，于是端口引脚上的数据经过缓冲器输入到内部总线上。

当 CPU 执行“读—修改—写”一类指令时，“读锁存器”信号使图 1.4 中的缓冲器 1 开通，锁存器 Q 端的数据经缓冲器输入内部数据总线。

“读—修改—写”这类指令的操作情况是：先读输出锁存器的状态，然后按指令要求对读入的数据进行修改，再把修改结果写入端口锁存器，输出到引脚上。例如 P0=P0&0XF0，该操作首先读入 P0 口锁存器的数据，然后与 0XF0 进行逻辑与操作，最后把结果写回到 P0 口。“读—修改—写”这类指令之所以不直接读引脚上的数据而要读锁存器 Q 端上的数据，是为了避免可能错读引脚上的电平信号。

当 P0 口作为输入口使用时，必须首先向端口锁存器写入“1”。这是因为当进行读引脚操作时，如果 V2 是导通的，那么不论引脚上的输入状态如何，都会变为低电平。为了正确读入引脚上的逻辑电平，先要向锁存器写 1，使其$\overline{Q}$端为 0，V2 截止。该引脚成为高阻抗的输入端。

(2) 用作地址/数据总线口。

P0 口还能作为地址的低 8 位或数据总线口，供系统扩展时使用。这时控制信号为高电平，多路开关 MUX 接通 A 端。有两种工作情况：一种是总线(AB/DB)输出；另一种是外部数据输入。作为总线输出时，从“地址/数据”端输入的地址或数据信号通过与门驱动 V1，同时通过非门驱动 V2，在引脚上得到地址或数据输出信号。

作为数据总线输入数据时，从引脚上输入的外部数据经过读引脚缓冲器进入内部数据总线。对于 8051 单片机，P0 口能作为 I/O 口或地址/数据总线使用。

综上所述，P0 口既可作为地址/数据总线口，这时它是真正的双向口，也可作为通用 I/O 口，但只是一个准双向口。准双向口的特点是：复位时，口锁存器均置“1”，8 个引脚可当作一般输入线使用，而在某引脚由原输出状态变成输入状态时，则应先写入“1”，以免错读引脚上的信息。一般情况下，P0 口已作为地址/数据总线口使用时，就不能再作为通用 I/O 口使用。

2．P1 口的组成与功能

1) 位结构

P1 口只用作通用 I/O 口，其一位结构如图 1.5 所示。与 P0 口相比，P1 口的位结构中少了地址/数据的传送电路和多路开关，且图 1.4 中的 MOS 管 V1 改为上拉电阻 R。

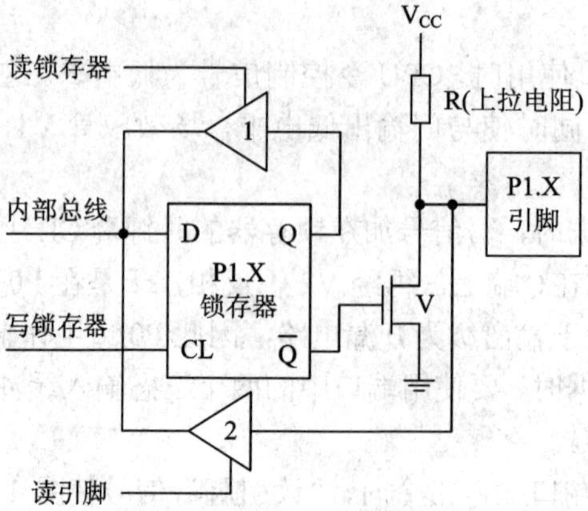

图 1.5　P1 口的一位结构

2) 功能

P1 口作为一般 I/O 的功能和使用方法与 P0 口相似。当输入数据时，应先向端口写“1”。它也有读引脚和读锁存器两种方式。所不同的是，当输出数据时，由于内部有了上拉电阻，因此不需要再外接上拉电阻。

3. P2 口的组成与功能

1) 位结构

P2 口的一位结构如图 1.6 所示。

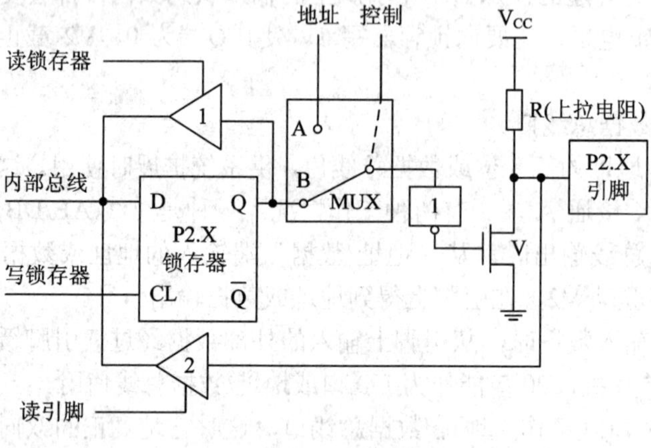

图 1.6　P2 口的一位结构

2) 功能

当系统中接有外部存储器时，P2 口可用于输出高 8 位地址。若当作通用 I/O 口，P2 口则是一个准双向口。因此，P2 口能用作通用 I/O 口或地址总线口。

(1) 用作通用 I/O 口。

当控制端为低电平时，多路开关接到 B 端，P2 口作为通用 I/O 口使用，其功能和使用方法与 P1 口的相同。

(2) 用作地址总线口。

当控制端为高电平时，多路开关接到 A 端，地址信号经反相器从 V 管输出。这时，P2 口输出地址的高 8 位，供系统扩展使用。

4. P3 口的组成与功能

1) 位结构

P3 口的一位结构如图 1.7 所示。

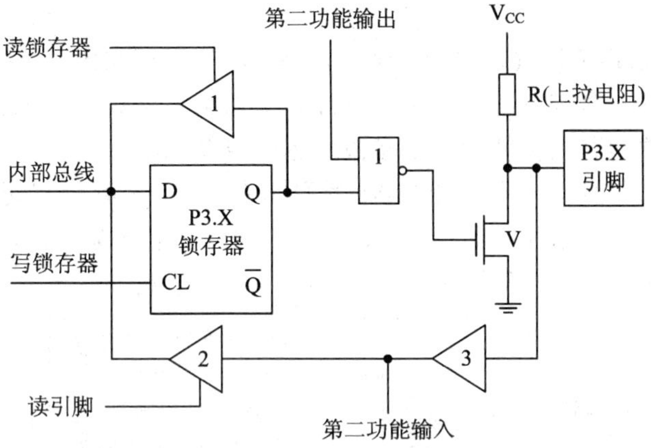

图 1.7　P3 口的一位结构

2) 功能

P3 口能用作通用 I/O 口，同时每一引脚还有第二功能。

(1) 用作通用 I/O 口。

当“第二功能输出”端为高电平时，P3 口用作通用 I/O 口。这时与非门对于输入端 Q 来说相当于非门，位结构与 P2 口的完全相同，因此 P3 口用作通用 I/O 口时的功能和使用方法与 P2 口、P1 口的相同。

(2) 用作第二功能。

当 P3 口的某一位作为第二功能输出使用时，应将该位的锁存器置“1”，使与非门的输出状态只受“第二功能输出”端的控制。“第二功能输出”端的状态经与非门和驱动管 V 输出到该位引脚上。

当 P3 口的某一位作为第二功能输入使用时，该位的锁存器和“第二功能输出”端都应为“1”，这样，该位引脚上的输入信号经缓冲器送入“第二功能输入”端。

5. 并行口使用小结

组成一般单片机应用系统时各个并行口的分工如下：

P0 口：分时地用作地址的低 8 位与数据总线。

P1 口：按位可编址的输入/输出口。

P2 口：地址的高 8 位。

P3 口：双功能口，若不用第二功能，可作为一般的 I/O 口。

组成应用系统时，并行口常用来进行系统的扩展。例如，实现单片机和存储器以及输入/输出接口的连接，也可直接利用并行口与外界进行信息传送，这时就必须考虑并行口的负载能力。一般 P1 口、P2 口、P3 口的输出能驱动 4 个 LSTTL 输入，P0 口的输出能驱动

8 个 LSTTL 输入。

P1 口、P2 口、P3 口作为输出口时，由于电路内部带上拉电阻而无需外接上拉电阻；P0 口作为 I/O 口时，因内部无上拉电阻，所以需要外接上拉电阻。

1.3 MCS-51 系列单片机的存储器结构

由于 MCS-51 系列单片机采用哈佛结构，因此其程序存储器和数据存储器是分开的，各有自己的寻址系统、控制信号和功能。程序存储器用来存放程序和表格常数；数据存储器通常用来存放程序运行所需要的给定参数和运行结果。

从实际的物理存储介质来看，MCS-51 系列单片机有 4 种存储空间：片内程序存储器、片外程序存储器、片内数据存储器(含特殊功能寄存器)和片外数据存储器。MCS-51 系列单片机的存储器配置情况如图 1.8 所示。

1-1 存储器结构

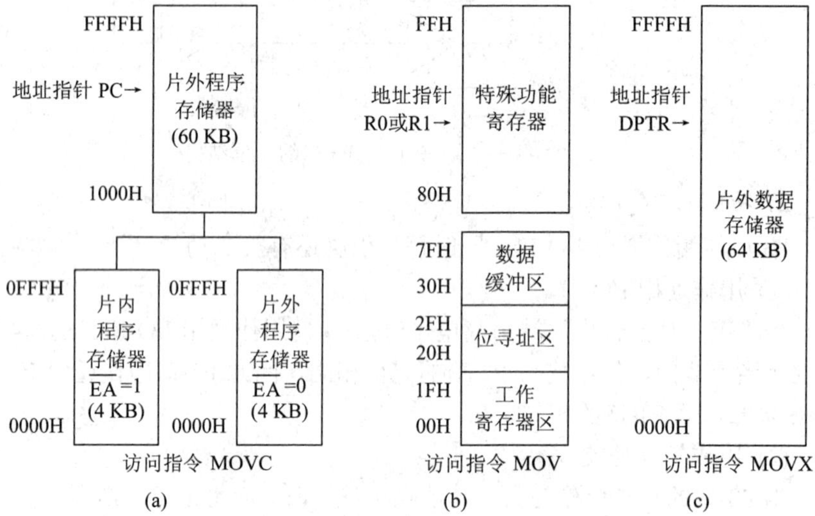

图 1.8 MCS-51 系列单片机的存储器配置情况

(a) 程序存储器；(b) 片内数据存储器；(c) 片外数据存储器

从逻辑地址空间来看，MCS-51 系列单片机可分为三部分，即程序存储器、片外数据存储器、片内数据存储器。下面按逻辑结构介绍 MCS-51 系列单片机的存储器结构。

1.3.1 程序存储器

由图 1.8 可知，程序存储器以程序计数器 PC 作地址指针，通过 16 位地址总线，可寻址的地址空间为 0000H～FFFFH，共 64 KB(2^{16} = 64 KB)，用于存放程序指令码与固定的数据表格等。

MCS-51 系列单片机中内部和外部共 64 KB 程序存储器的地址空间是统一的。在正常运行时，应把 $\overline{EA}$ 引脚接高电平，使程序从内部 ROM 开始执行。当 PC 值超出内部 ROM 的容量时，会自动转向外部程序存储器空间。因此，外部程序存储器空间为 1000H～FFFFH，共 60 KB。

MCS-51 系列单片机复位后，程序计数器 PC 为 0000H。这是执行程序的起始地址，系统从 0000H 单元开始取指令并执行。通常从该单元起存放一条跳转指令，用户程序则从跳转地址开始存放。

程序存储器的某些单元是保留给系统使用的：0000H～0002H 单元是所有执行程序的入口地址，复位以后，CPU 总是从 0000H 单元开始执行程序；0003H～002AH 单元均匀地分为 5 段，用作 5 个中断服务程序的入口。其中：0003H～000AH 为外部中断 0 中断地址区；000BH～0012H 为定时/计数器 0 中断地址区；0013H～001AH 为外部中断 1 中断地址区；001BH～0022H 为定时/计数器 1 中断地址区；0023H～002AH 为串行中断地址区。用户程序不进入上述区域。

1.3.2　片外数据存储器

由图 1.8 可知，片外数据存储器以 DPTR 作为地址指针，通过 16 位地址总线，可寻址的地址空间为 0000H～FFFFH，共 64 KB(2^{16} = 64 KB)，用于存放数据与运算结果。MCS-51 系列单片机的 I/O 口地址与片外数据存储器统一编址。

小提示

单片机的存储器结构包括四个物理存储空间，C51 编译器对这四个物理存储空间都支持。常见的存储器类型如下：

data：直接访问内部数据存储器，允许最快访问，地址范围为 00H～7FH。

bdata：可位寻址内部数据存储器，允许位与字节混合访问，地址范围为 20H～2FH。

idata：直接访问内部数据存储器,允许访问整个内部地址空间,地址范围为 00H～FFH。

xdata：外部数据存储器，地址范围为 0000H～FFFFH。

pdata：能访问一页(256 B)的外部 RAM。

code：程序存储器，地址范围为 0000H～FFFFH。

1.3.3　片内数据存储器

片内数据存储器的地址空间为 00H～FFH，共 256 B。其地址可由 R0、R1 寄存器提供。片内数据存储器是最灵活的地址空间，它分成物理上独立且性质上不同的 2 个区：地址为 00H～7FH 的 128 B RAM 区和地址为 80H～FFH 的特殊功能寄存器区(简称 SFR 区)。

1．RAM 区(00H～7FH)

由图 1.8 可知，RAM 区又分为 3 个区：工作寄存器区、位寻址区与数据缓冲区。

1) 工作寄存器区(00H～1FH)

MCS-51 系列单片机的内部 RAM 区结构如图 1.9 所示。其中 00H～1FH 共 32 个单元，是 4 个通用工作寄存器区，每一个区有 8 个工作寄存器，编号均为 R0～R7。当前程序使用的工作寄存器区是由程序状态字 PSW 中的 D4、D3 位(RS1、RS0)来确定的。CPU 通过指令对 PSW.4 和 PSW.3 进行修改，就能任选一个工作寄存器区，选择方式见图 1.9(c)。这个特点给软件设计带来了很大的方便，使单片机具有快速现场保护功能。若程序不需要 4 个工作寄存器区，那么剩下的工作寄存器组所对应的单元可以作为一般的数据缓冲区使用。

地址	内容
7FH～30H	数据缓冲区
2FH～20H	位寻址区
1FH～18H	工作寄存器区 3 (R0～R7)
17H～10H	工作寄存器区 2 (R0～R7)
0FH～08H	工作寄存器区 1 (R0～R7)
07H～00H	工作寄存器区 0 (R0～R7)

(a)

地 址	寄存器
07H	R7
06H	R6
05H	R5
04H	R4
03H	R3
02H	R2
01H	R1
00H	R0

(b)

RS1	RS0	工作区
0	0	0
0	1	1
1	0	2
1	1	3

(c)

图 1.9　内部 RAM 区结构图

(a) 内部数据存储器结构；(b) 工作寄存器区 0 的 8 个寄存器与地址；(c) 工作寄存器区方式的选择

小提示

在单片机 C 语言程序设计中，一般不会直接使用工作寄存器 R0～R7。

2) 位寻址区(20H～2FH)

内部 RAM 的 20H～2FH 为位寻址区，如表 1.3 所示。这 16 个单元的每一位都有一个位地址，位地址范围为 00H～7FH。通常把各种程序状态标志、位控制变量设在位寻址区内。位寻址区的 RAM 单元也可以作为一般的数据缓冲区使用。

表 1.3　内部 RAM 区的位寻址映像表

字节地址	位地址							
	D7	D6	D5	D4	D3	D2	D1	D0
2FH	7FH	7EH	7DH	7CH	7BH	7AH	79H	78H
2EH	77H	76H	75H	74H	73H	72H	71H	70H
2DH	6FH	6EH	6DH	6CH	6BH	6AH	69H	68H
2CH	67H	66H	65H	64H	63H	62H	61H	60H
2BH	5FH	5EH	5DH	5CH	5BH	5AH	59H	58H
2AH	57H	56H	55H	54H	53H	52H	51H	50H
29H	4FH	4EH	4DH	4CH	4BH	4AH	49H	48H
28H	47H	46H	45H	44H	43H	42H	41H	40H
27H	3FH	3EH	3DH	3CH	3BH	3AH	39H	38H
26H	37H	36H	35H	34H	33H	32H	31H	30H
25H	2FH	2EH	2DH	2CH	2BH	2AH	29H	28H
24H	27H	26H	25H	24H	23H	22H	21H	20H
23H	1FH	1EH	1DH	1CH	1BH	1AH	19H	18H
22H	17H	16H	15H	14H	13H	12H	11H	10H
21H	0FH	0EH	0DH	0CH	0BH	0AH	09H	08H
20H	07H	06H	05H	04H	03H	02H	01H	00H

3) 数据缓冲区

数据缓冲区的地址空间为 30H～7FH，共 80 B，用于存放数据与运算结果，如加法运算时，存放加数、被加数及运算和。通常堆栈区也设置在该区内。

2. 特殊功能寄存器区(80H～FFH)

MCS-51 系列单片机内的 I/O 口锁存器、状态标志寄存器、定时器、串行口、数据缓冲器以及各种控制寄存器统称为特殊功能寄存器，它们离散地分布在内部 RAM 地址空间 80H～FFH 内，表 1.4 列出了这些特殊功能寄存器的标识符、名称及地址。由表 1.4 可知，累加器 ACC、B 寄存器、程序状态字 PSW、I/O 口(P0 口～P3 口)等均为特殊功能寄存器。

需要注意，对于 8051 单片机，128 B 的 SFR 区中只有 21 B 是有意义的。若访问的是这一区中没有定义的单元，则得到的是一个随机数。

表 1.4　特殊功能寄存器(SFR)

标识符	名称	地址
*ACC	累加器	0E0H
*B	B 寄存器	0F0H
*PSW	程序状态字	0D0H
SP	堆栈指针寄存器	81H
DPTR	数据指针(包括 DPH、DPL)寄存器	83H、82H
*P0	口 0 寄存器	80H
*P1	口 1 寄存器	90H
*P2	口 2 寄存器	0A0H
*P3	口 3 寄存器	0B0H
*IP	中断优先级控制寄存器	0B8H
*IE	中断允许控制寄存器	0A8H
TMOD	定时/计数器方式控制寄存器	89H
*TCON	定时/计数器控制寄存器	88H
TH0	定时/计数器 T0 高位字节寄存器	8CH
TL0	定时/计数器 T0 低位字节寄存器	8AH
TH1	定时/计数器 T1 高位字节寄存器	8DH
TL1	定时/计数器 T1 低位字节寄存器	8BH
*SCON	串行控制寄存器	98H
SBUF	串行数据缓冲器寄存器	99H
PCON	电源控制寄存器	87H

注：带“*”号的寄存器可按字节和按位寻址，其特征是直接地址能被 8 整除。

8051 单片机有 21 个特殊功能寄存器，关于各个特殊功能寄存器的功能，将在以后的章节中逐一介绍。

下面对几个常用的专用寄存器功能进行简单说明。

1) 程序计数器 PC

PC 是一个 16 位计数器，其内容为下一条将要执行指令的地址，寻址范围为 64 KB。

PC 有自动加 1 功能，从而控制程序的执行顺序。PC 没有地址，是不可寻址的，因此用户无法对它进行读/写。但可以通过转移、调用、返回等指令改变其内容，以实现程序的转移。

2) 累加器 ACC

累加器为 8 位寄存器，是最常用的专用寄存器。它既可用于存放操作数，也可用于存放运算的中间结果。

3) 程序状态字 PSW

程序状态字是一个 8 位寄存器，用于存放程序运行中的各种状态信息。其中，有些位的状态是根据程序执行结果由硬件自动设置的，有些位的状态则由软件方法设定。PSW 的各位定义如下：

D7	D6	D5	D4	D3	D2	D1	D0	
CY	AC	F0	RS1	RS0	OV	—	P	PSW

CY：进位标志。有进位/借位时，CY = 1；否则 CY = 0。

AC：半进位标志，常用于十进制调整运算中。当 D3 位向 D4 位产生进位/借位时，AC = 1；否则 AC = 0。

F0：用户可设定的标志位，可置位/复位，也可供测试。

RS1，RS0：4 个通用寄存器组的选择位。该两位的 4 种组合状态用于选择 0～3 寄存器组，见表 1.5。

OV：溢出标志。当带符号数运算结果超出 –128～+127 范围时，OV = 1；否则 OV = 0。当无符号数乘法结果超出 255 时，或当无符号数除法的除数为 0 时，OV = 1；否则 OV = 0。

P：奇偶校验标志。每条指令执行完，若 A 中 1 的个数为奇数，则 P = 1，即奇校验方式；否则 P = 0，即偶校验方式。

表 1.5　RS1、RS0 与工作寄存器组的关系

RS1	RS0	工作寄存器组	RS1	RS0	工作寄存器组
0	0	0 组(00H～07H)	1	0	2 组(10H～17H)
0	1	1 组(08H～0FH)	1	1	3 组(18H～1FH)

小提示

特殊功能寄存器就是 8051 内部的装置，用 C 语言编写程序时，其位地址的声明放在 Keil C 所提供的“reg51.h”头文件中，使用时只要包含到程序中即可，不必记忆这些位置。

1.4　单片机最小系统电路

单片机最小系统是指单片机工作不可或缺的最基本连接电路。单片机最小系统电路如图 1.10 所示，主要包括单片机芯片、电源电路、时钟电路和复位电路四部分。其中时钟电路为单片机工作提供基本时钟，复位电路用于将单片机内部各电路的状态恢复到初始值。

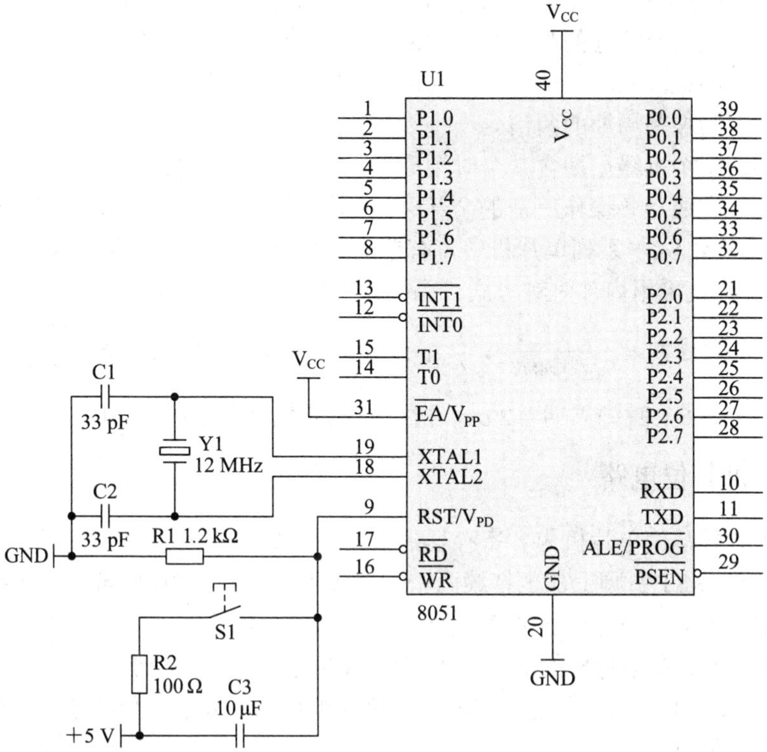

图 1.10　单片机最小系统电路

1.4.1　单片机时钟电路

MCS-51 系列单片机内有一个高增益反相放大器，其频率范围为 1.2 MHz～12 MHz，XTAL1 和 XTAL2 分别为放大器的输入端和输出端。时钟可以由内部方式或外部方式产生。

MCS-51 的内部方式时钟电路如图 1.11(a)所示。在 XTAL1 和 XTAL2 引脚上外接定时元件，就能构成自激振荡电路。定时元件通常采用由石英晶体和电容组成的并联谐振电路。电容器 C1 和 C2 主要起频率微调作用，电容值可选取为 30 pF 左右(外接晶体时)或 40 pF 左右(外接陶瓷谐振器时)。

MCS-51 的外部方式时钟电路如图 1.11(b)所示，XTAL2 接外部振荡器，XTAL1 接地。由于反相放大器一侧 XTAL2 端的逻辑电平不是 TTL 电平，故需加一上拉电阻。对外部振荡信号无特殊要求，只要保证脉冲宽度，一般采用频率低于 12 MHz 的方波信号。

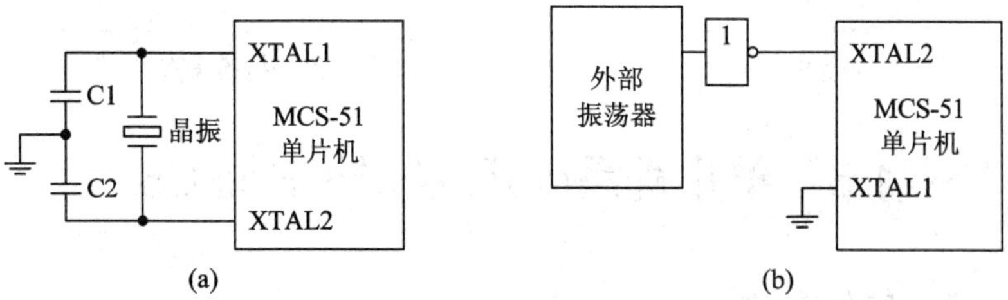

图 1.11　MCS-51 单片机的时钟电路

(a) 内部方式；(b) 外部方式

一条指令译码产生的一系列微操作信号在时间上有严格的先后次序，这种次序就是计算机的时序。这里先介绍它的基本时序周期。

振荡周期：即振荡源的周期，若为内部产生方式，则为石英晶体的振荡周期。

时钟周期：为振荡周期的两倍。

机器周期：一个机器周期含 6 个时钟周期，也就是 12 个振荡周期。

指令周期：完成一条操作所需的全部时间。每条指令的执行时间都是由一个或几个机器周期组成的。MCS-51 系列单片机中，有单周期指令、双周期指令和四周期指令。

若 8051 单片机采用内部时钟方式，晶体振荡器的频率为 6 MHz，则

$$振荡周期 = \frac{1}{晶振频率} = \frac{1}{6}\ \mu s，时钟周期 = 2 \times 振荡周期 = \frac{1}{3}\ \mu s$$

$$机器周期 = 6 \times 时钟周期 = 2\ \mu s，指令周期 = 机器周期的 1\sim4 倍 = (2\sim8)\ \mu s$$

1.4.2　单片机复位电路

通过某种方式，使单片机内各寄存器的值变为初始状态的操作称为复位。单片机复位的条件是：必须在RST引脚上加上持续两个机器周期以上的高电平。若时钟频率为12 MHz，每个机器周期为 1 μs，则需要加持续 2 μs 以上时间的高电平。

简单地说，就是在单片机的 RST 引脚上加高电平，时间不少于 5 ms。而高电平能够一直加在 RST 引脚上吗？当然不能，因为那样单片机将永远处于复位状态，为此，需要在单片机外部连接复位电路。

图 1.12 是上电复位电路，它利用电容充电来实现复位。刚接上电源的瞬间，电容 C1 两端相当于短路，RST 端的电位和 V_{CC} 端的相同，随着充电电流的减少，RST 端的电位逐渐下降，等充电结束时(这个时间很短暂)，电容相当于断开，RST 端的电位变成低电平，这时已经完成了复位动作。

图 1.13 为按键复位电路，该电路除具有上电复位功能外，还可以使用 S 键复位，此时电源 V_{CC} 经两个电阻分压，在 RST 端产生一个复位高电平。

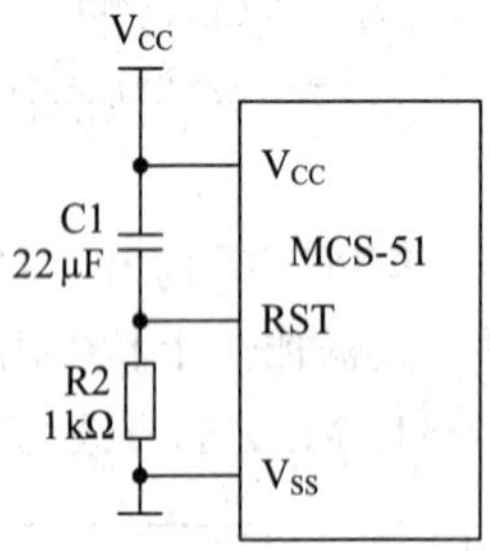

图 1.12　上电复位

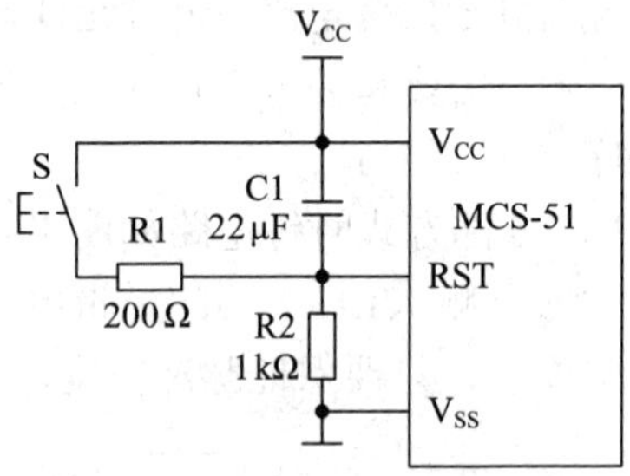

图 1.13　按键复位电路

1.5　单片机系统开发软件 Keil C51

1.5.1　Keil C51 软件概述

Keil C51 软件是目前最流行的开发 MCS-51 系列单片机的软件。Keil C51 提供了包括

C 编译器、宏编译、链接器、库管理和一个功能强大的仿真调试器在内的完整开发方案，并通过一个集成开发环境将它们组合在一起。掌握这一软件的使用，对于 MCS-51 系列单片机的开发人员来说是十分必要的。

Keil 集成开发环境是德国 Keil 公司开发的基于 80C51 内核的微处理器软件开发平台，内嵌多种符合当前工业标准的开发工具，可以完成工程建立和管理、编译、链接、目标代码的生成、软件仿真和硬件仿真等完整的开发流程，尤其是 C 编译工具在产生代码的准确性和效率方面达到了较高的水平，而且可以附加灵活的控制选项，对于开发大型项目是非常理想的。由于 Keil C51 本身是纯软件，不能直接进行硬件仿真，因此必须挂接单片机仿真器的硬件后才可以进行仿真。

1.5.2　Keil C51 软件的使用

下面以建立一个小程序项目为例，介绍 Keil C51 软件的使用方法。

运行 Keil C51 软件，出现如图 1.14 所示的主界面。

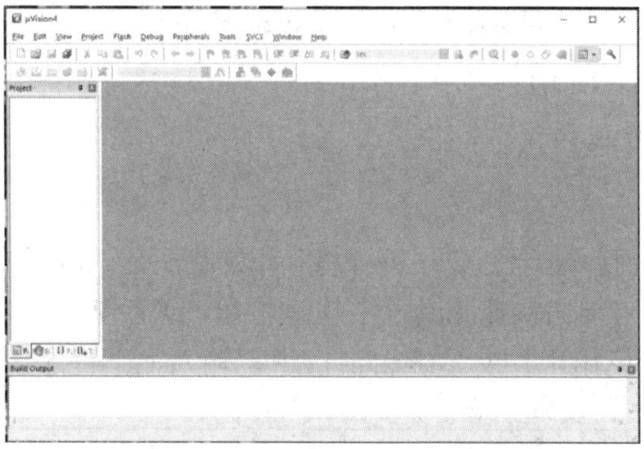

图 1.14　Keil C51 软件的主界面

1-2　Keil 软件的使用

1. 新建项目

单击 Project 菜单，在弹出的下拉式菜单中选择“New μVision Project”，如图 1.15 所示。接着弹出一个标准的 Windows 对话窗，如图 1.16 所示，在“文件名”中输入第一个 C 程序项目名称，如“test”。保存后的文件扩展为 uvproj，这是 Keil μVision4 项目文件扩展名。以后可以直接点击此文件来打开先前做的项目。

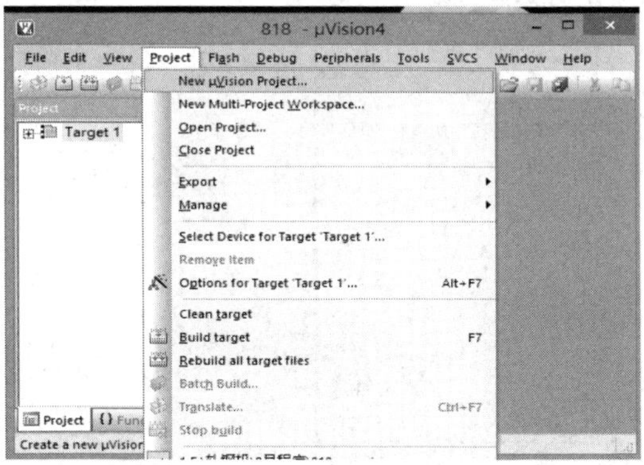

图 1.15　New μVision Project 菜单图

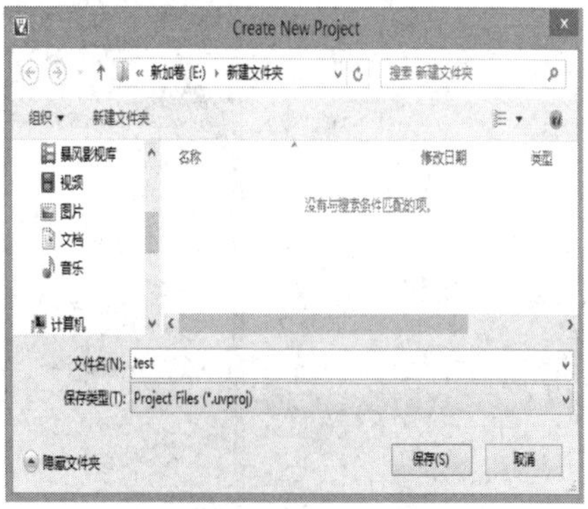

图 1.16　文件窗口

选择所用的单片机，这里选择常用的 Atmel 公司的 AT89S51，如图 1.17 所示。

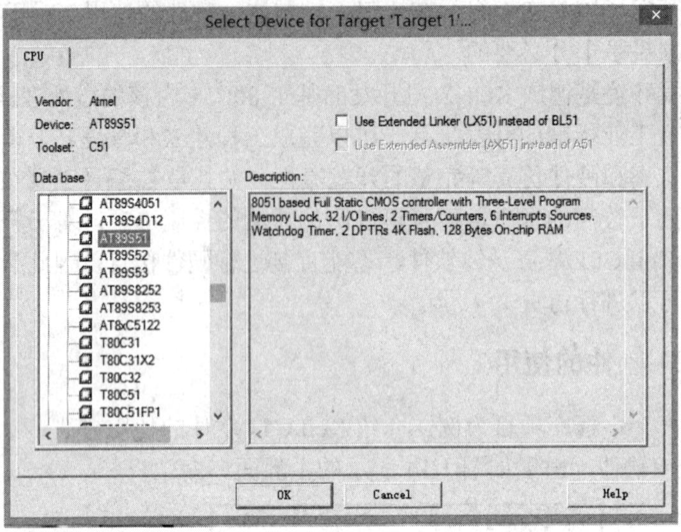

图 1.17　选择芯片

完成上面的步骤后，即可进行程序的编写。

2. 创建程序文件

这里以一个 C 程序为例介绍如何新建一个 C 程序并将其添加到所建的项目中。在图 1.18 中，单击“File”→“New”命令，或者单击快捷工具栏中的按钮，或者使用快捷键 Ctrl + N，即可输入编写的程序。此时，光标已出现在文本编辑窗口中，输入如下程序：

```
//功能：点亮一个 LED
#include <reg51.h>          //包含 51 单片机的寄存器符号定义头文件 reg51.h
sbit P10=P1^0;              //定义 P1.0 口位名称
void main( )                //主函数
{
  P10=0;                    //点亮 LED
}
```

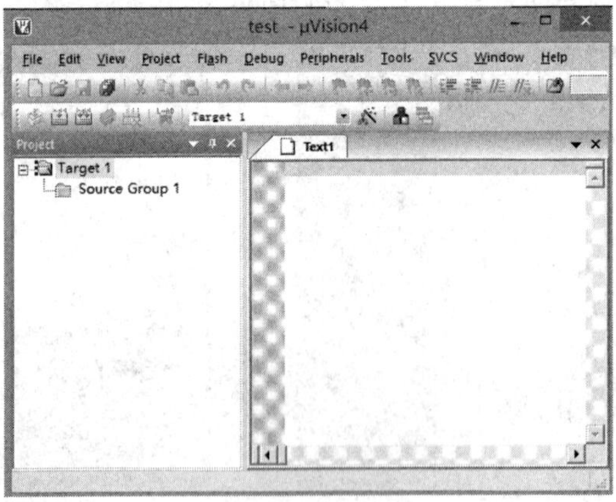

图 1.18　新建程序文件

3. 保存程序文件

程序输入完后单击图 1.18 中的按钮或者使用快捷键 Ctrl+S，弹出类似图 1.16 所示的对话框，输入源程序文件名名称，如输入“test.c”，将其保存在项目所在的目录中，这时语句变为了不同的颜色，说明 Keil 的 C 语法检查生效了。如图 1.18 所示，在 Source Group1 文件夹图标上右击，将弹出菜单，可在其中执行增加或减少文件等操作。单击“Add Files to Group ‘Source Group 1’”，在弹出的文件窗口中选择刚刚保存的 C 语言文件，按 ADD 按钮，关闭文件窗，程序文件便可加到项目中，这时 Source Group1 文件夹图标左边出现一个小“+”号，说明文件组中有了文件，单击它可以展开查看。

4. 编译文件

C 程序文件被加到项目中后，即可进行编译运行。如图 1.19 所示，图中的标号 1、2、3 都是编译按钮。其中：1 用于编译单个文件；2 用于编译当前项目；3 是重新编译，每点击一次均会再次编译链接一次。在标号 4 中可以看到编译的错误信息和使用的系统资源情况等，程序出错时的提示都会在该窗口中列出，可以根据这些提示来修改程序。

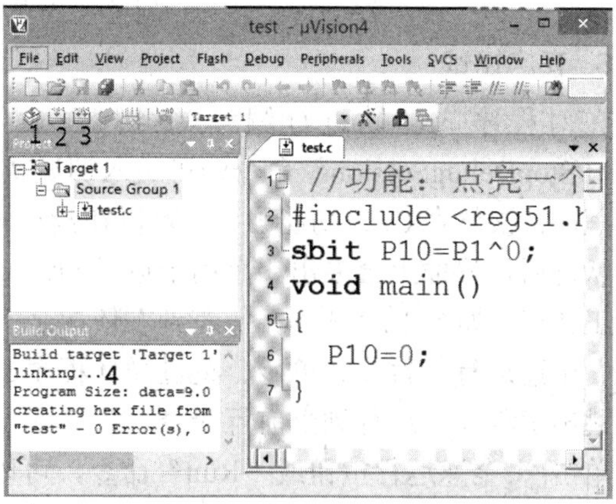

图 1.19　编译程序

5. 生成 HEX 文件

HEX 文件格式是 Intel 公司提出的按地址排列的数据信息，常用来保存单片机或其他处理器的目标程序代码。单击按钮即出现工程设置对话框，再单击 Output 选项卡，如图 1.20 所示。“Create HEX File”用于生成可执行代码文件，选中该选项即可输出 HEX 文件到指定的路径中。重新编译一次，即可在编译信息窗口中显示“creating hex file from "test"…”，如图 1.21 所示。这样就可以用编译器所附带的软件去读取并烧写芯片的 HEX 文件了，再用实验板观看结果。

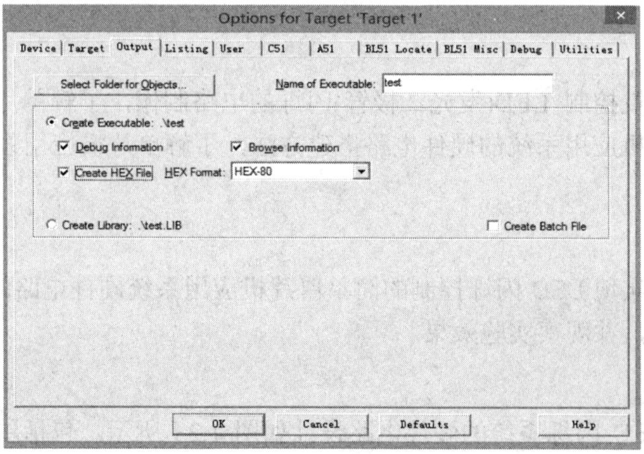

图 1.20　项目选项窗口

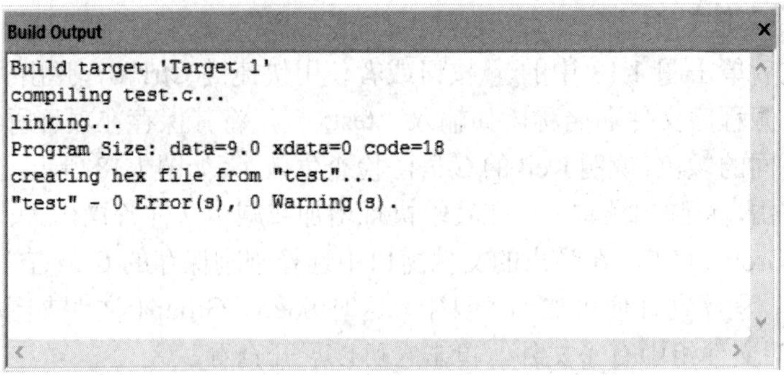

图 1.21　编译信息窗口

6. 程序调试

在对程序成功地进行编译、链接以后，单击按钮或者使用菜单“Debug”→“Start/StopDebugSession”命令即可进入调试状态。Keil 内建了一个仿真 CPU，用来模拟执行程序，该仿真 CPU 功能强大，可以在没有硬件和仿真机的情况下进行程序调试。进入调试状态后，界面上会多出一个用于运行和调试的工具栏，如图 1.22 所示，从左到右依次是复位、全速运行、暂停、单步、跳过循环程序段、跳出子程序、运行到当前行命令。

图 1.22　调试工具按钮

单击全速运行按钮或“Run”命令，可以看到该段程序的总体效果，但如果程序有错，则难以确认错误出现在哪些程序行中；单击按钮或“Step”命令可进入单步执行程序，即每按一次执行一行程序，方便找出一些问题的所在，但在执行循环程序时单步运行太费时间，这时可以单击按钮或“Stepover”命令跳出循环程序。使用菜单“Insert/RemoveBreakPoint”在程序行设置或移除断点，在全速运行过程中，一旦执行到该程序行即停止，可在此观察有关变量值，以确定问题。通过灵活应用上述调试方法，可以大大提高查错的效率。

任务 1　点亮 1 盏 LED 小灯

1. 任务目的

通过利用单片机控制 LED(发光二极管)闪烁的电路制作，了解单片机与单片机最小系统，掌握简单单片机应用系统的硬件电路搭建方法，了解单片机应用系统开发流程，学会使用 Keil 软件。

2. 任务要求

能够独立完成实现 LED 闪烁控制的简单单片机应用系统硬件电路的制作，尝试将程序下载到单片机中去，并观察实验效果。

3. 电路设计

单片机控制 LED 闪烁系统的硬件电路设计如图 1.23 所示，包括单片机、时钟电路、复位电路、电源电路及发光二极管的输出显示电路。

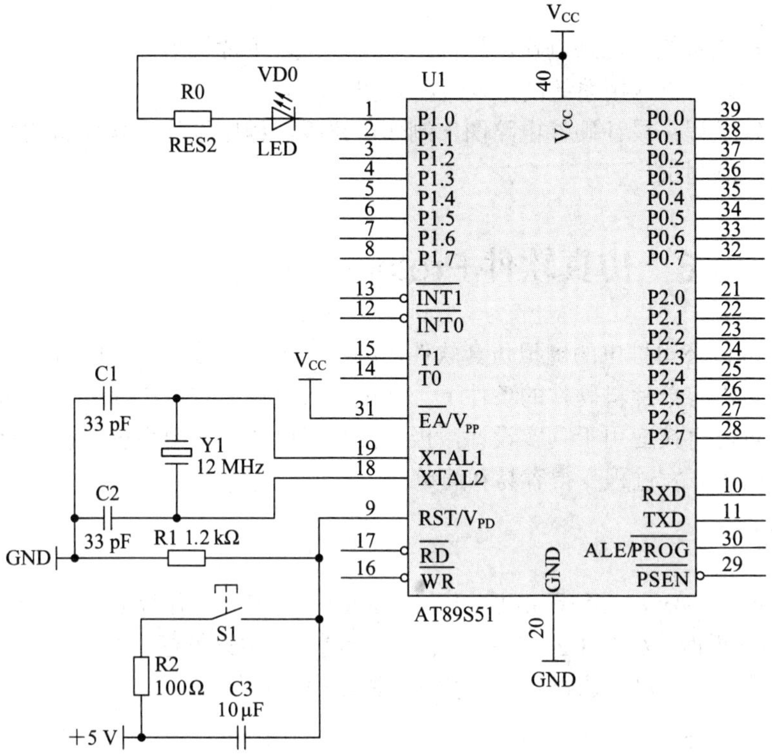

图 1.23　LED 二极管闪烁控制单片机系统电路

1-3　任务 1 仿真调试

4. 程序设计

程序如下：

```
#include <reg51.h>              //包含 51 单片机的寄存器符号定义头文件 reg51.h
sbit P10=P1^0;                  //定义 P1.0 口位名称
void main( )                    //主函数
{
  unsigned char i,j;
  while(1)
  {
     P10=0;                     //LED 亮
     for(i=0;i<200;i++)         //延时约 0.05 s
     {for(j=0;j<250;j++);}
     P10=1;
     for(i=0;i<200;i++)         //LED 灭
     {for(j=0;j<250;j++);}
  }
}
```

5. 任务小结

通过发光二极管闪烁控制系统的电路制作与调试，对单片机、单片机最小系统和单片机应用系统有直观认识，对单片机应用系统的开发流程有初步了解。

单片机应用系统的开发过程：设计硬件电路图，制作电路板，程序设计，软件调试，程序下载，软硬件联调，产品测试。

1.6　仿真软件 Proteus

Proteus 是英国 Labcenter 公司推出的虚拟仿真软件，解决了单片机技巧外围电路的设计和协同仿真问题，可以在没有单片机硬件的条件下，利用个人计算机实现单片机软件和硬件同步仿真，仿真结果可以直接应用于真实设计，极大提高了单片机应用系统的设计效率，也使单片机的学习和应用开发过程变得容易和简单。

1.6.1　Proteus ISIS 简介

安装完 Proteus 后，单击 ISIS 8，运行 ISIS 8 Professional，会出现工作界面。该工作界面是一种标准的 Windows 界面，如图 1.24 所示，其包括标题栏、主菜单栏、工具栏、状态栏、对象选择按钮、预览窗口、对象选择器窗口及原理图编辑窗口等。

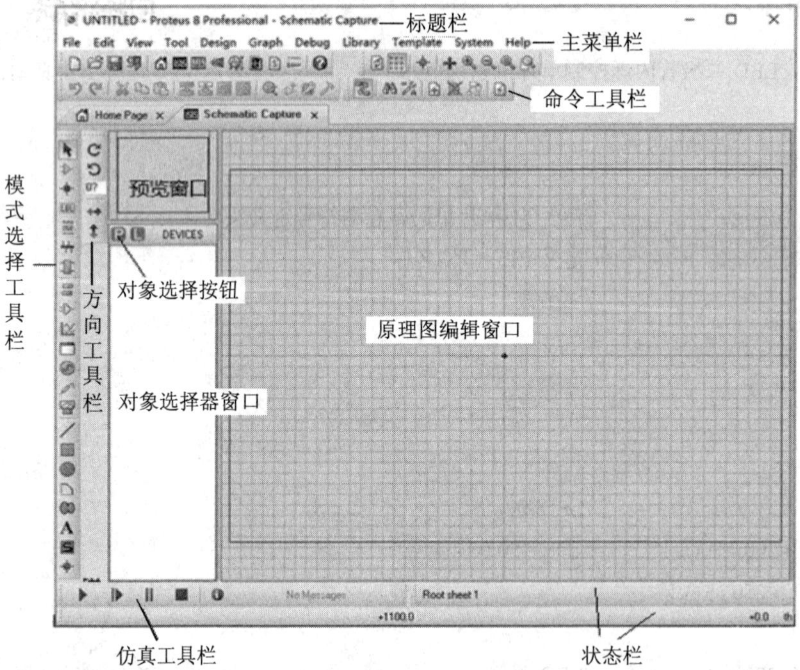

图 1.24　Proteus ISIS 的工作界面

1-4　Proteus 软件的安装

1. 主菜单栏

ISIS 主菜单栏包括各种操作命令，利用这些命令可以实现 ISIS 的所有功能。主菜单栏共包括 11 个主菜单，每一主菜单下都有下一级菜单，可以根据需要选择该级菜单中的选项，其中许多常用操作在工具栏中都有相应的按钮。

2. 工具栏

工具栏分类及其工具按钮见表 1.6。

表 1.6　工具栏分类及其工具按钮

分　类	功　能	工 具 按 钮
命令工具栏	文件操作	
	显示命令	
	编辑操作	
	设计操作	
模式选择工具栏	主模式选择	
	小型配件	
	2D 绘图	
方向工具栏	转向	
仿真工具栏	仿真进程控制	

方向工具栏中的按钮用于改变对象的方向。为旋转按钮，旋转角度只能是 90 的整数倍。单击旋转按钮，则对象以 90 度为递增量旋转。为翻转按钮，用于水平翻转和垂直翻转。

仿真工具栏中的按钮主要用于交互式仿真过程的实时控制。从左到右依次是运行、单步运行、暂停和停止。

3. 状态栏

状态栏用于指示当前电路图的编辑状态以及当前鼠标指针坐标的位置(以英制单位显示在屏幕的右下角)。

4. 原理图编辑窗口

原理图编辑窗口可以编辑原理图、设计电路、设计各种符号及元器件模型等。注意，该窗口是没有滚动条的，用户可通过预览窗口来改变原理图的可视范围。

5. 预览窗口

预览窗口可显示两个内容：当用户在元器件列表中选择一个元器件时，预览窗口会显示该元器件的预览图；当单击模式选择工具栏中的绘图按钮后，预览窗口会显示蓝色和绿色方框，蓝色方框内是可编辑区的缩略图，绿色方框内是当前原理图窗口中显示的内容。在蓝色方框里单击鼠标可改变绿色方框的位置，从而改变原理图的可视范围。

6. 对象选择器窗口

对象选择器窗口用于显示设计时所选的对象列表。对象选择按钮用于选择元器件、连接器、图表和信号发生器等。单击 P，则可从库中选取元器件，并将所选元器件名一一列在对象选择器窗口中；L 为库管理按钮，单击时会显示一些元器件库。

1.6.2　Keil C 与 Proteus 连接调试示例

以任务 1 为例，完整显示 Keil C 与 Proteus 相结合的仿真过程。

1. 电路图的绘制

(1) 将所需元器件加入到对象选择器窗口中。

如图 1.25 所示，单击对象选择按钮 P，弹出“Pick Devices”页面。在 Microprocessor ICs 库中查找或在“Keywords”栏中输入 AT89C51，系统在对象库中进行搜索查找，并将搜索结果显示在“Results”栏中，如图 1.26 所示。

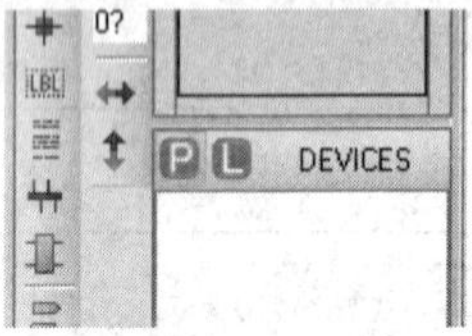

图 1.25　选择元器件界面

1-5　Keil C 与 Proteus 连接调试

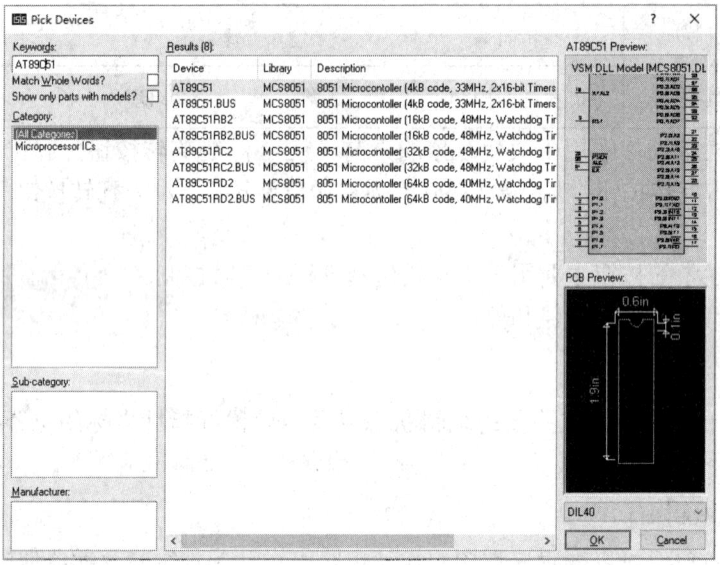

图 1.26　选择单片机窗口

在“Results”栏的列表项中，双击“AT89C51”，则可将“AT89C51”添加至对象选择器窗口。

方法同上，接着在“Keywords”栏中依次重新输入 7406、LED-BIBY、RES、SW-SPDT，将它们添加到元器件列表中。将上述元器件添加到对象选择器窗口后，左键选择模型选择工具栏中的图标，添加电源及地端子。注意电阻要编辑阻值，电源选 POWER，地选 GROUND。

(2) 放置元器件至原理图编辑窗口。

在对象选择器窗口中选中“AT89S51”，将鼠标置于原理图编辑窗口中该对象的欲放位置，单击鼠标左键，完成该对象的放置，用同样的方法将其他元器件放置到原理图编辑窗口，如图 1.27 所示。

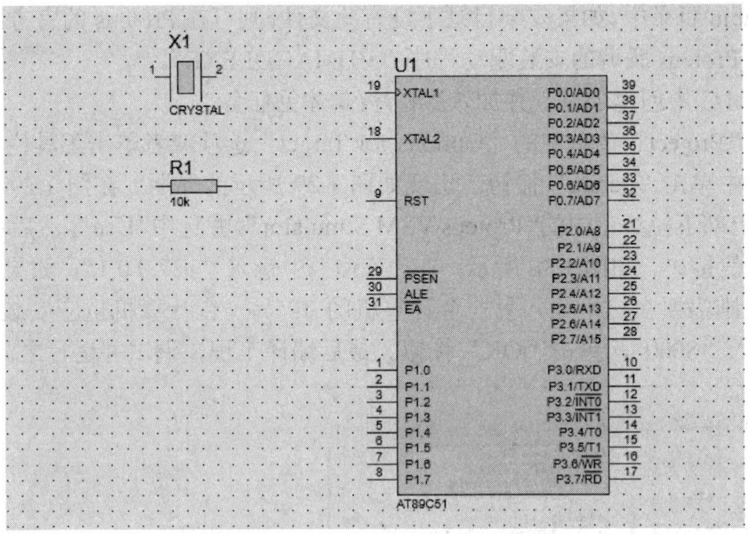

图 1.27 放置元器件至原理图编辑窗口

操作中可能要整体移动部分电路，操作方法如下：用左键选中要移动的这部分电路，将其拖动到目标位置后释放左键。

(3) 连接元器件。

下面讲解如何将 R1 的右端连接到 AT89S51 的 RST 端。当鼠标指针靠近 R1 右端的连接点时，鼠标指针处会出现一个×号，表明找到了 R1 的连接点，此时单击鼠标左键，移动鼠标，当将指针靠近 RST 端的连接点时，鼠标指针处会出现一个×号，表明找到了该连接点，同时屏幕上出现深绿色的连线，单击鼠标左键后连线变成黑色，即完成了元器件之间的连接。

电路原理图如图 1.28 所示。

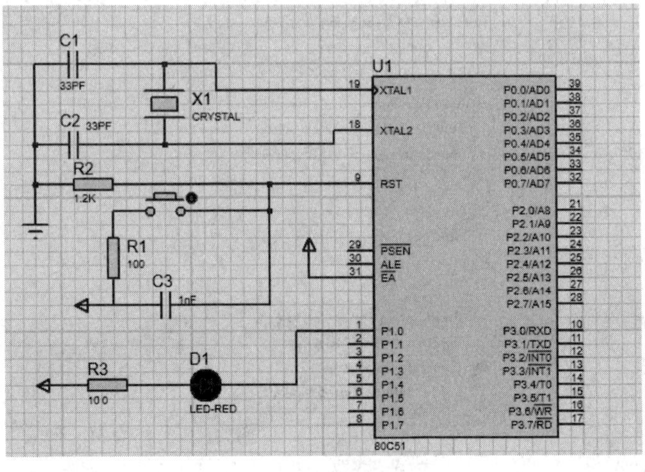

图 1.28 电路原理图

2. Keil C 与 Proteus 连接调试

(1) 当 Keil C 和 Proteus 均已正确安装在 c:\program files 的目录后，把 c:\program files\labcenter electron ics\proteus 8 professional\models\vdm51.dll 复制到 c:\programs files\keilc\c51\bin 目录中。如果安装目录下没有此文件，则可在 Proteus 的官方网站 Labcenter 上下载 Leilgn Proteus 联调的安装驱动程序“VDMAGDI.EXE”。

(2) 在 Keil C 中创建项目，并加入源程序(具体见任务 1)。

(3) 单击“Project”菜单中的“Options for Target”选项或者单击工具栏中的按钮，在弹出的窗口中单击“debug”按钮，出现如图 1.29 所示的界面。在图 1.29 所示的对话框中，选择右栏上部下拉菜单中的“Proteus VSM Simulator”，并选中“Use”，然后单击“Settings”按钮，设置通信接口。如图 1.30 所示，在“Host”中输入“127.0.0.1”，如果使用的不是同一台计算机，则需要在这里输入另一台计算机的 IP(另一台计算机也应安装 Proteus)，在“Port”中输入“8000”，单击“OK”按钮。最后编译工程，调试并运行之。

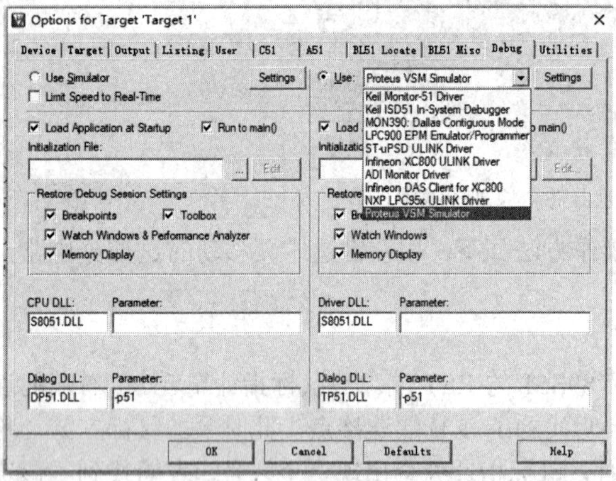

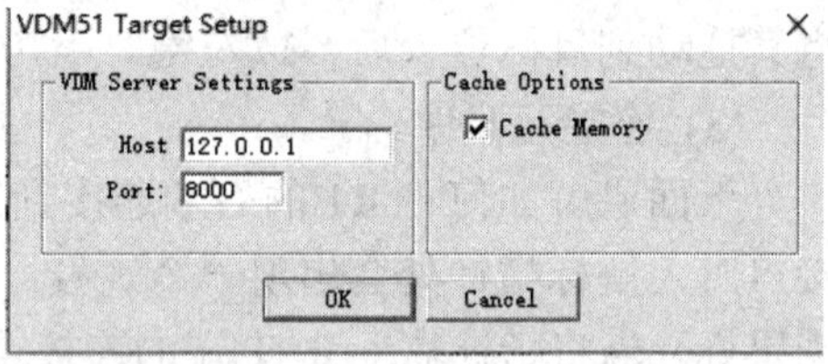

图 1.29　Keil C 参数设置界面　　　　图 1.30　Keil C“Settings”设置窗口

(4) 设置 Proteus。进入 Proteus 的 ISIS，鼠标左键单击“Debug”菜单，选中“Enable Remote Debug Monitor”选项，如图 1.31 所示，此后便可实现 Keil C 与 Proteus 的连接调试。

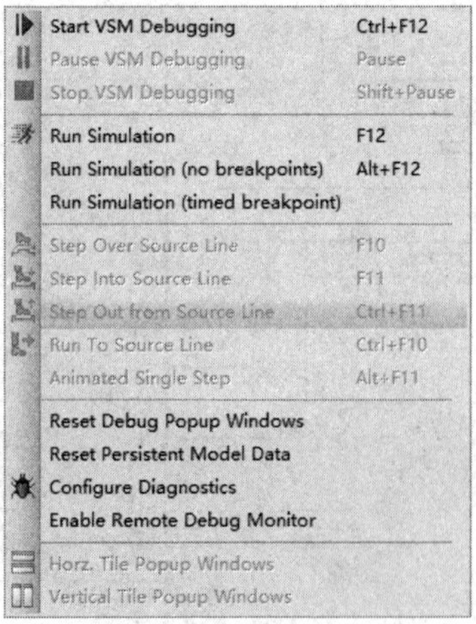

图 1.31　Proteus 连接调试控制界面

(5) Keil C 与 Proteus 连接仿真调试。

单击仿真运行开始按钮，即能清楚地观察到每一个引脚的电平变化，红色代表高电平，蓝色代表低电平。P1 口连接的发光二极管闪烁。

同样，在 Keil C 中运行程序，在 Proteus 的电路中也可以看到仿真结果。Keil C 中运行暂停或遇到断点时，Proteus 仿真也暂停；Keil C 遇到断点或退出调试或调试完毕时，Proteus 仿真也退出。

习 题 1

1. 选择题

(1) MCS-51 系列单片机的 CPU 主要由(　　)组成。

A. 运算器、控制器　　B. 加法器、寄存器

C. 运算器、加法器　　D. 运算器、译码器

(2) 单片机中的程序计数器 PC 用来(　　)。

A. 存放指令　　B. 存放正在执行的指令地址

C. 存放下一条指令地址　　D. 存放上一条指令地址

(3) 外部扩展存储器时，分时复用作为数据总线和低 8 位地址总线的是(　　)。

A. P0 口　　B. P1 口　　C. P2 口　　D. P3 口

(4) PSW 中的 RS1 和 RS0 用来(　　)。

A. 选择工作寄存器组　　B. 指示复位

C. 选择定时器　　D. 选择工作方式

(5) 单片机上电复位后，PC 的内容为(　　)。

A. 0000H　　B. 0003H　　C. 000BH　　D. 0800H

(6) 8051 单片机的 CPU 是(　　)位的。

A. 16　　B. 4　　C. 8　　D. 准 16 位

(7) 程序是以(　　)形式存放在程序存储器中的。

A. C 语言源程序　　B. 汇编程序　　C. 二进制编码　　D. BCD 码

2. 填空题

(1) 单片机应用系统是由_______和_______组成的。

(2) 除了单片机和电源外，单片机最小系统包括_______电路和_______电路。

(3) 在进行单片机应用系统设计时，除了电源和地线引脚外，______、______、_______、_______引脚信号必须接相应电路。

(4) MCS-51 系列单片机的存储器主要有四个物理存储空间，即________、________、_______、_______。

(5) MCS-51 系列单片机的 XTAL1 和 XTAL2 引脚是_______引脚。

(6) MCS-51 系列单片机的应用程序一般存放在_______中。

(7) 片内 RAM 低 128 B，按其用途划分为_______、_______和_______三个区域。

(8) 当振荡脉冲频率为 12 MHz 时，一个机器周期为_______；当振荡脉冲频率为 6 MHz

时，一个机器周期为_______。

(9) MCS-51 系列单片机的复位电路有两种，即_______和_______。

3. 简答题

(1) 什么是单片机？

(2) 单片机主要用在哪些方面？

(3) 8051 单片机片内数据存储器低 128 B 划分为哪三个部分？各部分的主要功能是什么？

(4) 什么是机器周期？机器周期和晶振频率有何关系？

(5) 画出单片机时钟电路，并指出石英晶体和电容的取值范围。

(6) 8051 单片机是如何进行复位的？常用的复位方法有几种？试画出电路并说明其工作原理。

(7) 单片机最小系统设计应包括哪些内容？试画出一个单片机最小系统电路图。

1-6　习题 1 解答　　　1-7　项目一重难点

项目二　流水灯系统设计

2.1　单片机的 C 语言

2.1.1　C 语言的特点

C 语言是近年来国内外广泛使用的一种程序设计语言。C 语言能直接对计算机硬件进行操作，既有高级语言的特点，又有汇编语言的特点，因此在单片机应用系统开发过程中得到了非常广泛的应用。

利用 C 语言编程，具有极强的可移植性和可读性，同时，它不需程序员了解机器的指令系统，只需简单熟悉单片机的硬件。

C 语言的主要特点如下：

(1) C 语言数据类型丰富，运算方便。

C 语言的数据类型有整型、实型、字符型、数组类型、指针类型、结构体类型、共用体类型等。用这些数据类型可实现各种复杂的数据结构(如链表、树、栈等)的运算，尤其是指针类型数据，使用起来更灵活、多样。C 语言的运算符共有 34 种，包含的范围很广。C 语言把括号、赋值、强制类型转换等都作为运算符处理，从而使 C 语言的运算类型极其丰富，表达式类型多样化。灵活使用各种运算符可以实现在其他高级语言中难以实现的运算。

(2) 语言简洁、紧凑，使用方便、灵活。

C 语言的一个语句可完成多项操作，一个表达式也可完成多项操作。其书写简练，源程序短，因而输入程序工作量小。

(3) C 语言是面向结构化程序设计的语言。

结构化语言的显著特点是代码、数据的模块化，C 语言程序是以函数形式提供给用户的，这些函数调用都很方便。C 语言具有多种条件语句和循环控制语句，程序完全结构化。

(4) C 语言能进行位操作。

C 语言能实现汇编语言的大部分功能，可以直接访问内存的物理地址，进行位(bit)一级的操作。因此，C 语言既具有高级语言的功能，又具有低级语言的许多功能，可用来编写系统软件，也可用来编写应用软件。C 语言的这种双重性，使它既是成功的系统描述语言，又是通用的程序设计语言。有人把 C 语言称为“高级语言中的低级语言”或“中级语言”，意为兼有高级语言和低级语言的特点。

(5) 生成目标代码质量高，程序执行效率高。

C 语言程序一般只比汇编程序生成的目标代码的执行效率低 10%～20%，却比其他高级语言的执行效率高。C 语言的可移植性好，主要表现在只要对这种语言稍加修改，即可适应各种型号的机器或各类操作系统。

2.1.2　C 语言程序的基本结构及其流程图

C 语言是一种结构化程序设计语言。这种结构化程序设计语言的程序设计方法可以总结为自顶向下、逐步求解、模块化、限制使用 goto 语句，将原来较为复杂的问题简化为一系列简单模块的设计，每个模块中包含若干个基本结构。

从程序流程的角度来看，程序可以分为三种基本结构，即顺序结构、选择结构、循环结构。这三种基本结构可以组成各种复杂程序。C 语言提供了多种语句来实现这些程序结构。

1. 顺序结构及其流程图

顺序结构的程序设计是最基本、最简单的，程序的执行顺序是自顶向下依次执行。如图 2.1 所示，虚线框内是一个顺序结构，程序先执行 A 操作，再执行 B 操作，两者是顺序执行的关系。

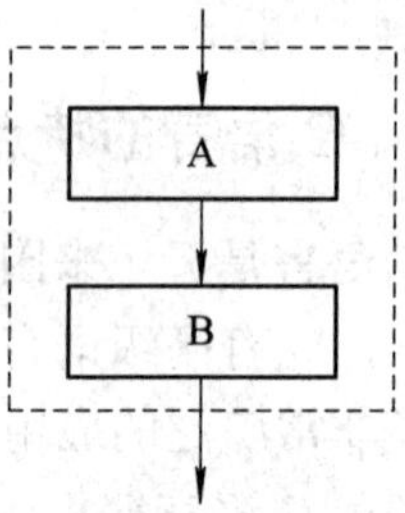

图 2.1　顺序结构流程图

不过大多数情况下顺序结构都是作为程序的一部分，与其他结构一起构成一个复杂的程序，例如选择结构中的复合语句、循环结构中的循环体等。

2. 选择结构及其流程图

顺序结构的程序虽然能解决计算、输出等问题，但不能做出判断再选择。在程序设计时，当遇到需要进行选择、判断和处理的问题时就要使用选择结构。依靠选择判断，程序可以进行循环(自己选择)或选择操作(在几个可能的执行路径上选择一个路径执行)。选择结构的执行不是严格按照语句出现的物理顺序，而是依据一定的条件选择执行路径的。

在选择结构中，程序首先对一个条件语句进行判断，当条件成立时，执行一个方向上的程序流程，当条件不成立时，执行另一个方向上的程序流程或者跳过该操作。如图 2.2 所示，其中图(a)为单路选择，条件为真时执行 A 操作，条件为假时跳过该操作，向下继续执行；图(b)为双路选择，条件为真时执行 A 操作，条件为假时执行 B 操作，两者不能同时执行，只能选择其一。两个方向上的程序流程最终将汇集到一起，从一个出口退出。

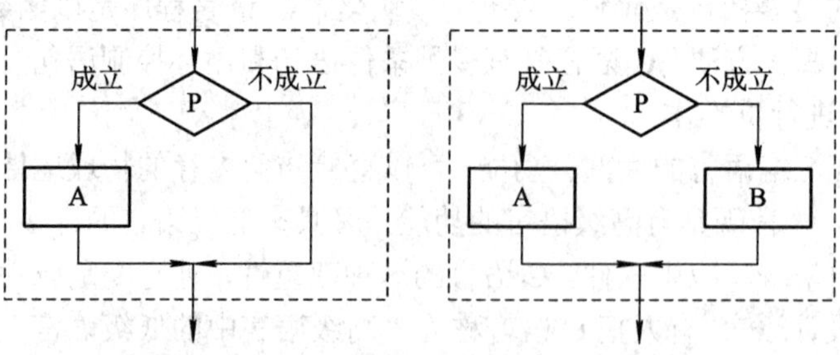

(a)　　(b)

图 2.2　选择结构流程图

(a) 单路选择；(b) 双路选择

常见的选择语句有 if、else if 语句。在处理实际问题时仅仅只有“二选一”是不够的，有很多情况是“多选一”。由选择结构可以派生出另一种基本结构——多分支结构。在多分支结构中又分串行多分支结构和并行多分支结构两种情况。

1) 串行多分支结构及其流程图

如图 2.3 所示，在串行多分支结构中，以单选择结构中的某一分支方向作为串行多分支方向(假如以条件为假作为串行方向)继续选择结构的操作，若条件为真则直接执行相应语句。最终程序在若干种选择之中选出一种操作来执行，并从一个共用的出口退出。这种串行多分支结构一般都由若干条 if、else if 语句嵌套构成。

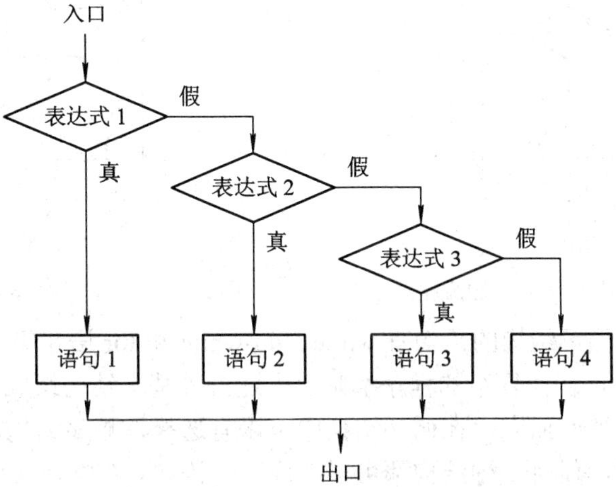

图 2.3　串行多分支结构流程图

2) 并行多分支结构及其流程图

如图 2.4 所示，在并行多分支结构中，根据 K 值的不同来选择 A1、A2、…、An 中的一种进行操作。常见的用于构成并行多分支结构的语句为 switch-case 语句。

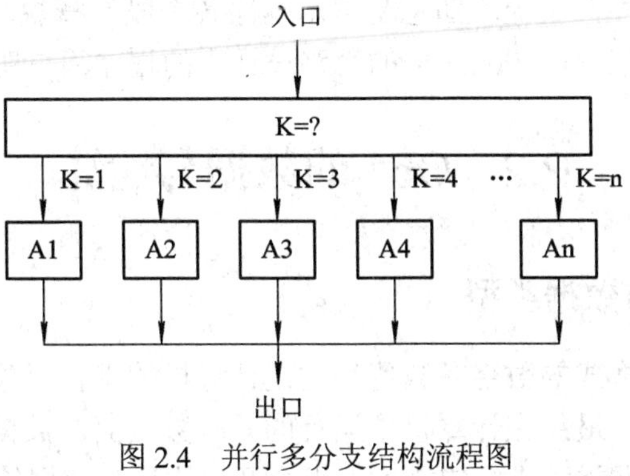

图 2.4　并行多分支结构流程图

3. 循环结构及其流程图

循环结构是程序中一种很重要的结构。其特点是，在给定条件成立时，反复执行某程序段，直到条件不成立为止。给定的条件称为循环条件，反复执行的程序段称为循环体。循环结构分为“当”型和“直到”型两种。

1) “当”型循环结构及其流程图

如图 2.5 所示，在这种结构中，先判断，再执行，只要条件为真就反复执行 A 块，为假则结束循环。

2) “直到”型循环结构及其流程图

如图 2.6 所示，在这种结构中，先执行 A 块，再判断条件是否为真，为真则继续执行循环体，为假则结束循环。

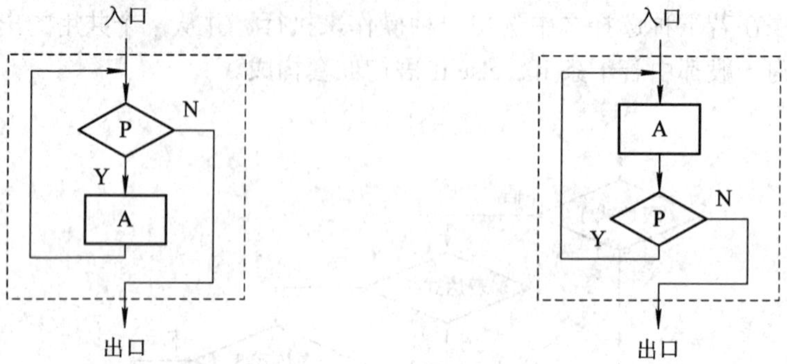

图 2.5 “当”型循环结构流程图　　　　图 2.6 “直到”型循环结构流程图

常见的用于构成循环结构的语句有 while、do-while 和 for 语句等。

在 C 语言程序中，任何复杂的程序都是由上述三种基本结构组成的。顺序结构、选择结构和循环结构并不彼此孤立，在循环结构中可以有选择、顺序结构，在选择结构中也可以有循环、顺序结构，任何一种结构都可以看成一个语句。在实际编程过程中，将这三种结构相互结合，可实现各种算法，并设计出相应程序。

在编程之前，应先画出程序流程图。这个流程图是关于解决问题的方法概述。如果要编程的问题比较复杂，那么所画的流程图也会比较复杂、结构重复多，造成可读性差，难以理解。解决这个问题的方法是将 C 程序设计成模块化结构。这样，一个大的程序结构就可以分解成若干段子程序，主流程图总是展示程序各个段的概貌，每个分段程序有自己相应的流程图和相应的子程序。按照这样的思路设计出的程序简单明了，容易理解。

2.2 C51 的数据与运算

2.2.1 C51 的数据与数据类型

数据是指具有一定格式的数字或数值，它是计算机的操作对象。不管使用何种语言、何种算法进行程序设计，最终在计算机中运行的只有数据流。数据的不同格式称为数据类型，数据按照一定的数据类型进行的排列、组合及架构称为数据结构。

单片机编程中所使用的是 C51 语言，与 ANSI C 基本相同，只是在某些方面进行了扩展。简单地说，C51 语言是在 ANSI C 标准的基础上扩展了数据类型和关键字。表 2.1 中列出了 Keil μVision4 C51 编译器所支持的数据类型。在 ANSI C 语言中基本的数据类型为 char、int、short、long、float 和 double，而在 C51 编译器中 int 和 short 相同，float 和 double 相同，这里就不列出说明了。下面简要介绍它们的具体定义。

表 2.1　C51 的数据类型

数据类型	长　度	值　域
unsigned char	单字节	0～255
signed char	单字节	–128～+127
unsigned int	双字节	0～65 535
signed int	双字节	–32 768～+32 767
unsigned long	四字节	0～4 294 967 295
signed long	四字节	–2 147 483 648～+2 147 483 647
float	四字节	±1.175 494E–38～±3.402 823E+38
*	1～3 字节	对象的地址
bit	位	0 或 1
sfr	单字节	0～255
sfr16	双字节	0～65 536
sbit	位	0 或 1

1. char 字符类型

char 类型的长度是一个字节，通常用于定义处理字符数据的变量或常量。char 类型分为无符号字符类型 unsigned char 和有符号字符类型 signed char，默认值为 signed char 类型。unsigned char 类型用字节中所有的位来表示数值，所能表示的数值范围是 0～255。signed char 表示的数值范围是 –128～+127，字节中最高位表示数据的符号，“0”表示正数，“1”表示负数，负数用补码表示。unsigned char 常用于处理 ASCII 字符或用于处理小于或等于 255 的整型数。

注：正数的补码与原码相同，负二进制数的补码等于它的绝对值按位取反后加 1。

2. int 整型

int 整型的长度为两个字节，用于存放一个双字节数据。int 整型分为有符号整型 signed int 和无符号整型 unsigned int，默认值为 signed int 类型。signed int 表示的数值范围是 –32 768～+32 767，字节中最高位表示数据的符号，“0”表示正数，“1”表示负数。unsigned int 表示的数值范围是 0～65 535。

3. long 长整型

long 长整型的长度为四个字节，用于存放一个四字节数据。long 长整型分为有符号长整型 signed long 和无符号长整型 unsigned long，默认值为 signed long 类型。signed int 表示的数值范围是 –2 147 483 648～+2 147 483 647，字节中最高位表示数据的符号，“0”表示正数，“1”表示负数。unsigned long 表示的数值范围是 0～4 294 967 295。

4. float 浮点型

float 浮点型在十进制中具有 7 位有效数字，是符合 IEEE 754 标准的单精度浮点型数据，占用四个字节。

5. 指针型

指针型本身就是一个变量，在这个变量中存放的指向另一个数据的地址。这个指针变量要占据一定的内存单元，对不同的处理器长度也不尽相同，在 C51 中它的长度一般为 1～3

个字节。

6. bit 位类型

bit 位类型是 C51 编译器的一种扩充数据类型，利用它可定义一个位变量，但不能定义位指针，也不能定义位数组。它的值不是 0 就是 1，类似一些高级语言中的 True 和 False。

7. sfr 特殊功能寄存器

sfr 也是一种扩充数据类型，占用一个内存单元(1 个字节)，值域为 0～255。利用它可以访问 51 单片机内部的所有特殊功能寄存器。具体的定义方法将在后面详细讲述。

8. sfr16 16 位特殊功能寄存器

sfr16 占用两个内存单元，值域为 0～65 535。sfr16 和 sfr 一样用于操作特殊功能寄存器，所不同的是它用于操作占两个字节的寄存器。

9. sbit 可寻址位

sbit 同样是 C51 中的一种扩充数据类型，利用它可以访问芯片内部的 RAM 中的可寻址位或特殊功能寄存器中的可寻址位，如任务 2 中定义的“sbit LED= P1^0;”。

从数据类型上看，C51 语言在 ANSI C 标准的基础上扩展了 bit、sfr、sfr16、sbit 等数据类型，这与 8051 单片机的硬件操作特性有关。

2.2.2 常量与变量

单片机程序中处理的数据有常量、变量之分，二者的区别在于：常量的值在程序运行过程中不能改变，而变量的值在程序运行过程中可以改变。

1. 常量

常量是指在程序执行期间其值固定、不能被改变的量。常量的数据类型有整型、浮点型、字符型、字符串型和位类型。

(1) 整型常量通常是指数学上的整数，分为十进制、八进制、十六进制常量。例如：15、0、123、−25 等是十进制整型常量；八进制整型常量以字母 o 开头，如 o5、o13，分别代表十进制的 5 和 11；十六进制整型常量以 0x 开头，如 0x9、0x12 和 0xff，分别代表十进制的 9、18 和 255。

(2) 浮点型常量可分为十进制表示形式和指数表示形式两种，如 3.14159、267.12、1.5e6，−2.7e−3，后两个数都采用了指数形式，分别表示 1.5×10^6 和 -2.7×10^{-3}。

(3) 字符型常量是用一对单引号括起来的一个字符，如 ‘a’、‘7’、‘#’ 等。值得注意的是，单引号只是字符与其他部分的分隔符，不是字符常量的一部分，当输出一个字符常量时不输出此单引号，不能用双引号代替单引号，如“a”不是字符常量。同时，单引号中的字符不能是单引号本身或者反斜杠，即 ‘‘’ 和 ‘\’ 都是不可以的。要表示单引号或反斜杠，可以在该字符前加一个反斜杠，组成专用转意字符，如 ‘\’’ 表示引号字符’，而 ‘\\’ 表示反斜杠字符\。

(4) 字符串型常量是用一对双引号括起来的一串字符，如“hello”、“test”、“OK”等。字符串是由多个字符连接起来组成的，以双引号为定界符，但双引号并不属于字符串。在 C 语言中存储字符串时系统会自动在字符串尾部加上“\0”转义字符以作为该字符串的结束符。因此，字符串常量“A”其实包含两个字符：字符‘A’和字符“\0”，在存储时多占用一个字节，这与字符常量‘A’是不同的。

(5) 位类型常量的值是一个二进制数，如 1 或 0。

除了上面介绍的直接常量外，C 语言也可以用标识符代替常量，即符号常量。直接常量如 15、35.8、0x12、‘C’、“test”等，这些常量不用说明就可以直接使用。

符号常量是指在程序中用标识符来代表的常量。符号常量在使用之前必须用编译预处理命令“#define”先进行定义，例如：

```
#define PRICE 60      //用符号常量 PRICE 表示数值 60
```

这样在后面的程序中，凡是出现 PRICE 的地方，都代表常量 60。符号常量的值在其作用域中不能改变，也不能再用等号赋值。习惯上，总将符号常量名用大写字母表示，而变量名用小写字母表示，以示区别。除了上述的常量定义方式外，还可以用 code 或 const 进行定义，如：

```
unsigned  int  code  a=100;
const  unsigned  int  c=100;
```

这两句中，它们的值都保存在程序存储器中，而程序存储器在运行中是不允许被修改的，因此也是常量。

2. 变量

变量是指在程序运行中，其值可以发生变化的量。一个变量主要由两部分构成：一个是变量名，一个是变量值。每个变量都有一个变量名，在内存中占据一定的存储空间(地址)，并在该存储空间中存放该变量的值。

变量必须先定义，后使用，用标识符作为变量名，并指出所用的数据类型和存储模式，这样编译系统才能为变量分配相应的存储空间。

变量的定义格式如下：

[存储种类]　数据类型　[存储器类型]　变量名表;

其中，数据类型和变量名表是必要的，存储种类和存储器类型是可选项。

2.2.3　C51 的数据存储类型与 8051 存储器结构

C51 中，变量或参数的存储类型可以由存储模式默认指定，也可以用关键字直接声明指定。直接使用关键字声明变量数据的存储类型时，可用的关键字见表 2.2，各个关键字分别对应 MCS-51 系列单片机的某个存储区。

表 2.2　单片机存储类型及与 8051 存储空间的对应关系

类型关键字	长度/bit	说　明
data	8	直接访问内部数据存储区(128 B)，寻址速度最快
bdata	1	可位寻址内部数据存储区(16 B)，允许位与字节混合访问
idata	8	间接寻址片内数据存储区，可访问片内全部 RAM 地址空间(256 B)
pdata	8	分页寻址片外数据存储区(256 B)，用 MOVX @R0 指令访问
xdata	16	外部数据存储区(64 KB)，用 MOVX @DPTR 指令访问
code	16	程序存储区(64 KB)，用 MOVC @A+DPTR 指令访问

1) DATA 存储区

DATA 存储区的寻址速度最快，所以应该把经常使用的变量放在 DATA 区；不过 DATA 区的空间有限，其内不仅包含程序变量，还包含堆栈和寄存器组，因此声明变量时要注意 DATA 区的可用空间大小。data 关键字声明的变量通常指低 128B 的内部数据区存储的变量。

2) BDATA 存储区

BDATA 存储区实际就是 DATA 存储区中的位寻址区，它的字节地址为 20H～2FH 的 16 个字节地址，这些单元既可以按字节寻址操作，也可以按位地址操作。位地址为 00H～7FH，共 16×8=128 位。bdata 和 data 的不同之处还在于，编译器不允许在 BDATA 区中声明 float 和 double 型的变量。

3) IDATA 存储区

IDATA 存储区也可存放使用比较频繁的变量，其访问方法是使用寄存器作为指针进行寻址，即在寄存器中设置 8 位地址进行间接寻址。idata 作为 IDATA 存储区中的存储类别标识符是指内部的 256 B 存储区，只能间接寻址，速度比直接寻址慢，但与外部存储地址相比，其指令执行周期和代码长度都较短。

4) PDATA 存储区和 XDATA 存储区

PDATA 区和 XDATA 区都属于外部存储区。当使用 xdata 和 pdata 存储类型定义变量、常量时，C51 编译器会将其定位在外部数据存储空间(片外 RAM)。该空间位于片外附加的 8 KB、16 KB、32 KB 或 64 KB 的 RAM 芯片中，其最大可寻址范围为 64 KB。片外存储空间的访问方式是通过数据指针加载地址间接访问实现的，所以外部数据区的访问速度要比内部数据存储区的慢。对 PDATA 区寻址比对 XDATA 区寻址要快，这是因为它的一个字节地址(高 8 位)被妥善保存在 P2 口中，寻址时只需装入 8 位地址，寻址空间只有 256 B，而 XDATA 区的寻址范围有 65 536 B，对其寻址时需要装入 16 位地址。

5) CODE 存储区

当使用 code 存储类型定义数据时，C51 编译器会将其定义在代码空间(ROM 或 EPROM)，用于存放指令代码和其他非易失信息。通常程序中固定不变的数码管的字型码、字符点阵等声明为 code 变量类型。在程序执行过程中，不会有信息写入这个区域，因为程序代码是不能进行自我改变的。

访问片内数据存储器(data、bdata、idata)比访问片外数据存储器(xdata、pdata)相对要快一些，因此可以将经常使用的变量置于片内数据存储器，而将规模较大的或不常使用的数据置于片外数据存储器中。

变量的存储类型定义举例：

```
char data pulse;  //data 存储类型，该变量被定位在 8051 片内数据存储区中(地址：00H～7FH)
bit bdata flag;   //bdata 存储类型，该变量被定位在 8051 片内数据存储区的可位寻址区中
                  //(地址：20H～2FH)
float idata x, y, z;          // idata 存储类型，该变量被定位在 8051 片内数据存储区中，并只能
                              // 用间接寻址的方法进行访问
unsigned int pdata length;    // pdata 存储类型，该变量被定位在片外数据存储区中，并用操作码
                              //MOVX @Ri 访问
```

```
unsigned char xdata parameter [8][3][5];   // xdata 存储类型，该变量被定位在片外数据存储区中，
                                           //并占据 8 × 3 × 5 = 120 B 存储空间
```

如果在变量定义时略去存储类型标识符，则编译器会自动选择默认的存储类型。默认的存储类型进一步由 SMALL、COMPACT 和 LARGE 存储模式指令限制。存储模式决定了变量的默认存储类型、参数传递区和无明确存储类型说明变量的存储类型。

关于存储模式的详细说明见表 2.3。

表 2.3　存储模式的详细说明

存储模式	说　明
SMALL	该模式与采用 data 存储类型方式相同，参数及局部变量放入可直接寻址的片内存储区中(最大 128 B)，访问速度快、效率高。所有对象包括堆栈，都必须嵌入片内 RAM。栈长很关键，因为实际栈长依赖于不同函数的嵌套层数
COMPACT	该模式默认的存储类型是 pdata，参数及局部变量放入分页片外存储区中(最大 256 B)，通过寄存器 R0 和 R1(@R0，@R1)间接寻址，栈空间位于 8051 系统内部数据存储区中
LARGE	该模式默认的存储类型是 xdata，参数及局部变量直接放入片外数据存储区中(最大 64 KB)，使用数据指针 dptr 来进行寻址。用此数据指针进行访问效率较低，尤其是对两个或多个字节的变量，这种数据类型的访问机制直接影响代码的长度。另一不方便之处在于这种数据指针不能对称操作

2.2.4　8051 特殊功能寄存器(SFR)及其 C51 定义

为了能够直接访问 P0、P1、P2、P3 这些特殊功能寄存器，Keil C51 提供了一种自主形式的定义方法。但需要注意的是，这种方法只适用于本书所讲的 8051 单片机进行 C 编程，与标准 C 语言是不兼容的。

这种定义方法是引入关键字“sfr”和“sfr16”，其中“sfr”是对 8 位特殊功能寄存器的访问，而“sfr16”是对 16 位特殊功能寄存器的访问。

“sfr”的语法如下：

sfr 特殊功能寄存器名=特殊功能寄存器地址

例如，任务 2 中：

```
sfr P1=0x90;
```

0x90 便是单片机 P1 接口对应的 8 个端口锁存器所组成的特殊功能寄存器的地址，这个地址在单片机内部是固定不变的，上面这条语句便是给这个特殊功能寄存器起了一个名字叫“P1”。值得注意的是，sfr 后面必须跟一个特殊功能寄存器名，“=”后面的地址必须是常数，这个常数值的范围必须在特殊功能寄存器范围内，位于 0x80～0xff 之间。每款单片机中的特殊功能寄存器的地址是固定的(见表 1.3)，但是 8051 单片机的寄存器数量与类型是极不相同的，因此 Keil 软件将所有特殊功能寄存器的“sfr”定义放入一个头文件中。该文件中包括 8051 单片机系列成员中的 SFR 定义，也可由用户自己用文本编辑器编写。

对 16 位的特殊功能寄存器的访问：在新的 8051 产品中，SFR 在功能上经常组合为 16 位值，当 SFR 的高位地址直接位于其低位地址之后时，对 16 位 SFR 值可以进行直接访问。例如，8052 的定时器 2 就是这种情况。为了有效地访问这类 SFR，可使用关键字“sfr16”。16 位 SFR 定义的语法与 8 位 SFR 的相同，16 位 SFR 的低位地址必须作为“sfr16”的定义

地址。例如：

```
sfr16 T2=0xCC;        //定时器 T2，T2 的低 8 位地址=0xCC, T2 的高 8 位地址=0xCD
```

定义中名字后面不是赋值语句，“=”左边是特殊功能寄存器的名字，右边是低字节的地址。这种定义适用于所有新的 SFR，但不能用于定时/计数器 0 和 1。

2.2.5　位变量(BIT)及其 C51 定义

在典型的单片机应用中，经常需要单独操作特殊功能寄存器中的位，如任务 2 中要控制 P1.0 这个引脚的电平。与特殊功能寄存器的定义一样，Keil C51 也为我们提供了位定义的方法。这种定义方法是引入关键字“sbit”。其方法有以下三种。

方法一：sbit 位名=特殊功能寄存器名^位号。

当特殊功能寄存器的地址能被 8 整除时，可以使用这种方法。特殊功能寄存器名必须是已经用“sfr”关键字进行定义过的 SFR 名字，“^”后面的语句定义了基地址上的特殊位的位置，该位置值必须是 0～7 之间的数。

例如：

```
sfr P1=0x90;                    //先让 C 编译器认识 P1 这个特殊功能寄存器名
sbit P10= P1^0;
sbit P11= P1^1;
sbit LED= P1^0;
```

方法二：sbit 位变量名 = 位地址。

例如：

```
sbit P1_0 = 0x90;
sbit OV = 0xD2;
```

这样是把位的绝对地址赋给位变量。同 sfr 一样，sbit 的位地址必须位于 80H～FFH 之间。要注意的是，这里的“0x90”不是方法一中的字节地址，而是 P1.0 引脚对应为锁存器的位地址。这就好比一栋有 8 个房间的大楼，大楼的编号为 100(字节地址)，而大楼里 8 个房间的编号分别为 100，101，102，…，107(位地址)，同样是 100，但出现的场合不一样，代表的含义就不同。

方法三：sbit 位变量名 = 字节地址^位位置。

例如：

```
sbit P12 = 0x90 ^ 2;
```

这种方法其实和方法二是一样的，只是把特殊功能寄存器的位地址直接用常数表示。“0x90 ^ 2”代表地址为 0x90 字节的第 2 位(即 P1.2 引脚对应的位锁存器)。

特殊功能位代表了一个独立的定义类，不能与其他位定义和位域互换。

2.2.6　C51 运算符表达式及其规则

C 语言中运算符和表达式数量之多，在高级语言中是少见的。正是丰富的运算符和表达式，使 C 语言功能十分完善，这也是 C 语言的主要特点之一。

C 语言的运算符不仅具有不同的优先级，而且还有一个特点，就是它的结合性。在表达式中，各运算量参与运算的先后顺序不仅要遵守运算符优先级别的规定，还要受运算符结合性的制约。

1. C51 算术运算符及其表达式

1) 基本的算术运算符

加法运算符“+”：属于双目运算符(即应有两个量参与加法运算，如 a + b、4 + 8 等)，具有右结合性。

减法运算符“−”：属于双目运算符(如 x−y)，但“−”也可作负值运算符，此时为单目运算符，如−x、−5 等，具有左结合性。

乘法运算符“*”：属于双目运算符，具有左结合性。

除法运算符“/”：属于双目运算符，具有左结合性。参与运算的量均为整型时，结果也为整型，舍去小数。如果运算量中有一个是实型，则结果为双精度实型。

模(求余)运算符“%”：属于双目运算符，具有左结合性。要求参与运算的量均为整型，求余运算的结果等于两数相除后的余数。如 5%3，结果是 5 除以 3 所得的余数 2。

2) 算术表达式和运算符的优先级与结合性

算术表达式是指用算术运算符和括号将运算对象(也称操作数)连接起来的式子。其中的运算对象包括常量、变量、函数、数组和结构等。例如：

```
a+b;
(a*2)/c;
(x+r)*8−(a+b)/7;
sin(x)+sin(y);
```

均是算术表达式。

运算符的优先级是指当运算对象两侧都有运算符时，执行运算的先后次序。在表达式中，优先级较高的先于优先级较低的进行运算。而当一个运算量两侧的运算符优先级相同时，则按运算符的结合性所规定的结合方向处理。

算术运算符的优先级规定为：先乘除模，后加减，括号最优先。即在算术运算符中，乘、除、模运算符的优先级相同，并高于加减运算符。在表达式中若出现括号，则括号中的内容优先级最高。例如：

```
x+y*z;
```

这个表达式中，乘号的优先级高于加号，所以先运算 y*z，所得结果再与 x 相加。

```
(x+r)*8+b/7;
```

该表达式中括号的优先级最高，符号“*”和“/”次之，加号的优先级最低，所以先运算(x + r)，然后 *8，接下来先运算 b/7，最后两个结果相加。

运算符的结合性是指当一个运算对象两侧的运算符的优先级别相同时的运算顺序。

算术运算符的结合性是自左至右，即先左后右，称为“左结合性”，亦即当一个运算对象两侧的算术运算符优先级别相同时，运算对象先与左面的运算符结合。例如：

```
x−y+z;
```

y 应先与“-”号结合，执行 x−y 运算，然后执行 +z 的运算。

3) 赋值运算符

赋值运算符用“=”表示。由“=”连接的式子称为赋值表达式，其一般形式为

变量=表达式;

例如:

```
a = 0xFF;        //将常数十六进制数 FF 赋予变量 a
b = c = 33;      //同时赋值给变量 b、c
d = e;           //将变量 e 的值赋予变量 d
f = a+b;         //将变量 a+b 的值赋予变量 f
```

赋值表达式的功能是先计算表达式的值再赋予左边的变量。赋值运算符具有右结合性。因此,“b=c=33;”可理解为“b=(c=33);”。

4) 自增、自减运算符

自增运算符“++”用于对运算对象作加 1 运算。

自减运算符“--”用于对运算对象作减 1 运算。

自增、自减运算符均为单目运算符,都具有右结合性。

++i(--i)表示在使用 i 之前,先使 i 值加(减)1。

i++(i--)表示 i 参与运算后,i 的值再自增(减)1。

粗略地看,++i 和 i++ 的作用都相当于 i=i+1,但 ++i 和 i++ 的不同之处在于 ++i 先执行 i=i+1,再使用 i 的值,而 i++则是先使用 i 的值,再执行 i=i+1。

例如:若 i 的值原来是 7,则

```
j=++i;     //结果是 i 和 j 的值都是 8
j=i++;     //结果是 j 的值为 7,i 的值为 8
```

又如,程序:

```
main( )
{
    unsigned char i=5,j=5,p,q;
    p=(i++)+(i++)+(i++);
    q=(++j)+(++j)+(++j);
    printf("%d,%d,%d,%d",p,q,i,j);
}
```

这个程序中,对 p=(i++)+(i++)+(i++)应理解为三个 i 相加,故 p 的值为 15。然后 i 再自增 1 三次相当于加 3,故 i 的最后值为 8。而对于 q 的值则不然,q=(++j)+(++j)+(++j)应理解为 j 先自增 1,再参与运算,由于 j 自增 1 三次后值为 8,故三个 8 相加的和为 24,j 的最后值仍为 8。

值得注意的是,自增、自减运算符只允许用于变量的运算中,不能用于常数或表达式中。

5) 强制类型转换运算符

如果一个运算符的两侧的数据类型不同,则必须通过数据类型转换将数据转换成同种类型。

强制类型转换的一般形式如下:

(类型说明符) (表达式)

其功能是把表达式的运算结果强制转换成类型说明符所表示的类型。

例如：

```
(float) a        //表示把 a 转换为浮点类型
(int)(x+y)       //表示把 x+y 的结果转换为整型
```

2. C51 关系运算符、表达式及优先级

1) C51 关系运算符

C51 关系运算符及含义如下：

>：大于。

<：小于。

>=：大于等于。

<=：小于等于。

= =：等于。

!=：不等于。

2) 关系表达式

用关系运算符将两个表达式(可以是算术表达式、关系表达式、逻辑表达式及字符表达式等)连接起来的式子，称为关系表达式。关系运算符的结合性为左结合。

关系表达式的一般形式如下：

表达式 1　关系运算符　表达式 2

关系表达式通常是用来判别某个条件是否满足。需要注意的是，用关系运算符的运算结果只有 0 和 1 两种，也就是逻辑的真与假，当指定的条件满足时结果为 1，不满足时结果为 0。

例如：若 x = 2，y = 5，z = 1，则 x > y 的值为假，表达式的值为 0；(x<y)==z 的值为真，表达式的值为 1。

3) 关系运算符的优先级

前四个具有相同的优先级，后两个也具有相同的优先级，但是前四个的优先级要高于后两个的。

关系运算符的优先级低于算术运算符，但是高于赋值运算符。

例如：

```
c>a-b        //等效于 c>(a-b)
a<b!=c       //等效于(a<b)!=c
a==b<c       //等效于 a==(b<c)
a=b>=c       //等效于 a=(b>=c)
```

3. C51 逻辑运算符、表达式及优先级

C51 逻辑运算符有&& (逻辑与)、|| (逻辑或)和 ! (逻辑非)3 种。其中：逻辑与“&&”和逻辑或“||”都是双目运算符，要求有两个运算对象；逻辑非“!”是单目运算符，只需要一个运算对象。

C51 逻辑运算符与算术运算符、关系运算符和赋值运算符之间优先级的次序如图 2.7 所示，其中逻辑非运算符“ ! ”的优先级最高，赋值运算符“=”的优先级最低。

优先级

!(非)运算符　(高)
算术运算符
关系运算符
&&和||运算符
赋值运算符　(低)

图 2.7　优先级次序

用逻辑运算符将关系表达式或逻辑量连接起来的式子称为逻辑表达式，它的结合性是自左向右，逻辑表达式的值是一个逻辑真(1)或假(0)。

例如：若 x = 6，y = 8，则

```
x&&y      //为真(1)
x||y      //为真(1)
!x        //为假(0)
!x&&y     //为假(0)。因为“!”的优先级高于“&&”，所以先执行!x，其值为假(0)，而 0&&y
          //为 0，故结果为假(0)
```

通过上面的例子可以看出，系统给出的逻辑结果不是 0 就是 1，不可能是其他值。

4. C51 位操作及其表达式

C51 提供的位操作运算符有 & (按位与)、| (按位或)、^ (按位异或)、~ (按位取反)、<< (位左移)和 >> (位右移)。除了按位取反“~”是单目运算符外，其他位操作运算符都是双目运算符，同时位运算符的操作对象只能是字符型或整型数据，不能为实型数据。

1) 按位与“&”运算符

格式：x&y。

运算规则：对应位均为 1 时才为 1，否则为 0。

要进行数据的按位计算，首先要把参与计算的数据转换成二进制数，然后进行按位计算。

例如，若 x=2DH，y=A3H，则表达式 x&y 的计算过程如下：

```
x:    00101101
y:  & 10100011
-----------------
    = 00100001   (21H)
```

主要用途：取(或保留)1 个数的某(些)位，其余各位置 0。

2) 按位或“|”运算符

格式：x | y。

运算规则：参与运算的两个运算对象，若两者相应的位中有一个为 1，则该位结果为 1，全都是 0 时结果才是 0。

例如，若 x = 53H，y = 3EH，则表达式 x | y 的计算过程如下：

```
x:     01010011
y:   | 00111110
-----------------
     = 01111111   (7FH)
```

主要用途：常用于对指定位置 1、其余位不变的操作。

例如，要保留从 P3 口的 P3.0 和 P3.1 读入的两位数据，可以执行“input=P3&0x03;”(0x03 的二进制数为 00000011B)，这样 P3 口的低两位的值被保留下来，其他位被清零。用按位或“|”也可以实现数据的保留，执行“input=P3|0xFC;”(0xFC=11111100B)，这样除了被保留下来的低两位外，其他位被置成 1。

小经验

按位与运算通常用于对某些位清零、其余位不变的操作，而按位或运算通常用于对某些位置 1、其余位不变的操作。

3) 按位异或“^”运算符

格式：x^y。

运算规则：参与运算的两个运算对象，若两者相应的位值相同，则该位结果为 0；若两者相应的位值相异，则该位结果为 1。

例如，若 x=84H，y=2FH，则表达式 x^y 的计算过程如下：

```
x:      1000 0100
y:    ^ 0010 1111
-----------------
      = 1010 1011   (ABH)
```

主要用途：使一个数的某(些)位翻转(即原来为 1 的位变为 0，为 0 的位变为 1)，其余各位不变。

4) 按位取反“~”运算符

格式：~x。

运算规则：按位取反“~”运算符是一个单目运算符，用来对一个二进制数按位进行取反，即 0 变 1，1 变 0。

例如，若 x=57H，则表达式 ~x 的计算过程如下：

```
x:    ~ 0101 0111
-----------------
      = 1010 1000   (A8H)
```

主要用途：间接地构造一个数，以增强程序的可移植性。

按位取反“~”运算符的优先级比别的算术运算符、关系运算符和其他运算符的都高。

5) 位左移“<<”和位右移“>>”运算符

格式：x<<n 或 x>>n，x 为变量，n 为要移动的位数。

运算规则：位左移“<<”、位右移“>>”运算符用于将一个数的各二进制位全部左移或右移若干位；移位后，空白位补 0，而溢出的位舍弃。

例如，“a<<4”是指把 a 的各二进制位向左移动 4 位，如果 a=00000011B(03H)，则左移 4 位后为 00110000B(30H)。

“a>>2”是指把 a 的各二进制位向右移动 2 位，如果 a = 11101010B(EAH)，则右移 2 位后为 00111010B(3AH)。

下面举一个利用位移运算符进行循环右移的例子。

若 a = 1100 0011B=0xc3，将 a 的值循环右移两位。

a 循环右移 n 位，即将 a 中原来左端的(8−n)位右移 n 位，而将原来右端的 n 位移到最左端 n 位。循环右移的示意图如图 2.8 所示。

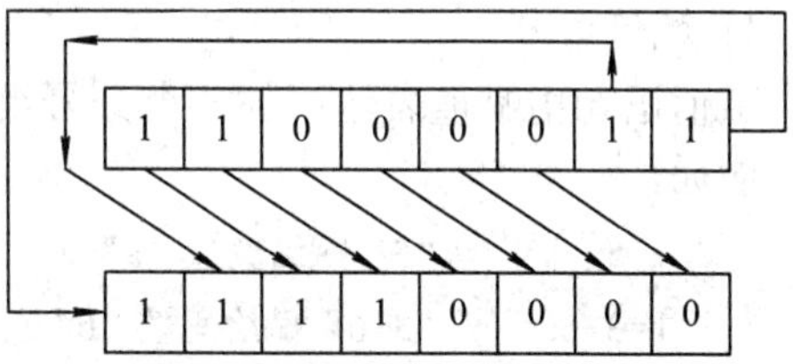

图 2.8　循环右移 2 位的示意图

上述问题可以由下列步骤来实现：

将 a 的右端 n 位先放到 b 的高 n 位中，即 b=a<<(8−n)；

将 a 右移 n 位，其左端高 n 位被补 0，即 c=a>>n；

将 b、c 进行“或”运算，即 a=b|c。

对 a 进行循环右移 2 位的程序可这样编写：

```
main( )
{
    unsigned char a=0xc3，b，c，n=2;
    b= a>>n;
    c= a<<(8−n);
    a=c|b;
}
```

循环右移之前 a = 1100 0011B，循环右移 2 位之后 a=11110000B。

移位指令不仅可以改变某个变量中数值的位置，还能进行数学运算。对于一个二进制数来说，左移一位相当于该数乘 2，而右移一位相当于该数除 2，利用这一性质，可以用移位来做快速乘除法。例如，若要对某个数乘 8，只需要将此数左移 3 位即可。值得注意的是，移位运算并不能改变原变量本身，除非将移位的结果赋给另一个变量，如 b=a<<(8−n)。

小知识

在编程中，可以使用移位指令代替除法指令，来提高运行速度。

2.3　C51 流程控制语句

2.3.1　表达式语句和复合语句

1. 表达式语句

表达式语句是由表达式加上分号“;”所组成的语句，其一般形式如下：

表达式;

执行表达式语句就是计算表达式的值。

例如：

```
x=y+z;  //赋值语句
y+z;    //加法运算语句，但计算结果不能保留，无实际意义
i++;    //自增 1 语句，i 值增 1
```

表达式语句常见的形式有赋值语句、函数调用语句、空语句。

1) 赋值语句

赋值语句由赋值表达式加一个分号组成。

例如：

```
a=5;      //“5”赋给变量“a”
b=3+6;    //“3+6”赋给变量“b”
```

2) 函数调用语句

函数调用语句由函数调用表达式后跟一个分号组成。

例如：

```
scanf("%2d%3f%4f"，&a，&b，&c);
```

```
printf("good afternoon\n " );
```

3) 空语句

空语句是只有一个分号而没有其他表达式的语句。

例如：

```
;
```

它不产生任何操作运算，只作为形式上的语句，被填充在控制结构之中。

2. 复合语句

把多个语句用括号{}括起来组成的一个语句称为复合语句。在程序中应把复合语句看成是单条语句，而不是多条语句。

例如：

```
{
    x=y+z;
    a=b+c;
    printf("%d%d"，x，a);
}
```

这三条表达式语句构成一条复合语句。复合语句内的各条语句都必须以分号“;”结尾，在后括号“}”外不能加分号。

2.3.2　选择语句

在 C 语言中实现选择结构的语句有两大类：if 语句和 switch-case 语句。

1. if 语句

C 语言的一个基本条件选择语句是 if 语句。它的基本结构如下：

```
if(条件表达式)
 {语句;}
```

在这种结构中，如果表达式的值为真，则执行其后的语句，否则不执行该语句。其过程可用图 2.2(b)的单路选择表示。C 语言提供了 3 种形式的 if 语句。

形式一：

```
if(条件表达式)
 {语句;}
```

例如：

```
if(P1_0==0)
 {P2=0x0f;}
```

2-1　选择语句

形式二：

```
if(条件表达式)
 {语句 1;}
else
 {语句 2;}
```

例如：

```
if(P1_0==0)
 {P2=0x0f;}
else
 {P2=0xf0;}
```

形式三：

```
if(条件表达式 1) {语句 1;}
    else if(条件表达式 2) {语句 2;}
              ⋮
    else if(条件表达式 m) {语句 m;}
else  {语句 n;}
```

例如：

```
if(score>=0&&score<60)   printf("grade is E\n");
    else if(score>=60&&score<70)   printf("grade is D\n");
    else if(score>=70&&score<80)   printf("grade is C\n");
    else if(score>=80&&score<90)   printf("grade is B\n");
else  printf("grade is A\n");
```

除了上述 3 种形式的 if 语句外，在实际编程中还经常含有一个或多个 if 语句，这种情况称为 if 语句的嵌套。

当 if 语句中的执行语句又是 if 语句时，就构成了 if 语句的嵌套，其一般形式如下：

```
if(条件表达式)
 {
    if(条件表达式) {语句;}
    else   {语句;}
 }
else  {语句;}
```

在嵌套内的 if 语句可能又是 if-else 型的，这将会出现多个 if 和多个 else 重叠的情况，这时要特别注意 if 和 else 的配对问题。例如：

```
if(表达式 1)
if(表达式 2)
{语句 1;}
else
{语句 2;}
```

其中的 else 究竟与哪一个 if 配对呢?

应该理解为

```
if(表达式 1)
    if(表达式 2)
     {语句 1;}
    else
     {语句 2;}
```

还是应理解为

```
if(表达式 1)
    if(表达式 2)
     {语句 1;}
else
     {语句 2;}
```

为了避免这种二义性，C 语言规定，else 总是与它前面最近的 if 配对。也就是理解为第一种情况。为了避免歧义，可以用花括号将配对的 if 括起来，以确定它们之间的相应关系，如：

```
if(表达式 1)
{
    if(表达式 2)
     {语句 1;}
    else
     {语句 2;}
}
```

2. switch-case 语句

在实际应用中，常常会遇到多分支选择问题，比如在成绩划分等次、工资等级、年龄段划分等情况都会用到。它们有一个共同的特征就是，都要以一个变量的值作为判断条件，将此变量的值域分成几段，每一段对应着一种选择或操作。这样，当变量的值处于某一段中时，程序就会在它所面临的几种选择中选择相应的操作。这种情况就是典型的并行多分支选择问题。虽然可以用前面提到的 if 语句来解决这个问题，但由于一个 if 语句只有两个分支可供选择，因此必须用嵌套的 if 语句结构来处理。如果分支较多，则嵌套的 if 语句层数多，程序冗长，从而导致可读性降低。为此，C 语言提供了 switch 语句，用于直接处理并行多分支选择问题。

switch 语句的一般形式如下：

```
switch(表达式)
{
   case 常量表达式 1: {语句 1;} break;
   case 常量表达式 2: {语句 2;} break;
                ⋮
   case 常量表达式 n: {语句 n;} break;
   default : 语句 n+1;
}
```

该语句要计算表达式的值，并逐个与其后的常量表达式值相比较，当表达式的值与某个常量表达式的值相等时，即执行其后的语句，然后因遇到 break 而退出 switch 语句。如果表达式的值与所有 case 后的常量表达式均不相同，则执行 default 后的语句。若在 case 语句中遗忘了 break，则程序在执行了本行的 case 选择之后，不会按规定退出 switch 语句，而是继续执行后续的 case 语句，直到遇到 break 语句才会退出 switch 语句。

在使用 switch 语句时还应注意以下几点：

(1) case 后的各常量表达式的值不能相同，否则会出现错误。

(2) 在 case 后，允许有多个语句，可以不用{}括起来。

(3) 各 case 和 default 子句的先后顺序可以变动，而不会影响程序执行结果。

(4) default 子句可以省略不用。

例如：

```
switch (a)
{
    case 1: printf("Monday\n"); break;
    case 2: printf("Tuesday\n"); break;
    case 3: printf("Wednesday\n"); break;
    case 4: printf("Thursday\n"); break;
    case 5: printf("Friday\n"); break;
    case 6: printf("Saturday\n"); break;
    case 7: printf("Sunday\n"); break;
    default: printf("error\n");
}
```

2.3.3 循环语句

在许多实际问题中，需要进行具有规律性的重复操作，如全校教职工工资报表、全国各省市的人口统计分析等。事实上，几乎所有的应用程序都包含有重复处理。循环结构是结构化程序设计的 3 种基本结构之一，它和顺序结构、选择结构一起共同作为各种复杂程序的基本构造单元。因此，熟练掌握循环结构的概念和使用方法是对程序设计者的最基本要求。

2-2　循环语句

作为构成循环结构的循环语句的特点是：在给定条件成立时，反复执行某程序段，直到条件不成立为止。给定的条件称为循环条件，反复执行的程序段称为循环体。

在 C 语言中用来实现循环的语句有 3 种：while 语句、do-while 语句、for 语句。

1. while 语句

while 语句的一般形式如下：

```
while(表达式)
{语句;}
```

其中，表达式是循环条件，语句为循环体。计算表达式的值，当值为真(非 0)时，执行循环体语句；反之，则终止 while 循环，执行循环之外的下一行语句。其语句的执行流程可用图 2.9 表示。

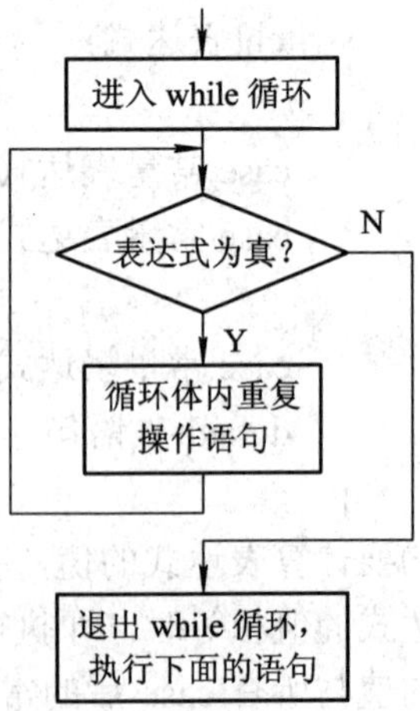

图 2.9　while 循环语句的执行流程

while 循环结构的最大特点是：其循环条件测试处

于循环体的开头，要想执行重复操作，首先要进行循环条件测试，若条件不成立，则循环体内的重复操作一次也不能执行。例如：

```
while((P1&0xff)!=0xff)
{;}
```

这个语句的作用是用来等待来自用户或者外部硬件的某些信号的变化。该语句对 P1 口的 8 个引脚进行电平测试，当 8 位中的任何一位为低电平时，条件都是成立的，都要执行循环体中的内容，由于循环体中无实际操作语句，因此什么也不做，处于等待状态；一旦 P1 口所有信号都为高电平，则循环终止。

再如：

```
i=1;
while(i<=100)
{
    sum=sum+i;
    i++;
}
```

这个程序段的作用是求整数 1～100 的累加和，其思路是：变量 sum 用来存放累加的结果，i 是准备加到 sum 的数据，让 i 从 1 变到 100，先后累加到 sum 中。

值得注意的是：

(1) 当 while 循环体内有多条语句时，应使用花括号{}括起来，表示这是一个语句块。当循环体内只有一条语句时，可以不使用花括号，但此时使用花括号将使程序更加安全可靠；特别是在进行 while 循环的多重嵌套时，使用花括号来分割循环将提高程序的可读性和可靠性。

(2) 在 while 循环体中，应有使循环趋向于结束的语句。若前面例子中的(P1&0xff)==0xff 或者 i>100，while 的循环条件都将不成立，循环体结束。若无此种语句，则循环将无休止地继续下去。

2. do-while 语句

while 循环语句是在执行循环体之前先判断循环条件，如果条件不成立，则该循环不会被执行。在程序设计中，有时需要在循环体的结尾处，而不是在循环体的开始处检测循环结束条件。do-while 语句可以满足这样的要求。

do-while 语句的一般格式如下：

```
do
{
    语句组; //循环体
}
while(表达式);
```

该语句的执行过程如下：首先执行循环体语句，再计算表达式的值。如果表达式的结果为“真”(1)，则继续执行循环体的“语句组”，只有当表达式的结果为“假”(0)时，循环才会终止，并以正常方式执行程序后面的语句。

do-while 语句把 while 循环语句做了移位，即把循环条件测试语句从起始处移到循环的结尾处。该语句大多用于执行至少一次以上循环的情况。do-while 语句的执行流程如图 2.10 所示。

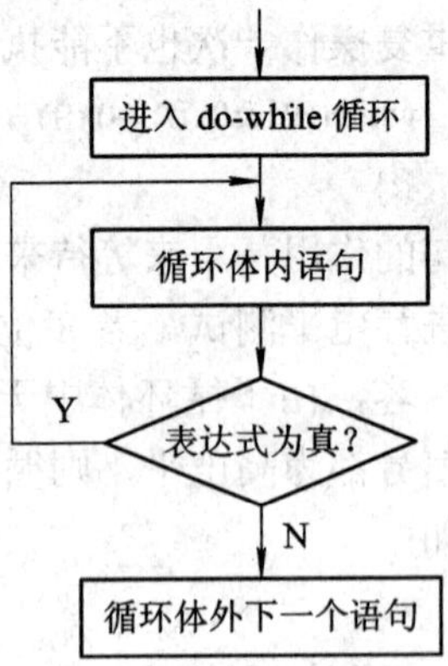

图 2.10　do-while 循环语句的执行流程

例如，用 do-while 语句求 1～100 的累加和的程序如下：

```
main( )
{
    int i=1，sum=0;
    do
    {
        sum=sum+i;
        i++;
    }
    while(i<=100);
    printf("%d\n"，sum);
}
```

3. for 语句

在 C 语言中，当循环次数明确的时候，使用 for 语句比 while 和 do-while 语句更为方便。

for 语句的一般形式如下：

for(循环变量赋初值; 循环条件; 修改循环变量)

{语句;}

语句的执行过程如下：

(1) 计算表达式 1 的值。

(2) 计算表达式 2 的值，若值为真(非 0)，则执行循环体一次，否则跳出循环。

(3) 计算表达式 3 的值，转回(2)重复执行。在整个 for 循环过程中，表达式 1 只计算一次，表达式 2 和表达式 3 则可能计算多次。循环体可能多次执行，也可能一次都不执行。

for 语句的执行流程如图 2.11 所示。

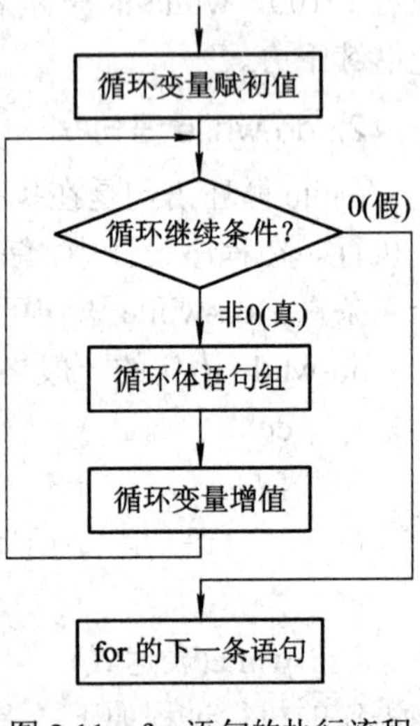

图 2.11　for 语句的执行流程

例如，用 for 语句求 1～100 的累加和的程序如下：

```
main( )
{
    int i，sum=0;
    for(i=1;i<=100;i++)
      {sum=sum+i;}
}
```

值得注意的是：

(1) for 语句中的各表达式都可省略，但分号间隔符不能少。如："for(;表达式;表达式)"省去了表达式 1；"for(表达式;;表达式)"省去了表达式 2；"for(表达式; 表达式;)"省去了表达式 3；"for(;;)"省去了全部表达式。

(2) 在循环变量已赋初值时，可省去表达式 1，如省去表达式 2 或表达式 3，则将造成无限循环，这时应在循环体内设法结束循环。

(3) 循环体可以是空语句。

(4) for 语句也可与 while、do-while 语句相互嵌套，构成多重循环。

单片机在执行 for 语句的时候是需要时间的，i 的初值较小，执行的步数就少，若给 i 赋的初值越大，则它执行所需的时间就越长，因此可以利用单片机执行这个 for 语句的时间来作为一个简单延时语句。例如：

```
unsigned char i;
for(i=200;i>0;i--);
```

那么怎样才能写出长时间的延时语句呢？我们可以用 for 语句的嵌套来实现：

```
unsigned char i;
for(i=100;i>0;i--)
  {for(j=200;j>0;j--);}          //{}可省
```

这是 for 语句的两层嵌套，第一个 for 后面没有分号，那么编译器默认第二个 for 语句就是第一个 for 语句的内部语句，而第二个 for 语句内部语句为空，程序在执行时，第一个 for 语句中的 i 每减少 1 次，第二个 for 语句便执行 200 次，因此上面的例子相当于共执行了 100 × 200 次空语句。通过这种嵌套我们可以写出比较长时间的延时程序，还可以进行 3 层、4 层嵌套来增加时间，或者改变变量类型，增大变量初值也可以增加执行时间。

小提示

有很多初学者容易犯这样的错误，想用 for 语句写一个延时比较长的语句，他可能会这样写：

```
unsigned char i;
for(i=5000;i>0;i--);
```

这里 i 是一个字符型变量，它的最大值为 255，若赋一个比最大值都大的数，则编译器会把此数对 256 取余，然后把余数赋给 i。因此，每次给变量赋初值时，都要首先考虑变量类型，然后根据变量类型赋一个合理的值。

任务 2　1 盏 LED 小灯的闪烁控制

1. 任务目的

通过定时亮灭的小灯电路的制作和软件设计，了解单片机的软件定时方法，掌握选择与循环语句的使用。

2. 任务要求

利用单片机的 1 个引脚控制 1 盏 LED 灯，使其以一定的时间间隔闪烁。

3. 电路设计

电路设计如图 2.12 所示。

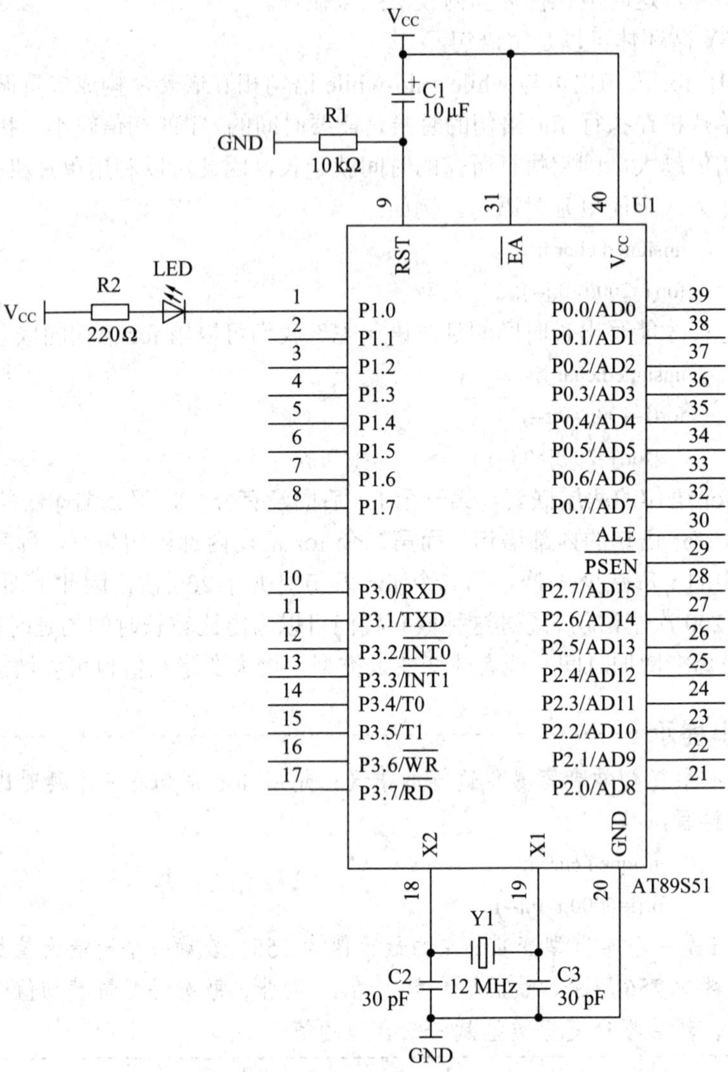

2-3　任务 2 仿真调试

图 2.12　单片机与发光二极管的连接电路

4. 程序设计

由图 2.12 可知，LED 与 P1.0 引脚相连，要点亮 LED，需让单片机的 P1.0 引脚输出低电平（逻辑“0”）。相应地，要熄灭 LED，需让单片机的 P1.0 引脚输出高电平（逻辑“1”）；要实现 LED 闪烁，只需要小灯按亮灭状态交替进行，即亮一段时间再灭一段时间。延时函数采用循环语句进行多次的空语句操作来达到延时的目的。

程序如下：

```
sfr P1=0x90;
sbit LED= P1^0;
unsigned char i, j;
void main( )
{
    while(1)
    {
        LED=0;                      // P1.0 引脚输出逻辑“0”，低电平，小灯点亮
        for(i=0;i<200;i++)
            for(j=0;j<250;j++);     //延时 1 s 函数
        LED=1;                      // P1.0 引脚输出逻辑“1”，高电平，小灯熄灭
        for(i=0;i<200;i++)
            for(j=0;j<250;j++);
    }
}
```

程序中使用了 for 循环嵌套，共需执行 200 × 250 = 50 000 次空语句，才退出循环，这样就可以起到延时的效果。LED 的闪烁频率可以通过修改 for 循环的次数来改变。

采用软件延时的延时时间不能做到非常精确，如果需要精确延时就要使用单片机内部定时/计数器来实现。

5. 任务小结

本任务通过用 MCS-51 系列单片机控制连接到单片机一个引脚上的 LED 实现闪烁效果的软、硬件设计过程，使读者掌握软件延时的方法。

2.4　C 语言的函数

在 C 语言程序中，子程序的作用是由函数来实现的。函数是 C 语言的基本组成模块，一个 C 语言程序就是由若干个模块化的函数组成的。

C 程序都由一个主函数 main( )和若干个子函数构成，且只有一个主函数，程序由主函数开始执行，主函数根据需要来调用其他函数，其他函数可以有多个。

2.4.1　函数分类和定义

1. 函数分类

从用户使用角度看，函数有两种类型：标准库函数和用户自定义函数。

1) 标准库函数

标准库函数是由 C51 的编译器提供的，用户不必定义这些函数，可以直接调用。Keil C51 编译器提供了 100 多个库函数供我们使用。常用的 C51 库函数包括一般 I/O 口函数、访问 SFR 地址函数等，在 C51 编译环境中，这些库函数以头文件的形式给出。常用的 C51 标准

库函数请参考附录。

2) 用户自定义函数

用户自定义函数是用户根据需要自行编写的函数，它必须先定义之后才能被调用。函数定义的一般形式如下：

```
函数类型　函数名(形式参数表)
形式参数说明
{
    局部变量定义
    函数体语句
}
```

其中："函数类型"说明了自定义函数返回值的类型；"函数名"是自定义函数的名字；"形式参数表"给出了函数被调用时传递数据的形式参数，形式参数的类型必须要加以说明。ANSI C 标准允许在形式参数表中对形式参数的类型进行说明。如果定义的是无参数函数，可以没有形式参数表，但是圆括号不能省略。"局部变量定义"是对在函数内部使用的局部变量进行定义。"函数体语句"是为完成函数的特定功能而设置的语句。

因此，一个函数由下面两部分组成：

(1) 函数定义，即函数的第一行，包括函数名、函数类型、函数参数(形式参数)名、参数类型等。

(2) 函数体，即大括号"{}"内的部分。函数体由定义数据类型的说明部分和实现函数功能的执行部分组成。

2. 延时函数的编写

任务 2 程序中出现两次 for 的嵌套语句，功能都是实现延时，我们可以做成延时函数。程序如下：

```
void delay( )
{
   unsigned char i, j;
   for(i=0;i<200;i++)
      for(j=0;j<250;j++);
}
```

这样任务 2 的程序可以改写为

```
sfr P1=0x90;
sbit LED= P1^0;
void delay( );                    //子函数声明
void main( )
{
   while(1)
   {
        LED=0;                    // P1.0 引脚输出逻辑"0"，低电平，小灯点亮
```

```
            delay( );                  //延时函数
            LED=1;                           // P1.0 引脚输出逻辑“1”，高电平，小灯熄灭
            delay( );
        }
    }
    void delay( )
    {
        unsigned char i, j;
        for(i=0;i<200;i++)
            for(j=0;j<250;j++);            //执行 200 × 250 = 50 000 次空语句
    }
```

但是这个 delay( )是不带参的函数，延迟的时间不可以改变，如果需要不同时间的延时函数，即程序中有不同的延时要求，我们就可以编写带参的延时函数。程序如下：

```
    void delay (unsigned char x)
    {
        unsigned char i, j;
        for(i=0;i<x;i++)
            for(j=0;j<250;j++);            //执行 250x 次空语句
    }
```

改变 x 的大小就可以改变延迟的时间，实现不同时间的延迟。同样，我们可以把任务 2 的程序改为

```
    void delay (unsigned char x);          //子函数声明
    sfr P1=0x90;
    sbit LED= P1^0;
    void main( )
    {
        while(1)
        {
            LED=0;                         // P1.0 引脚输出逻辑“0”，低电平，小灯点亮
            delay (200);                   //延时 1s 函数
            LED=1;                         // P1.0 引脚输出逻辑“1”，高电平，小灯熄灭
            delay (250);
        }
    }
    void delay (unsigned char x)
    {
        unsigned char i, j;
        for(i=0;i<x;i++)
            for(j=0;j<250;j++);            //执行 250x 次空语句
    }
```

小提示

在带参的 void delay (unsigned char x)函数中，x 作为一个形式参数出现在子函数中，而 delay(200)中的 200 则是实际参数，在程序运行的过程中把实参 200 赋给形参 x。

在程序中，改变实参的大小就可以改变延迟的时间。

小问题

带参和不带参的延时函数有哪些区别？

2.4.2 函数调用

函数调用就是在一个函数体中引用另外一个已经定义的函数，前者称为主调用函数，后者称为被调用函数。函数调用的一般格式如下：

函数名(实际参数列表);

对于有参数类型的函数，若实际参数列表中有多个实参，则各参数之间用逗号隔开。实参与形参顺序对应，个数应相等，类型应一致。

按照函数调用在主调用函数中出现的位置，函数可以有以下三种调用方式。

(1) 函数语句。把被调用函数作为主调用函数的一个语句。例如：

```
delay( );
```

此时不要求被调用函数返回值，只要求函数完成一定的操作，实现特定的功能。

(2) 函数表达式。被调用函数以一个运算对象的形式出现在一个表达式中。这种表达式称为函数表达式。这时要求被调用函数返回一定的数值，并以该数值参加表达式的运算。例如：

```
c=2*max(a，b);
```

函数 max(a，b)返回一个数值，将该值乘以 2，乘积赋值给变量 c。

(3) 函数参数。被调用函数作为另一个函数的实参或者本函数的实参。例如：

```
m=max(a，max(b，c));
```

小知识

(1) 函数之间可以相互调用，但子函数不能调用主函数。

(2) 如果函数定义在调用之后，那么必须在调用之前，一般在程序头部对函数进行声明。

(3) 如果程序中使用了标准库函数，则要在程序的开头用#include 预处理命令将调用函数所需要的信息包含在本文件中。

任务 3　8 盏 LED 小灯的闪烁控制

1. 任务目的

通过定时亮灭的 8 盏小灯的电路和软件设计，进一步巩固循环语句的使用，熟悉单片机引脚的按位操作与按字节操作的方法。

2. 任务要求

利用单片机的一组输出口控制 8 盏 LED 小灯，使其以一定的时间间隔闪烁。

3. 电路设计

电路设计如图 2.13 所示。

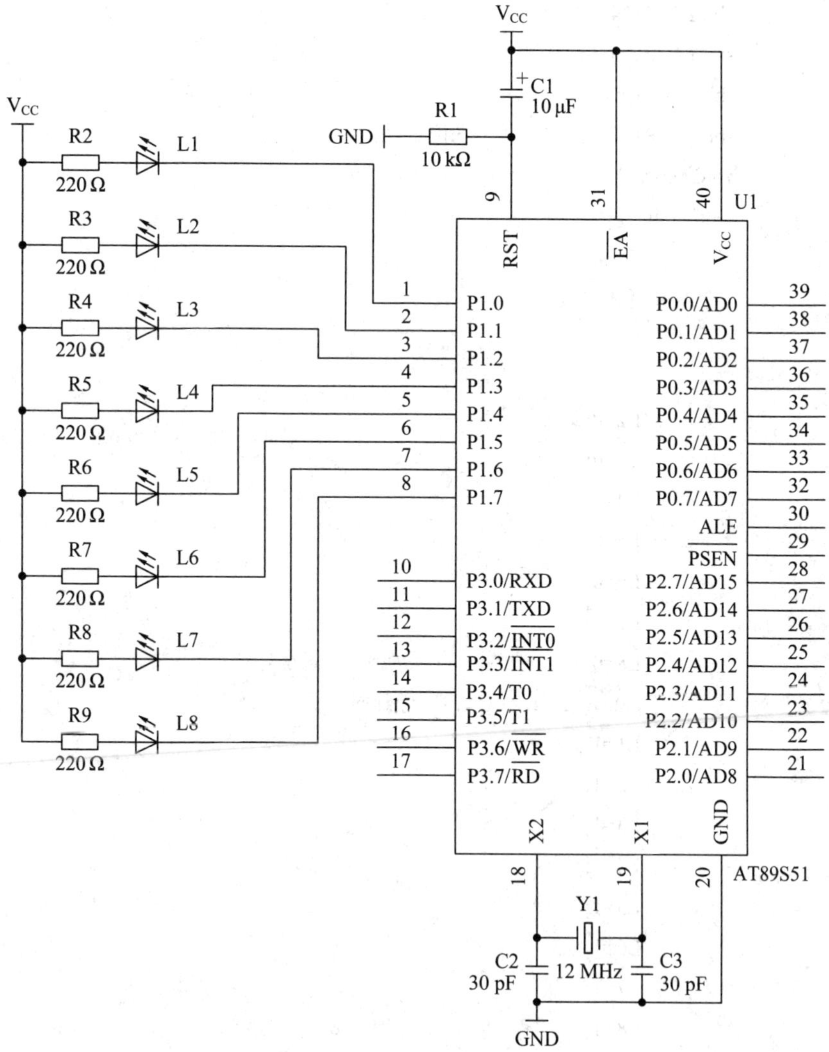

2-4　任务 3 仿真调试

图 2.13　单片机控制 8 个发光二极管的闪烁电路

4. 程序设计

由图 2.13 可知，8 个 LED 与 P1 口的 8 个引脚相连，要点亮 LED，需让单片机的 P1.0～P1.7 引脚输出低电平（逻辑“0”）。相应地，若要熄灭 LED，需让单片机的 P1.0～P1.7 引脚输出高电平(逻辑“1”)；要实现 LED 闪烁，只需要小灯按亮灭状态交替进行，即亮一段时间再灭一段时间。延时函数采用循环语句进行多次的空语句操作来达到延时的目的。

方法一：按位操作。程序如下：

```
sfr P1=0x90;
sbit L1=P1^0;
sbit L2=P1^1;
sbit L3=P1^2;
sbit L4=P1^3;
sbit L5=P1^4;
sbit L6=P1^5;
sbit L7=P1^6;
sbit L8=P1^7;              //特殊位定义，定义 8 盏小灯
void delay( );
void main( )
{
    while(1)
    {
        L1=0;
        L2=0;
        L3=0;
        L4=0;
        L5=0;
        L6=0;
        L7=0;
        L8=0;              //点亮 8 盏小灯
        delay( );          //延时
        L1=1;
        L2=1;
        L3=1;
        L4=1;
        L5=1;
        L6=1;
        L7=1;
        L8=1;              //熄灭 8 盏小灯
        delay( );          //延时
    }
}
void delay( )
{
    unsigned char i, j;
    for(i=0;i<200;i++)
        for(j=0;j<250;j++);        //执行 200×250=50 000 次空语句
```

```
}
```

上面的程序虽然能够实现所需功能，但是程序的编写过于繁琐。单片机的 P1 口有 8 个引脚，如果能够一起操作，程序将大大简化，方法二便说明了这一点。

方法二：按字节操作。程序如下：

```
#include <reg51.h>   //头文件
void delay( );
void main( )
{
  while(1)
    {
        P1=0x00;                //此时 P1 的 8 位 I/O 状态为 00000000
        delay( );
        P1=0xff;                //此时 P1 的 8 位 I/O 状态为 11111111
        delay( );
    }
}
void delay ( )
{
    unsigned char i, j;
    for(i=0;i<200;i++)
        for(j=0;j<250;j++);     //执行 200 × 250 = 50 000 次空语句
}
```

在方法二中包含了头文件<reg51.h>。所谓头文件，是指为了提高编程效率，减少编程人员的重复劳动，将文件中使用频率很高的一些定义和命令单独组成一个文件，如 AT89X51.h、reg51.h，然后用 #include<AT89X51.h>包含进来，即可直接使用。头文件要根据硬件电路所选的单片机型号进行选择，单片机型号不同，头文件也会不同。其中，reg51.h 是 51 单片机通用的头文件，AT89X51.h 是 Atmel 公司为 AT89 系列单片机编写的头文件。头文件中主要定义了单片机内各寄存器的地址和位地址，可以直接调用也可以自己编写头文件。

5. 任务小结

本任务通过用 MCS-51 系列单片机控制连接到单片机一组 I/O 口上的 8 盏 LED，让其实现闪烁效果的软、硬件设计过程，使读者掌握单片机引脚的位操作以及字节操作，同时了解单片机中头文件的应用。

2.5 数组的概念

具有相同类型的若干个数据项按有序的形式组织起来，这些按序排列的同类数据元素的集合称为数组。组成数组的各个数据分项称为数组元素。

数组可分为一维、二维、三维和多维数组等，常用的是一维、二维和字符数组。

2.5.1 一维数组

1. 一维数组的定义方式

一维数组的定义方式如下：

类型说明符 数组名[整型表达式];

其中：类型说明符是指数组中的各个数组元素的数据类型；数组名是用户定义的数组标识符；方括号中的整型表达式表示数组元素的个数，也称数组的长度。

例如：

```
char a[10];
```

定义了一个一维字符型数组，该数组有 10 个元素，每个元素用不同的下标表示，分别为 a[0]，a[1]，a[2]，…，a[9]。注意，数组的第一个元素的下标为 0 而不是 1。

2. 数组的初始化

数组中的值可以在程序运行期间用循环和键盘输入语句进行赋值，但这样做将耗费许多机器运行时间，对大型数组而言，这种情况更加突出，对此可以用数组初始化的方法加以解决。

所谓数组初始化，就是在定义说明数组的同时，给数组赋新值。对数组的初始化可用以下方法实现。

(1) 在定义数组时对数组的全部元素赋予初值。例如：

```
int idata a[6]={0，1，2，3，4，5};
```

在上面的初始化中，将数组的全部元素的初值依次放在花括号内。这样，初始化后，a[0]=0，a[1]=1，…，a[5]=5。

(2) 只对数组的部分元素初始化。例如：

```
int idata a[10]={0，1，2，3，4，5};
```

在定义中 a 数组共有 10 个元素，但花括号内只有 6 个初值，则数组的前 6 个元素被赋予初值，而后 4 个元素的值为 0。

(3) 对数组的全部元素都不赋初值。例如：

```
int idata a[10];
```

在定义数组时，若不对数组的元素赋值，则数组的全部元素的值均为 0。

2.5.2 二维数组

1. 二维数组的定义方式

二维数组的定义方式如下：

类型说明符　数组名[整型表达式][整型表达式];

例如：

```
int a[3][4];
```

表示定义了 3 行 4 列的数组，数组名为 a，共包括 3×4 个数组元素，即

a[0][0]，a[0][1]，a[0][2]，a[0][3]

a[1][0]，a[1][1]，a[1][2]，a[1][3]

a[2][0]，a[2][1]，a[2][2]，a[2][3]

二维数组的存放方式是按行排列，先放第一行的第 0 列，1 列，2 列，…，最后一列；然后放第二行的第 0 列，1 列，2 列，…，最后一列；如此循环，直到最后一行的最后一列。

2. 二维数组的初始化

二维数组的初始化赋值可按行分段赋值，也可按行连续赋值。

例如，对数组 char a[3][4]可按下列方式进行赋值：

(1) 按行分段赋值可写为

```
int a[3][4]={{1，2，3，4}，{5，6，7，8}，{9，10，11，12}};
```

(2) 按行连续赋值可写为

```
int a[3][4]={1，2，3，4，5，6，7，8，9，10，11，12};
```

2.5.3 字符数组

基本类型为字符类型的数组称为字符数组。每一个数组元素就是一个字符。

1. 字符数组的定义

字符数组的定义与一维数组的定义类似。

例如：

```
char a[6];
```

表示定义 a 为一个有 6 个字符的一维字符数组。

2. 字符数组赋初值

字符数组的初始化赋值是直接将各字符赋给数组中的各个元素。例如：

```
char a[10]={'h'，'e'，'l'，'l'，'o'，'\0'};
```

定义了一个字符数组 a[]，该数组有 10 个元素，并且将 6 个字符分别赋给了 a[0]～a[5]，剩余的 a[6]～a[9]被系统自动赋予空格字符。

C 语言还允许用字符串的方式对数组赋初值。例如：

```
char a[10]={"hello"};
char a[10]="hello";
```

任务 4　8 盏流水彩灯的设计

1. 任务目的

通过 8 盏 LED 发光二极管顺序点亮的流水灯控制系统的软、硬件设计，熟悉 C51 的数据类型、变量与常量、运算符和表达式等基本概念及使用方法，了解数组与库函数的使用。

2. 任务要求

利用单片机的一组输出口控制 8 盏 LED 小灯，使其以一定的顺序和时间间隔轮流点亮。首先点亮连接在 P1.0 引脚的发光二极管，延时一段时间后熄灭，再点亮连接在 P1.1 引脚的发光二极管，依此顺序点亮每个发光二极管，直至点亮最后一个连接在 P1.7 引脚上的发光二极管，再从头开始，依次循环，产生一种动态显示的流水灯效果。

3. 电路设计

电路设计如图 2.13 所示。

4. 程序设计

由硬件电路可以看出，当 P1 口的某个引脚为低电平状态“0”时，对应的发光二极管点亮；当 P1 口的某个引脚为高电平状态“1”时，对应的发光二极管熄灭。要实现流水灯效果，需要向 P1 口依次传送数据，如表 2.4 所示。

表 2.4　P1 口引脚的电平状态

显示状态	引脚输出数据								P1 口输出数据
	P1.7	P1.6	P1.5	P1.4	P1.3	P1.2	P1.1	P1.0	
全灭	1	1	1	1	1	1	1	1	FFH
L1 亮	1	1	1	1	1	1	1	0	FEH
L2 亮	1	1	1	1	1	1	0	1	FDH
L3 亮	1	1	1	1	1	0	1	1	FBH
L4 亮	1	1	1	1	0	1	1	1	F7H
L5 亮	1	1	1	0	1	1	1	1	EFH
L6 亮	1	1	0	1	1	1	1	1	DFH
L7 亮	1	0	1	1	1	1	1	1	BFH
L8 亮	0	1	1	1	1	1	1	1	7FH

方法一：采用循环移位指令。由表 2.4 可知，给 P1 口的 8 个引脚轮流送 0 就可以实现流水灯的效果。程序如下：

```
#include <reg51.h>
void delay(unsigned int k);          //延时函数声明
main( )
{
    unsigned char a=0xfe, b, c, n=1;
    while(1)
    {
        P1=a;
        delay(2000);                 //延时等待
        b=a<<n;
        c=a>>(8-n);
        a=c|b;                       //将 a 循环左移
    }
}
void delay(unsigned int k)           //带形参的延时函数，等待 500 k 次空语句
{
```

2-5　任务 4 仿真调试

```
        unsigned int i, j;
        for(i=0;i<500;i++)
            for(j=0;j<k;j++);
    }
```

方法二：调用库函数实现。在 C51 中，有自带的库函数可以直接实现移位运算。在 Keil C51 的“help”菜单下点击“μVision Help”子菜单，在弹出的帮助窗口中输入“_crol_”(循环左移)，可以看到以下内容：

```
    #include <intrins.h>
    unsigned char _crol_ (unsigned char c, unsigned char b);
```

本函数的功能是将一个字符型的数据“c”循环左移“b”位，这个函数包含在“intrins.h”头文件中。函数带有返回值，其返回值是被移位之后“c”的值。

同理，_cror_(unsigned char c，unsigned char b)的功能是将一个字符型的数据“c”循环右移“b”位；_iror_(unsigned int c，unsigned char b)的功能是将一个整型数据“c”循环右移“b”位。

下面利用 C51 自带的库函数_crol_( )实现上述小灯的循环左移程序。程序如下：

```
    #include <reg51.h>              //51 单片机头文件
    #include <intrins.h>            //包含_crol_( )函数所在的头文件
    #define uchar unsigned char     //宏定义，后续程序中所有“unsigned char”都用“uchar”代替
    #define uint unsigned int       //同上
    void delay(uint k);             //声明延时子函数
    main( )
    {
        uchar a=0xfe;               //为变量赋初值
        while(1)
        {
            P1=a;                   //点亮第 1 盏小灯
            delay(2000);            //延时等待
            a=_crol_(a，1);          //将 a 循环左移 1 位后再赋给 a
        }
    }
    void delay(uint k)              //带形参延时子函数
    {
        uint i, j;
        for(i=0; i<500;i++)
            for(j=0;j<k;j++);
    }
```

方法三：使用数组。由表 2.4 可知，要实现 8 盏小灯的循环点亮，P1 口就必须有 8 种不同的状态，分别是 0xfe、0xfd、0xfb、0xf7、0xef、0xdf、0xbf、0x7f。按照设计要求，只要让每种状态保持一段时间，就能实现小灯循环流动效果。程序如下：

```
#include <reg51.h>                    //51 单片机头文件
#define uchar unsigned char           //宏定义
#define uint unsigned int             //宏定义
uchar code table[8]={0xfe, 0xfd, 0xfb, 0xf7, 0xef, 0xdf, 0xbf, 0x7f};
                                      //小灯共 8 种状态，定义一个包含 8 个数据的一维数组
void delay(uint k);                   //子函数声明
main( )
{
    uchar num;                        //数组索引号
    while(1)
    {
        for(num=0;num<8;num++)
        {
            P1=table[num];            //以 num 作为索引号，从数组中取值送给 P1 口
            delay(2000);              //延时
        }
    }
}
void delay(uint k)                    //延时子函数
{
    uint i, j;
    for(i=0;i<500;i++)
        for(j=0;j<k;j++);
}
```

由上述程序分析可知，要改变小灯的变化状态，只需要修改数组中的数据即可。

方法四：位指令。由表 2.4 可知，L1 亮，P1=0xfe；L2 亮，P1=0xfd。如果 0xfe 左移一位，结果是 0xfc，而我们期望的是 0xfd(区别就在移位最后一位是 0，而期望的是 1，也就是前 7 位不变，第 8 位置 1)，则可以采用按位或来实现。程序如下：

```
main( )
{
    unsigned char i;
    while(1)
    {
      P1=0xfe;                        //赋初值
      for(i=0;i<8;i++)
      {
         delay(2000);
         P1=P1 << 1 | 0x01;           //循环点亮小灯
      }
```

```
        }
    }
```

这种方法用变量 i 来实现 8 盏灯的轮流点亮，有没有其他的方法呢？我们来仔细观察下，每次下一个状态都是前一个状态的循环左移，但是 L8 点亮后，再循环左移的结果是 0xff，而我们希望又从 L1 重新开始，可以用“if(P1==0xff){P1=0xfe; }”来实现。程序如下：

```
main( )
{
    P1=0xfe;
    while(1)
    {
        delay(2000);
        P1=P1 <<1 | 0x01;            //点亮第 1 盏小灯
        if(P1==0xff)
         {P1=0xfe;}
    }
}
```

5. 任务小结

本任务通过循环结构、库函数、数组及位指令四种方式实现了流水灯的控制，使读者进一步理解 C51 结构化程序的设计方法，熟悉 C51 的运算符、表达式及其规则，同时了解库函数和数组的应用。

任务 5　花样彩灯的设计

1. 任务目的

通过控制 8 盏 LED 发光二极管以我们想要的各种方式点亮的程序设计，熟悉 C51 数组的使用，并进一步深化流水灯。

2. 任务要求

利用单片机的一组输出口控制 8 盏 LED，使其开始全亮(0x00)；再从第 0 位到第 7 位依次逐个点亮(0xfe，0xfd，0xfb，0xf7，0xef，0xdf，0xbf，0x7f)；再从第 0 位到第 7 位依次全部点亮(0xfe，0xfc，0xf8，0xf0，0xe0，0xc0，0x80，0x00)；再从第 7 位到第 0 位依次全部熄灭(0x80，0xc0，0xe0，0xf0，0xf8，0xfc，0xfe，0xff)；再分别从第 7 位和第 0 位向中间靠拢逐个点亮(0x7e，0xbd，0xdb，0xe7)，接着从中间向两边分散逐个点亮(0xe7，0xdb，0xbd，0x7e)；最后，分别从第 7 位和第 0 位向中间靠拢全部点亮(0x7e，0x3c，0x18，0x00)，接着从中间向两边分散熄灭(0x00，0x18，0x3c，0x7e，0xff)。

3. 电路设计

电路设计如图 2.13 所示。

4. **程序设计**

方法一：采用数组方式实现。

由任务要求可知，8 盏小灯共有 9 种不同的点亮方式，每种方式里面的状态又各异，一个周期下来，小灯共有 42 种不同的状态，因此采用数组的方式最简便。

程序如下：

```
#include <reg51.h>                //51 单片机头文件
#define uchar unsigned char       //宏定义
#define uint unsigned int         //宏定义
uchar code table[42]={0x00，0xfe，0xfd，0xfb，0xf7，0xef，0xdf，0xbf，0x7f，0xfe，0xfc，0xf8，
0xf0，0xe0，0xc0，0x80，0x00，0x80，0xc0，0xe0，0xf0，0xf8，0xfc，0xfe，0xff，0x7e，
0xbd，0xdb，0xe7，0xe7，0xdb，0xbd，0x7e，0x7e，0x3c，0x18，0x00，0x7e，0x3c，
0x18，0x00，0xff};                //定义循环用数组表格
void delay(uint k);               //延时子函数声明
main( )
{
    uchar num;
    while(1)
    {
        for(num=0;num<42;num++)       //42 种不同状态循环
        {
            P1=table[num];
            delay(2000);              //延时
        }
    }
}
void delay(uint k)                    //带形参的延时子函数
{
    uint i, j;
    for(i=0;i<500;i++)
        for(j=0;j<k;j++);
}
```

2-6　任务 5 仿真调试

要改变花样灯的花型，只需要在数组中修改状态值即可，LED 点亮的频率可以通过改变延迟时间来实现。

方法二：调用子函数实现。

程序如下：

```
#include <reg51.h>            //子函数声明
void delay(unsigned int k);
move1( );                     //依次点亮每盏小灯子程序
move2( );                     //循环点亮每盏小灯子程序
```

```
move3( );              //循环熄灭每盏小灯子程序
move4( );              //第 7 位和第 0 位向中间靠拢逐个点亮，然后向两边分散点亮子程序
move5( );              //第 7 位和第 0 位向中间靠拢点亮，然后向两边分散熄灭子程序
main( )
{
    while(1)
    {
        move1( );
        move2( );
        move3( );
        move4( );
        move5( );
    }
}
void delay(unsigned int k)          //延时子函数
{
    unsigned int i, j;
    for(i=0;i<500;i++)
        for(j=0;j<k;j++);
}
move1( )                            //依次点亮每盏小灯
{
  unsigned char i;
  P1=0xfe;                          //赋初值
  for(i=0;i<8;i++)
  {
    delay(2000);
    P1=P1<<1|0X01;
  }
}
move2( )                            //循环点亮每盏小灯
{
  unsigned char i;
  P1=0xfe;                          //赋初值
  for(i=0;i<8;i++)
  {
    delay(2000);
    P1=P1<<1;
  }
```

```
}
move3( )                            //循环熄灭每盏小灯
{
    unsigned char i;
    P1=0x7f;                        //赋初值
    for(i=0;i<8;i++)
    {
        delay(2000);
        P1=P1>>1;
    }
}
move4( )                            //第 7 位和第 0 位向中间靠拢逐个点亮，然后向两边分散点亮
{
    unsigned char a, b, i;
    a=0x7f;                         //赋初值
    b=0xfe;
    for(i=0;i<8;i++)
    {
        P1=a&b;
        delay(2000);
        a=a>>1|0x80;
        b=b<<1|0x01;
    }
}
move5( )                            //第 7 位和第 0 位向中间靠拢点亮，然后向两边分散熄灭
{
    unsigned char a, b, i;
    a=0x70;                         //赋初值
    b=0x0e;
    for(i=0;i<8;i++)
    {
        P1=a|b;
        delay(2000);
        a=a>>1;
        b=b<<1;
    }
}
```

5. 任务小结

本任务通过数组和子函数实现了花样灯的控制，使读者进一步熟悉 C51 中数组、子函数和位操作指令的运用。

习　题　2

1. 选择题

(1) 下面叙述不正确的是(　　)。

A. 一个 C 源程序可以由一个或多个函数组成

B. 一个 C 源程序必须包含一个函数 main( )

C. 在 C 程序中，注释说明只能位于一条语句的后面

D. C 程序的基本组成单位是函数

(2) C 程序总是从(　　)开始执行的。

A. 主函数　　B. 主程序　　C. 子程序　　D. 主过程

(3) 最基本的 C 语言语句是(　　)。

A. 赋值语句　　B. 表达式语句　　C. 循环语句　　D. 复合语句

(4) 在 C51 程序中常常把(　　)作为循环体，用于消耗 CPU 时间，产生延时效果。

A. 赋值语句　　B. 表达式语句　　C. 循环语句　　D. 空语句

(5) 在 C51 语言的 if 语句中，用作判断的表达式为(　　)。

A. 关系表达式　　B. 逻辑表达式　　C. 算术表达式　　D. 任意表达式

(6) 在 C51 语言中，当 do-while 语句中条件为(　　)时，结束循环。

A. 0　　B. false　　C. true　　D. 非 0

(7) 下面的 while 循环执行了(　　)次空语句。

```
while(i=3);
```

A. 无限次　　B. 0 次　　C. 1 次　　D. 2 次

(8) 在 C51 的数据类型中，unsigned char 型的数据长度和值域为(　　)。

A. 单字节，−128～127　　B. 双字节，−32 768～+32 767

C. 单字节，0～255　　D. 双字节，0～65 535

2. 填空题

(1) 一个 C 源程序至少应包括一个____________函数。

(2) C51 中定义一个可位寻址的变量 Flash 访问 P3 口的 P3.1 引脚的方法是________。

(3) C51 扩充的数据类型__________用来访问 MCS-51 单片机内部的所有特殊功能寄存器。

(4) 结构化程序设计的三种基本结构是____________、___________和____________。

(5) 表达式语句由_________组成。

(6) _________语句一般用作单一条件或分支数目较少的场合，如果编写超过 3 个以上分支的程序，可用多分支选择的__________语句。

(7) while 语句和 do-while 语句的区别在于：_____________语句是先执行、后判断，而__________语句则是先判断、后执行。

(8) 下面的 while 循环执行了___________次空语句。

```
i=3;        while(i!=0);
```

(9) 下面的延时函数 delay( )执行了__________次空语句。

```
void delay(void)
{int i;
 for (i=0; i<10000; i++); }
```

(10) 在单片机的 C 语言程序设计中，____________类型数据经常用于处理 ASCII 字符或用于处理小于等于 255 的整型数。

(11) C51 的变量存储器类型是指____________。

(12) C51 中的字符串总是以____________作为串的结束符，通常用字符数组来存放。

(13) 在以下的数组定义中，关键字“code”是为了把 tab 数组存储在__________。

```
unsigned char code b[]={"A", "B", "C", "D", "E", "F"};
```

3．简答题

(1) C51 语言有哪些特点？作为单片机设计语言，它与汇编语言相比有什么不同？优势是什么？

(2) MCS-51 系列单片机直接支持哪些数据类型？

(3) C51 的存储类型有几种？它们分别表示的存储器区域是什么？

(4) C 中的 while 和 do-while 的不同点是什么？

(5) 简述循环结构程序的构成。

(6) 简述 i++和++i 的区别。

(7) 设 x=5，y=7，说明下列各题运算后 x、y 和 z 的值。

① z=(x++)*(--y);　　② z=(++x)-(y--);

③ z=(++x)*(--y);　　④ z=(x++)+(y--);

(8) 简述 C51 语言中各种存储类型的保存区域。

(9) C51 支持的运算符有哪些？其优先级排序是什么？

(10) 用 3 种循环方式分别编写程序，显示整数 1～100 的平方。

(11) 如何区分带参和不带参的函数？

(12) 你能写出多少种两重循环的延时函数？分别写出来。

2-7　习题 2 解答　　　　2-8　项目二重难点

项目三　交通灯系统设计

3.1　单片机的中断系统

3.1.1　中断的概念

1. 中断的定义

什么是中断？如张同学在看书，突然电话铃响，张同学只得暂停看书，去接电话，接完后返回椅上继续看书。这就是生活中的中断现象，张同学看书被电话所中断。在打电话这个实例中，将“电话铃响”称为中断请求，“去接电话”称为中断响应，“与同学谈话”称为中断处理，“返回椅上继续看书”称为中断返回。

CPU 在处理某一事件 A 时发生了另一事件 B，请求 CPU 迅速去处理(中断发生)；CPU 暂时中断当前的工作，转去处理事件 B(中断响应和中断服务)；待 CPU 将事件 B 处理完毕后，再回到原来事件 A 被中断的地方继续处理事件 A(中断返回)，这一过程称为中断。其流程如图 3.1 所示。

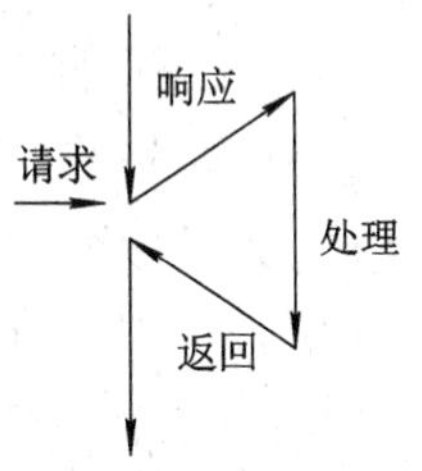

图 3.1　中断过程

引起 CPU 中断的根源，称为中断源。中断源向 CPU 提出中断请求，CPU 暂时中断原来的事件 A 而转去处理事件 B，对事件 B 处理完毕后，再回到原来被中断的地方(即断点)，称为中断返回。实现上述中断功能的部件称为中断系统。

2. 中断的优点

3-1　中断系统

随着计算机技术的应用，人们发现中断技术不仅解决了快速主机与慢速 I/O 设备的数据传送问题，而且还具有如下优点。

(1) 分时操作。CPU 可以分时为多个 I/O 设备服务，提高了计算机的利用率。

(2) 实时响应。系统在发生随机事件或异常情况时，可以随时向 CPU 发出中断请求，要求 CPU 及时处理，大大增强了系统的实时性。

(3) 可靠性高。在计算机电源故障、主存出错、程序出错等故障处理中，利用中断进行故障处理，可提高系统的可靠性。如利用电源电压下降的时间将运算结果及各种参数保存到由电池供电的内存中去，机器故障排除后，可利用保存的数据继续执行原先的程序。

3.1.2　MCS-51 中断系统的结构

MCS-51 系列单片机有 5 个中断源、2 个优先级，可实现二级中断嵌套。

MCS-51 系列单片机中断系统的结构如图 3.2 所示。

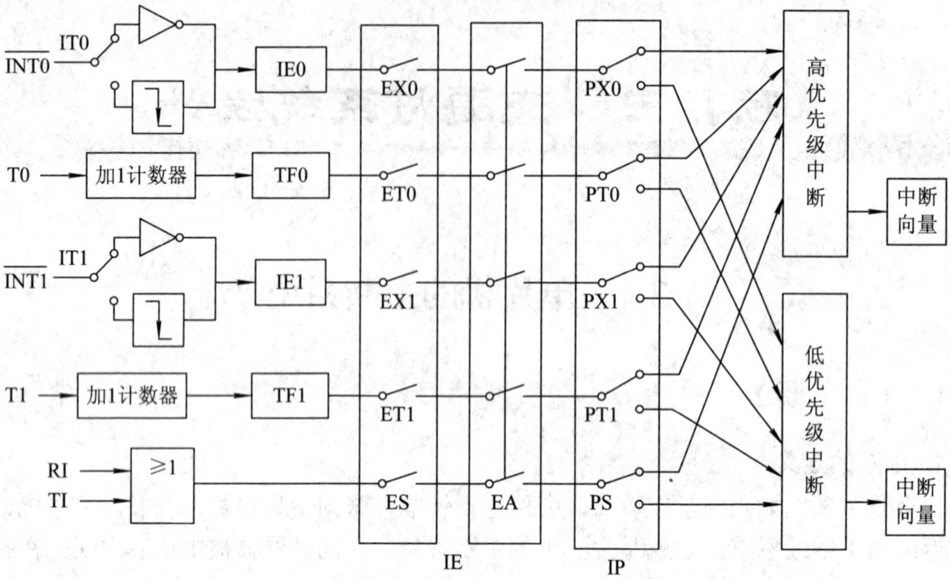

图 3.2　MCS-51 系列单片机中断系统的结构

中断源是指任何引起计算机中断的事件。一般一台机器允许有多个中断源。8051 单片机至少有 5 个中断源(8052 单片机有 6 个，其他系列成员最多可达 15 个)。

8051 单片机的 5 个中断源如下：

(1) 外部中断请求 0，由 $\overline{INT0}$ (P3.2)输入。

(2) 外部中断请求 1，由 $\overline{INT1}$ (P3.3)输入。

(3) 片内定时/计数器 T0 溢出中断请求。

(4) 片内定时/计数器 T1 溢出中断请求。

(5) 片内串行口发送/接收中断请求。

3.1.3　中断的控制

1. 与中断有关的寄存器

与中断有关的寄存器有定时/计数器控制寄存器 TCON、中断允许寄存器 IE 和中断优先级寄存器 IP。

1) 定时/计数器控制寄存器 TCON(Timer/Counter Control Register)

每个中断源均有一个中断标志位，其中定时中断和外部中断的标志位分布在控制寄存器 TCON 中。TCON 中各位定义如下：

位	D7	D6	D5	D4	D3	D2	D1	D0
字节地址：88H	TF1	TR1	TF0	TR0	IE1	IT1	IE0	IT0

IT0(TCON.0)：外部中断 0 触发方式控制位。

当 IT0=0 时，为低电平触发方式。

当 IT0=1 时，为边沿触发方式(下降沿有效)。

IE0(TCON.1)：外部中断 0 中断请求标志位。

当外部中断 0 依据触发方式满足条件产生中断请求时，由硬件置位(IE0=1)；当 CPU 响应中断时，由硬件清除(IE0=0)。

IT1(TCON.2)：外部中断 1 触发方式控制位。

IE1(TCON.3)：外部中断 1 中断请求标志位。

TF0(TCON.5)：定时/计数器 T0 溢出中断请求标志位。

当定时/计数器 T0 计数溢出时，由硬件置位(TF0=1)；当 CPU 响应中断时，由硬件清除(TF0=0)。

TF1(TCON.7)：定时/计数器 T1 溢出中断请求标志位。

2) *中断允许寄存器* IE(Interrupt Enable Register)

CPU 对中断系统所有中断以及某个中断源的开放和屏蔽是由中断允许寄存器 IE 控制的。IE 中各位定义如下：

位	D7	D6	D5	D4	D3	D2	D1	D0
字节地址：A8H	EA			ES	ET1	EX1	ET0	EX0

EX0(IE.0)：外部中断 0 允许位。

ET0(IE.1)：定时/计数器 T0 中断允许位。

EX1(IE.2)：外部中断 1 允许位。

ET1(IE.3)：定时/计数器 T1 中断允许位。

ES(IE.4)：串行口中断允许位。

EA (IE.7)：CPU 中断允许(总允许)位。

各位取 1 时允许中断，取 0 时禁止中断。

3) *中断优先级寄存器* IP(Interrupt Priority Register)

8051 单片机有 2 个中断优先级，可实现二级中断服务嵌套。每个中断源的中断优先级都是由中断优先级寄存器 IP 中的相应位的状态来规定的。IP 中各位定义如下：

位	D7	D6	D5	D4	D3	D2	D1	D0
字节地址：B8H			PT2	PS	PT1	PX1	PT0	PX0

PX0(IP.0)：外部中断 0 优先级设定位。

PT0(IP.1)：定时/计数器 T0 优先级设定位。

PX1(IP.2)：外部中断 1 优先级设定位。

PT1(IP.3)：定时/计数器 T1 优先级设定位。

PS(IP.4)：串行口优先级设定位。

PT2(IP.5)：定时/计数器 T2 优先级设定位。

各位取 1 时中断源设置为高优先级，取 0 时设置为低优先级。

2. 中断的嵌套

中断系统正在执行一个中断服务时，有另一个优先级更高的中断提出中断请求，这时会暂时终止当前正在执行的级别较低的中断源的服务程序，去处理级别更高的中断源，待处理完毕，再返回到被中断了的中断服务程序继续执行，这个过程就是中断嵌套。其实就是更高一级的中断的“加塞儿”，处理器正在执行着中断，又接受了更急的另一件“急件”，转而处理更高一级的中断的行为。

单片机的中断系统具有二级优先级控制，系统在处理时遵循下列基本原则：

(1) CPU 同时接收到几个中断时，首先响应优先级别最高的中断请求。

(2) 正在进行的中断过程不能被新的同级或低优先级的中断请求所中断。

(3) 正在进行的低优先级中断服务能被高优先级中断请求所中断。

同一优先级中的中断申请不止一个时，存在中断优先权排队问题。同一优先级的中断优先权排队，由中断系统硬件确定的自然优先级形成，其排列如表 3.1 所示。

表 3.1　各中断响应优先级及中断服务程序入口表

中断源	中断标志	中断服务程序入口	优先级顺序
外部中断 0	IE0	0003H	高
定时/计数器 T0	TF0	000BH	
外部中断 1	IE1	0013H	
定时/计数器 T1	TF1	001BH	
串行口	RI 或 TI	0023H	低

3.1.4　中断处理过程

1. 中断响应

中断响应是指 CPU 对中断源中断请求的响应。CPU 并非任何时刻都能响应中断请求，而是在满足所有中断响应条件且不存在任何一种中断阻断情况时才会响应。

CPU 响应中断的条件是：

(1) 中断源有中断请求。

(2) 此中断源的中断允许位为 1。

(3) CPU 中断允许位 EA=1，即 CPU 允许所有中断源申请中断。

以上三条同时满足时，CPU 才有可能响应中断。

3-2　外部中断

2. 中断服务函数的编写

8051 单片机的 CPU 在响应中断请求时，由硬件自动形成转向与该中断源对应的程序服务入口地址。这种方法称为硬件向量中断法。

各中断源的中断服务程序入口地址如表 3.2 所示。

表 3.2　中断服务程序入口地址表

中断源	入口地址	编号
外部中断 0	0003H	0
定时/计数器 T0	000BH	1
外部中断 1	0013H	2
定时/计数器 T1	001BH	3
串行口	0023H	4

中断服务函数是一种特殊的函数，是C51特有的，定义的一般形式如下：

```
void 函数名( )  interrupt  中断号  using 工作组
{
  中断服务函数内容
}
```

中断服务函数不能返回任何值，所以前面用void。关键字interrupt是中断服务函数特有的。中断号就是单片机中断源的序号，是编译器识别不同中断源的唯一依据，因此一定要写正确。关键字using用于选择该中断服务函数使用单片机内部数据存储器中4组工作寄存器的哪一组，它是一个可选项，没有时，C51编译器在编译时会自动分配工作组，通常省略不写。

小提示

编写中断服务函数时遵循的原则：中断服务函数尽量简短，中断服务强调的是一个“快”字，能在主程序中完成的功能就不要在中断服务函数中书写。

中断服务函数的调用过程类似于一般函数调用，区别在于何时调用。一般函数在程序中是事先安排好的，而何时调用中断服务函数事先却无法确定，因为中断的发生是由外部因素决定的，程序中无法事先安排调用语句。因此，调用中断服务函数的过程是由硬件自动完成的。

3. 外部中断编程示例

如图3.3所示，利用INT0作为外部中断输入线，每按一次开关S1使P2口处的LED改变一下状态(由全亮到全灭或由全灭到全亮)。

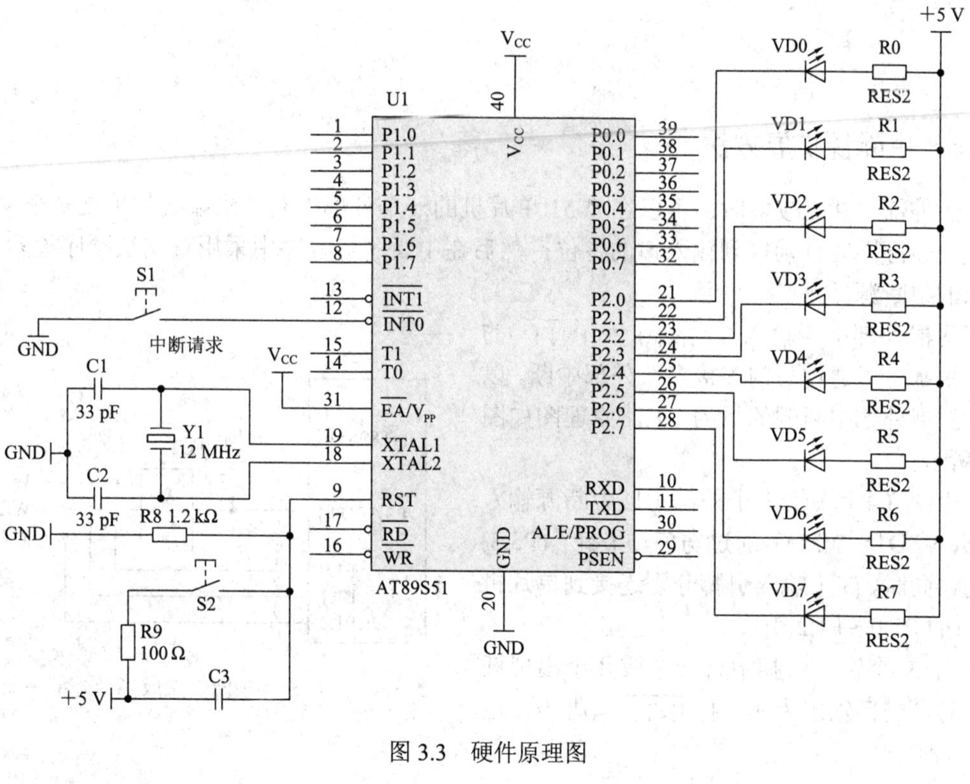

图3.3　硬件原理图

外部中断的工作过程如下：先由 IT0(TCON.0)选择引脚 $\overline{\text{INT0}}$ (P3.2)的有效输入信号是低电平还是下降沿，当 CPU 检测到 P3.2 引脚上出现有效的中断请求信号时，中断标志 IE0(TCON.1)置 1，向 CPU 申请中断。根据工作过程，对应的初始化语句为：IT0=0 或 1(确定有效的信号方式)，EX0=1(允许外部中断 0 中断)，EA=1(允许 CPU 中断)。

程序如下：

```
#include<reg51.h>
unsigned char a;
//函数功能：主程序
void main( )
{
        IT0=1;
        EA=1;
        EX0=1;          //外部中断初始化
        while(1)
          {
              P2=a;
          }
}
//函数功能：中断服务函数
void ext0( ) interrupt 0  using 1
{
        a=~a;
}
```

3.1.5　中断源扩展方法

当外部中断比较多时，可以在 8051 单片机的一个外部中断请求端线与扩展多个中断。这些中断源同时分别接到输入口的各位，然后在中断服务程序中采用查询法顺序检索引起中断的中断源。

两根外部中断输入线($\overline{\text{INT0}}$ 和 $\overline{\text{INT1}}$)的每一根都可以通过与门连接多个外部中断，以达到扩展外部中断源的目的，电路原理图如图 3.4 所示。

由图 3.4 可知，3 个外部扩展中断源输入引脚 WZD1～WZD3 通过与门与 $\overline{\text{INT1}}$ (P3.3)相连，同时，3 个输入引脚分别连接到单片机 P1 口的 P1.0～P1.2 引脚。

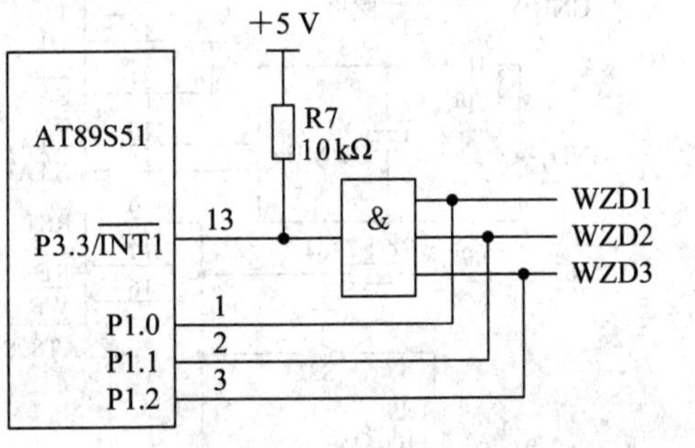

图 3.4　一个外部中断扩展成多个外部中断电路

当 3 个输入引脚中有一个或几个出现低电平时，与门输出为 0，使 $\overline{\text{INT1}}$ 引脚为低电平，从而发出中断请求。因此，这些扩充的外部中断源都采用电平触发方式(低电平有效)。

CPU 执行外部中断服务程序时，先依次查询 P1 口的中断源输入状态，再转入相应的中断服务程序执行。3 个扩展中断源的优先级由软件查询顺序决定，即最先查询的优先级最高，最后查询的优先级最低。该中断服务函数如下：

```
void int1( ) interrupt 2                //外部中断 1，中断类型号为 2
{
    unsigned char i;
    P1=0xff;                            //将 P1 口引脚先全部置 1
    i = P1;                             //将 P1 口引脚状态读入变量 i
    i = i | 0xf8;                       //采用或操作屏蔽掉 i 的高五位
    switch(i)
    {
        case 0xfe:  ex0( ); break;      //调用中断 ex0( )，此处省略
        case 0xfd:  ex1( ); break;      //调用中断 ex1( )，此处省略
        case 0xfb:  ex2( ); break;      //调用中断 ex2( )，此处省略
    }
}
```

任务 6　可控流水彩灯的设计

1. 任务目的

通过可控流水彩灯的制作与软件设计，了解单片机的外部中断系统及相关的特殊功能寄存器，熟悉外部中断的两种触发方式，掌握外部中断的使用和中断服务函数的编写。

2. 任务要求

控制单片机 P2 口所接的 8 个 LED 管，每按一次按键，小灯循环左移一位。

3. 电路设计

电路设计如图 3.3 所示。

4. 程序设计

根据题意，每来一个中断，小灯从最低位到最高位轮流点亮。程序如下：

```
#include<reg51.h>
#define uchar unsigned char         //宏定义
void delay( );                      //声明延时函数
//函数功能：主程序
void main( )
{
    IT0=1;
    EA=1;
```

3-3　任务 6 仿真调试

```
    EX0=1;                         //中断初始化
    while(1);
}
//函数功能：中断服务函数
void int0( )   interrupt 0   using 1
{
    uchar i;
    P2=0xfe;
    for(i=0;i<8;i++)                        //循环左移
     {
       delay( );
       P2=P2<<1|0x01;
     }
}
//函数功能：延时函数
void delay( )
{
    unsigned int i,j;
    for(i=0;i<2500;i++)
     {for(j=0;j<2500;j++);}
}
```

5. 任务小结

本任务利用外部中断实现小灯的循环左移。小灯的点亮时间采用循环结构实现延时，这种定时方式存在定时不精确以及占用 CPU 资源的缺陷。在实际应用中，定时可以使用定时/计数器来实现。

3.2　定时/计数器

在单片机的应用系统中，可供选择的定时方法有 3 种：软件定时、硬件定时和可编程定时器定时。

1. 软件定时

由于执行任何一条指令都需要一定的时间，因此可以通过 CPU 执行循环程序来达到定时的目的。这种纯粹靠执行循环程序来定时的方法，称为软件定时。例如，延时子程序：

```
delay( )
 {
    uchar a;
    for(a=0;a<200;a++);
 }
```

该延时子程序的延迟时间由单片机的时钟频率以及变量 a 的取值决定。软件定时的特点是不需外加硬件电路，但是时间不是很精确，同时占用了 CPU 时间，降低了 CPU 的利用率。因此，软件定时的时间不宜太长。

2．硬件定时

为了减少对 CPU 资源的占用，可以通过专门的硬件电路来实现定时，这种定时方法称为硬件定时。这种定时方法的优点是不占用 CPU 的时间，但需要专门的硬件电路，并且定时时间的调节靠改变电路中的元件参数来完成，使用上不够灵活。

3．可编程定时器定时

可编程定时器定时方法是通过对系统时钟脉冲的计数来实现的。计数初值通过程序设定，改变计数值也就改变了定时的时间，使用起来既灵活又方便，而且 CPU 不必通过等待来实现延时，从而提高了 CPU 的效率。此外，由于采用计数方法实现定时，因此，可编程的定时器兼有计数功能，可以对外来脉冲进行计数。所以，采用可编程定时器实现延时是单片机系统中最常用和最实用的一种方法。

3.2.1　定时/计数器概述

8051 单片机至少有两个定时/计数器，8052 单片机有三个定时/计数器。每个定时/计数器都具有计数和定时两大功能，并具有 4 种工作方式。现以定时/计数器 T0 的工作方式 1 来说明定时/计数器的内部结构与工作原理。

8051 单片机定时/计数器 T0 的内部结构如图 3.5 所示。

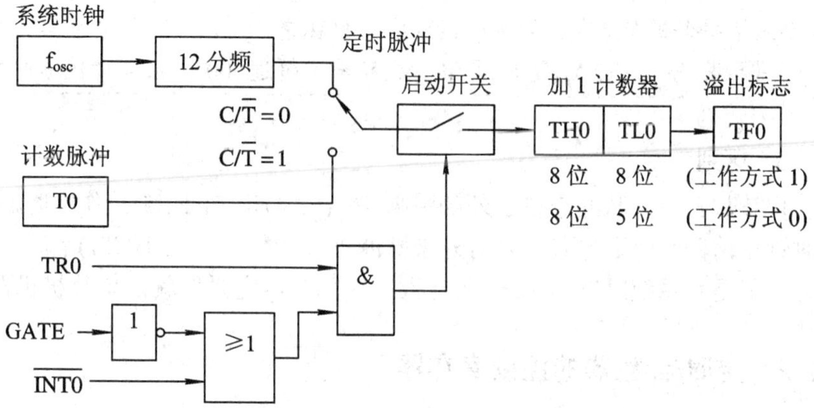

3-4　定时/计数器

图 3.5　定时/计数器 T0 的内部结构

定时/计数器的实质是加 1 计数器，即每输入一个脉冲，计数器从计数初值开始向上加 1，为了便于说明问题，假设加 1 计数器的计数初值为 60 000。当加到计数器的各位全为“1”，即 TH=0xff，TL=0xff 时，16 位计数器满(即 0xffff)，再输入一个脉冲，使计数值回零，且计数器的溢出使 TCON 中的标志位 TF0 或 TF1 置“1”，向 CPU 发出中断请求(定时/计数器中断允许时)，表明 T0 或 T1 计了 65 536−60 000 = 5536 个脉冲，这样就起到了计数的作用。

1. 定时器方式

此时输入脉冲是由内部时钟振荡器的输出经 12 分频后送来的。

如果晶振频率为 12 MHz，则一个机器周期是 12 × (1/12) μs，定时器每接收一个输入脉冲的时间为 1 μs。

要定一段时间，只需计算脉冲个数即可。

计数值 N 乘以机器周期 T_{cy} 就是定时时间 t。

2. 计数器方式

计数功能的实质就是对外来脉冲进行计数。8051 单片机用 T0(P3.4)、T1(P3.5)两个引脚输入定时/计数器 T0 与定时/计数器 T1 计数脉冲信号。

其工作过程为(为了便于说明问题，将 TL0 作为 8 位计数器，且加 1 计数器的计数初值为 100)：

每当一个计数脉冲到达 T0 端，加 1 计数器加一次 1，当加 1 计数器从 100 加 1 到 256 时，即 100H 时，则表明产生计数溢出，即表明有 256−100 = 156 个外来脉冲到达 T0 或(T1)，这样就起到了计数器的作用。

注：计数方式下是对外来脉冲进行计数，且到达 T0(T1)端时不一定有规律。

小提示

计数方式是在每个机器周期采样 T0、T1 引脚电平。当某周期采样到一高电平输入，而下一周期又采样到一低电平时，则计数器加“1”。

由于检测一个从“1”到“0”的下降沿需要 2 个机器周期，因此要求被采样的电平至少要维持一个机器周期，否则会出现漏计数现象，所以最高计数频率为晶振频率的 1/24。

当晶振频率为 12 MHz 时，最高计数频率不超过 500 kHz，即计数脉冲的周期要大于 2 μs。

3. 区别

作计数器时，脉冲来自于外部引脚 T0 (P3.4)和 T1(P3.5)；作定时器时，脉冲来自于内部时钟振荡器。计数方式下是对外来脉冲进行计数，到达 T0(T1)端时不一定有规律；而定时方式下是对系统时钟的 12 分频计数，实际上，定时器就是单片机机器周期的计数器。

3.2.2 定时/计数器的控制寄存器

1. 定时/计数器控制寄存器 TCON(Timer/Counter Control Register)

TCON 不仅具有中断控制功能，还具有定时控制功能。其中，低 4 位字段是与外部中断有关的控制位，这部分内容在 3.1.3 节中已经做过介绍，下面介绍与定时控制有关的高 4 位字段的控制位。

1) TF0(TF1)——计数溢出标志位

当 T0/T1 计满溢出时，由硬件使 TF0(TF1)置“1”，并向 CPU 发出中断申请。进入中断服务程序后，由硬件自动清“0”。使用查询方式时，此位作状态位供查询，但查询有效后，该位应使用软件方法及时清“0”。

2) TR0(TR1)——定时器运行控制位

该位由软件置“1”或清“0”，用于启动或停止定时器。

TR0(TR1)=1：启动定时/计数器工作。

TR0(TR1)=0：停止定时/计数器工作。

当定时/计数器开始工作后，加 1 计数器就不断地加 1。当产生计数溢出后，定时/计数器并不停止工作，而是从计数初值重新开始不断地加 1，直到把 TR0(TR1)位清“0”，才停止工作。

2. 工作方式控制寄存器 TMOD(Timer/Counter Mode Register)

TMOD 用于控制定时/计数器的 2 种功能及 4 种工作方式。TMOD 寄存器的字节地址为 89H，不能进行位寻址操作，只能通过赋值设置其内容。复位时，TMOD 所有位均为 0。TMOD 中各位的定义如下：

位	D7	D6	D5	D4	D3	D2	D1	D0
字节地址：89H	GATE	$C/\overline{T}$	M1	M0	GATE	$C/\overline{T}$	M1	M0
	定时/计数器 1				定时/计数器 0			

其中，低 4 位用于确定 T0 的工作方式，高 4 位用于确定 T1 的工作方式。

1) M1 M0——工作方式选择位

单片机的定时/计数器共有 4 种工作方式，即工作方式 0～工作方式 3，可通过 M1M0 来选择，见表 3.3。

表 3.3　定时/计数器工作方式设置表

M1M0	工作方式	功 能 说 明
00	工作方式 0	13 位定时/计数器，TH 的 8 位与 TL 的低 5 位
01	工作方式 1	16 位定时/计数器，TH 与 TL 各 8 位
10	工作方式 2	自动重载的 8 位定时/计数器 TL，TH 为初值寄存器
11	工作方式 3	T0：分成两个独立的 8 位定时/计数器； T1：停止计数

2) $C/\overline{T}$——计数方式/定时功能选择位

$C/\overline{T}=0$：定时工作方式，对机器周期进行计数。

$C/\overline{T}=1$：计数工作方式，对外部信号进行计数，外部信号接至 T0(P3.4)或 T1(P3.5)引脚。

3) GATE——门控位

GATE = 0：利用 TR0(TR1)来启动(停止)定时/计数器。

GATE = 1：利用 TR0(TR1)和 $\overline{INT0}$ (或 $\overline{INT1}$)来启动定时/计数器。此时，需要先在 $\overline{INT0}$ (或 $\overline{INT1}$)引脚上输入一个高电平，再利用 TR0(TR1)来启动(停止)定时/计数器。

> **小提示**
>
> 一般使用的时候令 GATE = 0，即定时器的开启只由 TR0(TR1)来控制。
>
> TMOD 不能进行位寻址，只能用字节指令设置定时器。假设 T0 为软件启动方式、定时功能、工作方式 1，则 GATE = 0，C/$\overline{T}$ = 0，M1M0 = 01；T1 未用，高 4 位可以随意置数，一般将其设为 0000。因此，采用下面语句设置定时/计数器的工作方式：
>
> ```
> TMOD = 0x01;  //设置 T0 为定时工作方式 1
> ```

3. 中断允许寄存器 IE

IE 寄存器的详细内容在 3.1.3 节中已做过介绍，其中与定时/计数器有关的位如下：

(1) EA——中断允许总控制位。

(2) ET0(ET1)——定时/计数器中断允许控制位。

ET0(ET1) = 0：禁止定时/计数中断。

ET0(ET1) = 1：允许定时/计数中断。

3.2.3 定时/计数器的工作方式

1. 工作方式 0

1) 电路逻辑结构

当图 3.5 中的计数器为 13 位(TH 的 8 位与 TL 的低 5 位)时，即得工作方式 0 的逻辑电路图。

2) 工作方式 0 的特点

(1) 两个定时/计数器均可在工作方式 0 下工作。

(2) 13 位的计数结构，其计数器由 TH 的 8 位和 TL 的低 5 位构成(高 3 位不用)。

(3) 当产生计数溢出时，由硬件自动给计数溢出标志位 TF0(TF1)置 1，由软件给 TH、TL 重新置计数初值。

3) 计数/定时的范围

在工作方式 0 下，当为计数工作方式时，由于是 13 位的计数结构，因此计数范围是 1～2^{13}(8192)，其对应的计数初值为 8192−1～0。当为定时工作方式时，其定时时间 = (2^{13}−计数初值) × 机器周期。

注：此种方式计算不方便，建议不采用。

2. 工作方式 1

1) 电路逻辑结构

工作方式 1 是 16 位计数结构的工作方式，计数器由 TH 的 8 位和 TL 的 8 位构成。其逻辑电路如图 3.5 所示。工作方式 1 与工作方式 0 除计数位数外完全相同。

2) 工作方式 1 的特点

(1) 两个定时/计数器均可在工作方式 1 下工作。

(2) 16 位的计数结构，其计数器由 TH 的 8 位和 TL 的 8 位构成。

(3) 当产生计数溢出时，由硬件自动给计数溢出标志位 TF0(TF1)置 1，由软件给 TH、

TL 重新置计数初值。

3) 计数/定时的范围

在工作方式 1 下，当为计数工作方式时，由于是 16 位的计数结构，因此计数范围是 1～65 536。当为定时工作方式时，其定时时间 = (2^{16}−计数初值) × 机器周期。如：设单片机的晶振频率 f = 12 MHz，则机器周期为 1 μs，从而定时范围为 1 μs～65 536 μs。

3. 工作方式 2

工作方式 0 和工作方式 1 的最大特点是产生计数溢出后，需要由软件重新给计数器赋初值。这样不但影响定时精度，而且也给程序设计带来不便。工作方式 2 在计数溢出后自动重装计数器赋初值。

1) 电路逻辑结构

工作方式 2 的逻辑结构如图 3.6 所示。

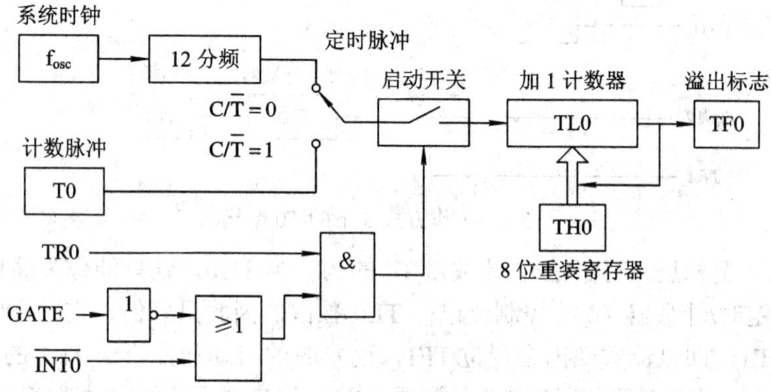

图 3.6　定时/计数器工作方式 2 的逻辑结构

2) 工作方式 2 的特点

(1) 两个定时/计数器均可在工作方式 2 下工作。

(2) 把计数器分成 TH 和 TL 两部分，在开始计数(定时)时，把计数初值赋给 TL 的同时，也赋给 TH，在 TL 发生计数溢出后，再也不需像工作方式 0 和 1 那样通过软件方法重置初值，而是通过硬件自动把 TH 中的内容重新赋给 TL。

(3) 8 位的计数结构。

TH：暂存器(用来暂时存放计数初值)。

TL：计数器。

3) 计数/定时的范围

由于是 8 位的计数结构，因此计数范围为 1～256，定时时间 = (2^8−计数初值) × 机器周期。这种自动重新加载工作方式非常适用于循环定时或循环计数应用，例如用于产生固定脉宽的脉冲，此外还可以作串行数据通信的波特率发送器使用。

4. 工作方式 3

在前面的 3 种工作方式中，两个定时/计数器的设置和使用是完全相同的。但是在工作方式 3 下，两个定时/计数器的设置和使用却不尽相同，下面分别介绍。

1) 在工作方式 3 下的定时/计数器 T0

在工作方式 3 下，定时/计数器 T0 被拆成两个独立的 8 位计数器 TL0 和 TH0。其中 TL0 既可作计数使用，又可作定时使用，定时/计数器 T0 的控制位和引脚信号全归它使用。其功能与工作方式 0 或工作方式 1 的完全相同，而且逻辑结构也极其类似，如图 3.7 所示。

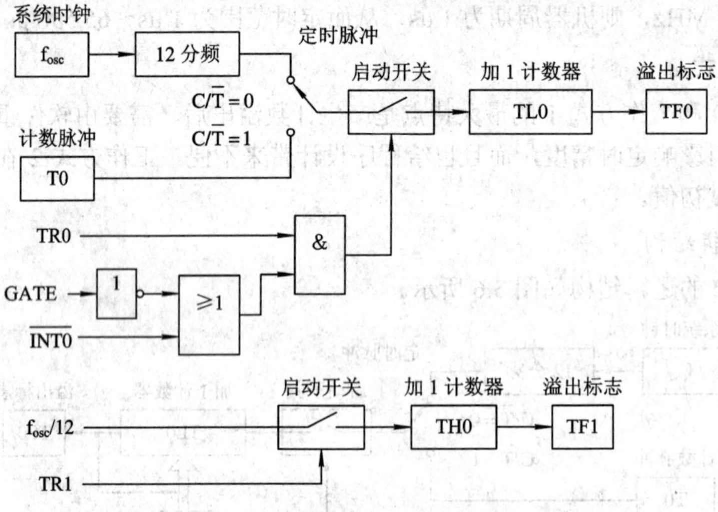

图 3.7　工作方式 3 下的 T0 结构

与 TL0 的情况相反，对于定时/计数器 T0 的另一半 TH0，则只能作为简单的定时器使用。而且由于定时/计数器 T0 的控制位已被 TL0 独占，因此只好借用定时/计数器 T1 的控制位 TR1 和 TF1，即以计数溢出去置位 TF1，而定时的启动和停止由 TR1 的状态控制。

由于 TL0 既能作定时器使用也能作计数器使用，而 TH0 只能作定时器使用却不能作计数器使用，因此在工作方式 3 下，定时/计数器 T0 可以构成两个定时器或一个定时器一个计数器。

2) 在工作方式 3 下的定时/计数器 T1

如果定时/计数器 T0 已工作在工作方式 3，则定时/计数器 T1 只能工作在工作方式 0、工作方式 1 或工作方式 2 下，它的运行控制位 TR1 及计数溢出标志位 TF1 已被定时/计数器 T0 借用，如图 3.8 所示。

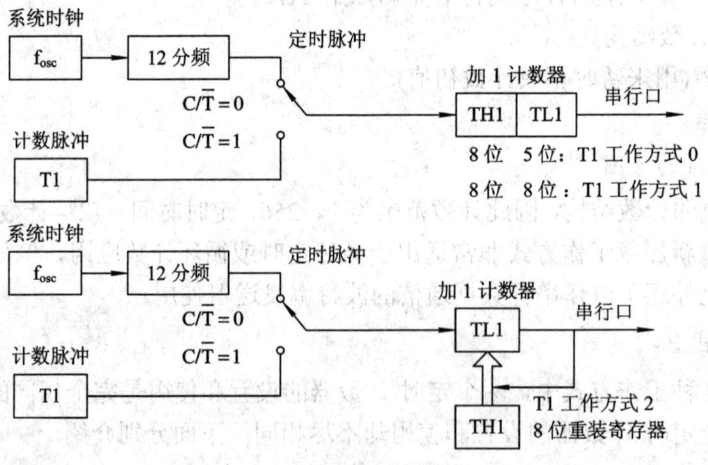

图 3.8　工作方式 3 下的 T1 结构

在这种情况下，定时/计数器 T1 通常是作为串行口的波特率发生器使用，以确定串行通信的速率。因为已没有计数溢出标志位 TF1 可供使用，所以只能把计数溢出直接送给串行口。当作为波特率发生器使用时，只需设置好工作方式，便可自动运行。如要停止工作，只需送入一个把它设置为工作方式 3 的方式控制字就可以了。因为定时/计数器 T1 不能在工作方式 3 下使用，如果把它设置为工作方式 3，就会停止工作。

3.2.4　定时/计数器的初始化

由于定时/计数器的功能是由软件编程确定的，因此一般在使用定时/计数器前都要对其进行初始化，使其按设定的功能工作。

初始化的步骤如下：

(1) 设置工作方式，即设置 TMOD 中的 GATE、$C/\overline{T}$、M1、M0。

(2) 计算加 1 计数器的计数初值 Count，并将计数初值 Count 送入 TH、TL 中。

计数方式：计数值 = 2^n – Count，计数初值 Count = 2^n–计数值。

定时方式：定时时间 = (2^n – Count) × 机器周期，计数初值 Count = 2^n –定时时间/机器周期。

其中 n = 13、16、8、8，分别对应工作方式 0、1、2、3。

(3) 启动计数器工作，即将 TR 置“1”。

(4) T0、T1 开中断。

例：T0 工作于定时方式 1，定时时间 T = 10 ms，系统主频 f = 12 MHz，允许中断，对 T0 进行初始化编程。

(1) 求 T0 的方式控制字 TMOD：

TMOD=0x01;

(2) 计算计数初值 Count。

Count = 2^n–定时时间/机器周期，由于晶振为 12 MHz，振荡周期 = 1/12 MHz，因此机器周期 T_{cy} 为 1 μs。所以

$$N = t / T_{cy} = 10\ \text{ms}/1\ \mu\text{s} = 10\,000/1 = 10\,000$$

$$\text{Count} = 65\,536 - 10\,000 = 55\,536 = \text{d8f0H}$$

即应将 d8H 送入 TH0 中，f0H 送入 TL0 中。

(3) 开中断：

EA=1;

ET0=1;

(4) 启动定时/计数器：

TR0=1;

综上可得初始化程序：

```
TMOD=0x01;
TH0=0xd8=(65536-10000)/256;
TL0=0xf0=(65536-10000)%256;
EA=1;
ET0=1;
```

```
TR0=1;
```

3.2.5　定时/计数器的应用实例

例 1　设单片机的晶振频率 f = 6 MHz，使用定时器 T0 以工作方式 1 产生周期为 500 μs 的等宽正方形脉冲，并由 P1.0 引脚输出。

(1) 中断方式：CPU 正常执行主程序，一旦定时时间到，TF0=1 向 CPU 申请中断，CPU 响应了 T0 的中断，就执行中断程序，在中断程序里对 P1.0 进行取反操作。

程序如下：

```
#include <reg51.h>
sbit P10=P1^0;
//函数功能：主程序
void main( )
{
        TMOD=0x01;
        TH0=(65536-125)/256;
        TL0=(65536-125)%256;
        ET0=1;
        EA=1;
        TR0=1;
        while(1);
}
//函数功能：中断服务函数
void timer0_int( ) interrupt 1 using 1
{
      P10=~P10;
      TH0=(65536-125)/256;
      TL0=(65536-125)%256;
}
```

(2) 查询方式：通过查询 T0 的溢出标志 TF0 是否为“1”来进行判断。当 TF0=1 时，定时时间已到，对 P1.0 进行取反操作。

程序如下：

```
#include<reg51.h>
sbit P10=P1^0;
//函数功能：主程序
main( )
{
  TMOD=0x01;
  TH0=(65536-125)/256;
  TL0=(65536-125)%256;
```

```
    TR0=1;
    while(1)
    {
       while(TF0)
        {
          P10=~P10;
          TR0=0;
          TH0=(65536-125)/256;
          TL0=(65536-125)%256;
          TF0=0;
          TR0=1;
        }
     }
  }
```

例 2　单片机的晶振频率 f = 12 MHz，使用定时器 T1 以工作方式 1 产生周期为 2 s 的等宽正方形脉冲，并由 P1.0 引脚输出。

程序要求输出 1 s 的高电平和 1 s 的低电平，定时器的 3 种工作方式都不能满足。对于较长时间的定时应采用复合定时的方法。可以用 T0 的工作方式 1 定时 50 ms，因为 1 s = 20 × 50 ms，所以循环 20 次即可达到定时 1 s 的目的。

编程思路：每 50 ms 一个中断，每次中断使变量 num++，当 num = 20 时就到 1 s。

程序如下：

```
#include <reg51.h>
sbit P10=P1^0;
unsigned char num=0;
//函数功能：主程序
main( )
{
     TMOD=0x10;
     TH1=(65536-50000)/256;
     TL1=(65536-50000)%256;
     ET1=1;
     EA=1;
     TR1=1;
     while(1)
     {
        if (num==20)
          {
             num=0;
             P10=~P10;
```

```
            }
        }
    }
    //函数功能：中断服务函数
    void timer1_int( ) interrupt 3
    {
        num++;
        TH1=(65536-50000)/256;
        TL1=(65536-50000)%256;
    }
```

例 3　采用 12 MHz 晶振，在 P1.0 引脚上输出周期为 2.5 s、占空比为 40%的脉冲信号。

对于 12 MHz 晶振，使用定时器最大定时时间只有几十毫秒。取 50 ms 定时，则周期 2.5 s 需 50 次中断，占空比为 40%(即 1 s 高电平，1.5 s 低电平)，高电平应为 20 次中断。

程序如下：

```
#include  <reg51.h>
sbit P10=P1^0;
unsigned char num=0;
//函数功能：主程序
main( )
{
    TMOD=0x10;
    TH1=(65536-50000)/256;
    TL1=(65536-50000)%256;
    ET1=1;
    EA=1;
    TR1=1;
    while(1)
     {
        if(num==20)
        {P10=0;}
        if(num==50)
        { P10=1;num=0;}
     }
}
//函数功能：中断服务函数
void timer1_int( )  interrupt 3
{
    num++;
    TH1=(65536-50000)/256;
```

```
    TL1=(65536-50000)%256;
}
```

例 4　控制直流电动机 PWM 调速程序。

图 3.9 所示是一个典型的直流电机控制电路，电路称为 H 桥驱动电路是因为它的形状酷似字母 H。当 P11 为高电平，P10 为低电平时，V1、V4 导通，$V_{AB}=V_{CC}$；当 P11 为高电平，P10 为低电平时，V2、V3 导通，$V_{AB}=-V_{CC}$，电机反转。通过在单片机的相应引脚上输出 PWM 波，改变 PWM 波的占空比即可控制电机的通断时间比，从而实现电机的调速。

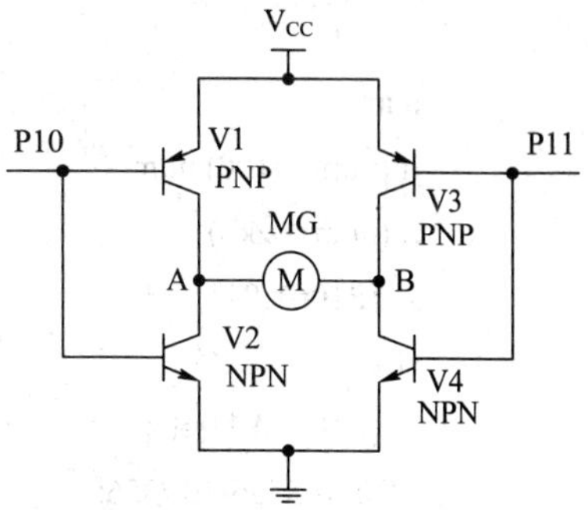

图 3.9　H 桥驱动电路

随着大规模集成电路的发展，很多单片机都有内置 PWM 模块，因此，单片机的 PWM 控制技术可以用内置 PWM 模块实现，也可以用单片机的软件模拟实现，还可以通过控制外置硬件电路实现。由于 51 单片机内部没有 PWM 模块，因此采用软件模拟法，利用单片机的 I/O 引脚，通过软件对该引脚连续输出高低电平实现 PWM 波输出，输出一个周期一定而高低电平可调的方波信号。当输出脉冲的频率一定时，输出脉冲的占空比越大，高电平持续时间越长，平均电压越大，转速越高，达到了 PWM 脉宽调速的目的。

关于频率和占空比的确定：对于 12 MHz 晶振，假定 PWM 输出频率为 1 kHz，这样定时中断次数设定为 C=10，即 0.01 ms 中断一次，则 TH0 = 0xff，TL0 = 0xf6；由于设定中断时间为 0.01 ms，因此可以设定占空比从 1 到 100 变化，即 0.01 ms × 100 = 1 ms。P10、P11 为输入逻辑信号控制端，用于控制电机。

程序如下：

```
#include <reg51.h>
sbit P10=P1^0;
sbit P11=P1^1;
unsigned char zkb,num;          //占空比和计数变量
//函数功能：主程序
void main ( )
{
  TMOD=0x01;
  TH0=(65536-10)/256;
  TL0=(65536-10)%256;
  TR0=1;
  ET0=1;
  EA=1;
  P11=1;
  P10=0;
  while(1)
  { zkb=25;}
```

```
}
//函数功能：中断服务函数
void timer0(void)   interrupt 1
{
  num++;
  if (num>=100) num=0;
  if (num<=zkb)
     {P10=1;P11=0;}
  else
     {P10=0;P11=1;}
  TH0=(65536-10)/256;
  TL0=(65536-10)%256;   //恢复定时器初始值
}
```

任务 7　时间间隔 1 s 的流水彩灯设计

1. 任务目的

通过定时亮灭的小灯电路的制作和软件设计，了解单片机的定时/计数器系统，熟悉定时/计数器的 4 种工作方式，掌握相关特殊功能寄存器的含义及定时/计数器的初值计算和初始化方法。

2. 任务要求

控制单片机 P2 口所接的 8 个 LED，使它们每隔 1 s 左移一次。

3. 电路设计

电路设计如图 3.3 所示。

4. 程序设计

硬件电路中选用的晶振为 12 MHz，可以用 T0 的工作方式 1 定时 50 ms。因为 1 s = 20× 50 ms，所以循环 20 次即可达到定时 1 s 的目的。每隔 1 s 改变一次 P1 口的值。程序可参考 3.2.5 节中的例 2。

3-5　任务 7 仿真调试

5. 任务小结

本任务中利用定时/计数器进行定时，与用循环结构实现延时相比，可以实现精确的定时。在实际应用中可使用定时/计数器来实现定时功能。

任务 8　模拟交通灯(含特殊和紧急)控制系统设计

1. 任务目的

通过对模拟交通灯控制系统的制作，让读者掌握定时器和中断系统的综合应用，进一步熟练软硬件联调方法。

2. 任务要求

设计并实现单片机交通灯控制系统，实现下述3种情况下的交通灯控制。

(1) 正常情况下，双方向轮流点亮交通灯，交通灯的状态见表3.4。

(2) 特殊情况时，东西道放行。

(3) 有紧急车辆通过时，东西、南北道均为红灯。紧急情况的优先级高于特殊情况。

表3.4　交通灯显示状态

东西方向			南北方向			状态说明
红灯	黄灯	绿灯	红灯	黄灯	绿灯	
灭	灭	亮	亮	灭	灭	东西方向通行30 s，南北方向禁行
灭	灭	闪烁	亮	灭	灭	东西方向警告3 s，南北方向禁行
灭	亮	灭	亮	灭	灭	东西方向警告2 s，南北方向禁行
亮	灭	灭	灭	灭	亮	东西方向禁行，南北方向通行30 s
亮	灭	灭	灭	灭	闪烁	东西方向禁行，南北方向警告3 s
亮	灭	灭	灭	亮	灭	东西方向禁行，南北方向警告2 s

3. 电路设计

本任务涉及定时控制东、南、西、北4个方向上的12盏交通灯，而且出现特殊和紧急情况时，能及时调整交通灯指示状态。

采用12个LED发光二极管模拟红、绿、黄交通灯，不难发现，东西两个方向的交通灯显示状态是一样的，所以，对应两个方向上的6个发光二极管只用P1口的3根I/O口线控制即可。同理，南北方向的6个二极管可用P1的另外3根I/O口线控制。当I/O口线输出高电平时，交通灯灭；反之，输出低电平时，交通灯亮。交通灯I/O口线分配及控制状态如表3.5所示。

表3.5　交通灯I/O口线分配及控制状态

东西方向			南北方向			P1口数据	状态说明
P1.5	P1.4	P1.3	P1.2	P1.1	P1.0		
红灯	黄灯	绿灯	红灯	黄灯	绿灯		
1	1	0	0	1	1	F3H	东西通行，南北禁行
1	1	0、1交替	0	1	1	FBH或F3H	东西警告，南北禁行
1	0	1	0	1	1	EBH	东西警告，南北禁行
0	1	1	1	1	0	DEH	东西禁行，南北通行
0	1	1	1	1	0、1交替	DEH或DFH	东西禁行，南北警告
0	1	1	1	0	1	DDH	东西禁行，南北警告

按键S1和S2模拟特殊情况和紧急情况的发生。当S1、S2为高电平时，表示正常情况；当S1为低电平时，表示紧急情况，将S1信号接至$\overline{INT1}$引脚，即可实现外部中断0中断申请；当S2为低电平时，表示特殊情况，将S2信号接至$\overline{INT0}$引脚，即可实现外部中断1中断申请。

硬件原理图如图3.10所示。

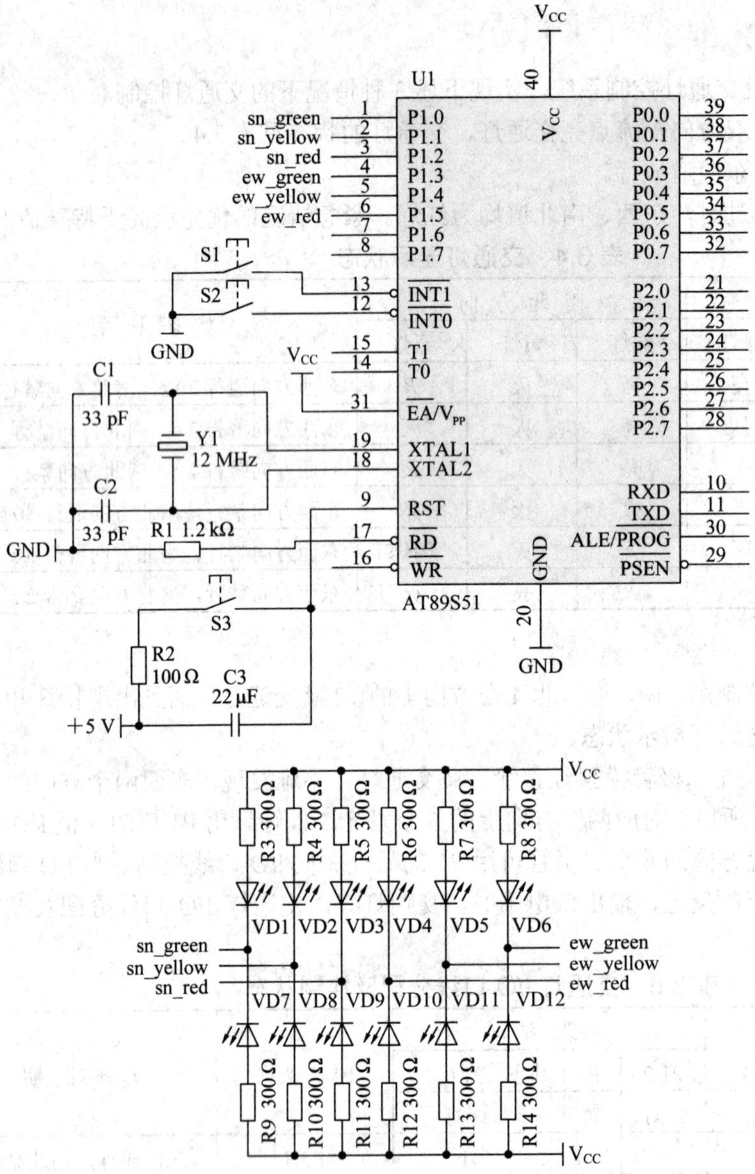

图 3.10　硬件原理图

3-6　任务 8 仿真调试

4. 程序设计

在正常情况下，CPU 执行主程序，实现交通灯状态的循环。特殊情况时，采用外部中断 1 方式进入与其相应的中断服务程序，并设置该中断为低优先级中断；有紧急车辆通过时，采用外部中断 0 方式进入与其相应的中断服务程序，并设置该中断为高优先级中断(在自然优先级中，外部中断 0 高于外部中断 1，因此可以省略优先级设置)，实现中断嵌套。

程序如下：

```
#include <reg51.h>
#define uchar unsigned char
```

```
uchar num,sec;
sbit P32=P3^2;
sbit P33=P3^3;
//函数功能：主程序
main( )
{
    TMOD=0x01;
    TH0=(65536-50000)/256;
    TL0=(65536-50000)%256;
    EA=1;
    ET0=1;
    EX0=1;
    IT0=0;
    EX1=1;
    IT1=0;
    TR0=1;
    while(1)
    {
        if(sec<=30) P1=0xf3;
        if((sec<=33)&&(sec>30))
         {
           if(num==0)
           {P1=0xfb;}
           if(num==10)
           {P1=0xf3;}
         }
        if((sec<=35)&&(sec>33))    P1=0xeb;
        if((sec<=65)&&(sec>35))    P1=0xde;
        if((sec<=68)&&(sec>65))
         {
           if(num==0)
           {P1=0xdf;}
           if(num==10)
           {P1=0xde;}
         }
        if((sec<=70)&&(sec>68))    P1=0xdd;
        if(sec==70) sec=0;
    }
}
//函数功能：中断服务函数
```

```
void timer0( ) interrupt 1
{
      TH0=(65536-50000)/256;
      TL0=(65536-50000)%256;
      num++;
      if(num==20)
      {
         sec++;
         num=0;
      }
}
//函数功能：中断服务函数
void int0( ) interrupt 0   //外部中断 0 函数
{
   TR0=0;
   P1=0xdb;
   while(P32==0);
   TR0=1;
}
//函数功能：中断服务函数
void int1( ) interrupt 2    //外部中断 1 函数
{
   TR0=0;
   P1=0xf3;
   while(P33==0);
   TR0=1;
}
```

5. 任务小结

本任务涉及多个中断的编程和中断嵌套，可使读者体会中断优先级的概念，调试中学会用断点调试程序。

习 题 3

1. 选择题

(1) 8051 单片机所提供的中断功能里，(　　)的自然优先级最高。

A. T0　　B. TI/RI　　C. T1　　D. $\overline{\text{INT0}}$

(2) 8051 单片机的定时/计数器 T0 用作定时模式时，(　　)。

A. 对内部时钟计数，每一个振荡周期加 1　　B. 对内部时钟计数，每一个机器周期加 1

C. 对外部时钟计数，每一个振荡周期加 1　　D. 对外部时钟计数，每一个机器周期加 1

(3) 8051 单片机定时/计数器的(　　)具有重装载初值的功能。

A. 工作方式 0　　B. 工作方式 1　　C. 工作方式 2　　D. 工作方式 3

(4) 8051 单片机的定时/计数器 T0 用作计数模式时，计数脉冲是(　　)的。

A. 外部计数脉冲由 T1(P3.5)输入　　B. 外部计数脉冲由 T0(P3.4)输入

C. 外部计数脉冲由内部时钟频率信号提供　　D. 外部计数脉冲由 $\overline{\text{INT0}}$ (P3.2)输入

(5) 8051 单片机的定时/计数器 T1 用作定时模式时，采用工作方式 2，则方式控制字 TMOD 为(　　)。

A. 0x02　　B. 0x20　　C. 0x01　　D. 0x10

(6) 8051 单片机在同一级别里除串行口外，级别最低的中断源是(　　)。

A. 外部中断 1　　B. 定时器 T0　　C. 定时器 T1　　D. 串行口

(7) 启动 T0 开始计数是使 TCON 的(　　)。

A. TF0 置 1　　B. TR0 置 1　　C. TR0 置 0　　D. TR1 置 0

2. 填空题

(1) 8051 单片机的中断系统由______、______、______、______四部分组成。

(2) 8051 单片机的 T0 用作计数方式时，用工作方式 1(16 位)，则工作方式控制字为______。

(3) 8051 单片机的中断系统由______、______、______、______等寄存器组成。

(4) 8051 单片机的中断源有______、______、______、______和_______。

(5) 如果定时/计数器控制寄存器 TCON 中的 IT1 和 IT0 位为 0，则外部中断请求信号方式为_______。

(6) 外部中断 0 的中断类型号为_______。

3. 简答题

(1) 8051 单片机定时/计数器的定时功能和计数功能有什么不同？分别应用在什么场合？

(2) 8051 单片机定时/计数器 4 种工作方式的特点有哪些？如何进行选择和设定？

(3) 什么叫中断？中断有什么特点？

(4) 外部中断有哪两种触发方式？如何选择和设定？

(5) 中断函数的定义形式是怎样的？

3-7　习题 3 解答　　　　3-8　项目三重难点

项目四 电子万年历系统设计

4.1 单片机与LED数码管接口

不同的应用场合对显示输出设备的要求是不一样的，在简单的系统中发光二极管作为指示灯来显示系统的运行状态，在一些大型的系统中需要处理的数据比较复杂，常用字符、汉字或图形的方式来显示结果，这时常使用数码管和液晶显示设备来实现。在单片机系统中，通常用 LED 数码显示器来显示各种数字或符号。由于它具有显示清晰、亮度高、使用电压低、寿命长的特点，因此使用非常广泛。

4.1.1 LED 数码管的结构及原理

还记得我们小时候玩的“火柴棒游戏”吗，几根火柴棒组合起来，可以拼成各种各样的图形，LED 数码管实际上也是这个道理。LED 数码管的外观结构见图 4.1(a)。

八段 LED 数码管由 8 个发光二极管组成，用于显示各种数字及部分英文字母，其中 7 个长条形的发光二极管排列成“日”字形，另外 1 个点形的发光二极管在显示器的右下角作为显示小数点用。LED 数码管有两种不同的形式：一种是 8 个发光二极管的阴极都连在一起，称之为共阴极 LED 数码管，如图 4.1(b)所示；另一种是 8 个发光二极管的阳极都连在一起，称之为共阳极 LED 数码管，如图 4.1(c)所示。

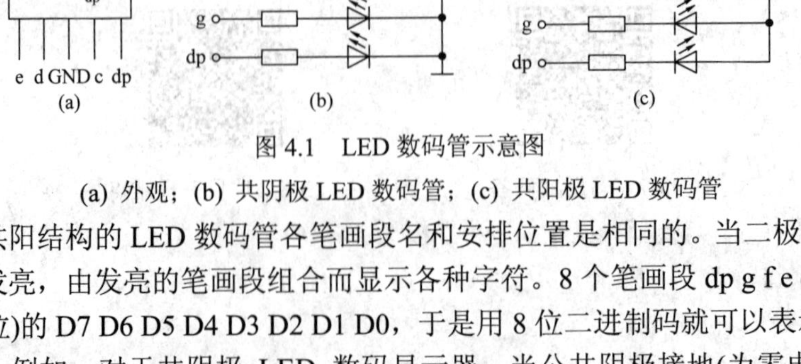

图 4.1 LED 数码管示意图

(a) 外观；(b) 共阴极 LED 数码管；(c) 共阳极 LED 数码管

共阴和共阳结构的 LED 数码管各笔画段名和安排位置是相同的。当二极管导通时，相应的笔画段发亮，由发亮的笔画段组合而显示各种字符。8 个笔画段 dp g f e d c b a 对应于一个字节(8 位)的 D7 D6 D5 D4 D3 D2 D1 D0，于是用 8 位二进制码就可以表示要显示字符的字形代码。例如，对于共阴极 LED 数码显示器，当公共阴极接地(为零电平)，而阳极

dp g f e d c b a 各段为 0011111 时，显示器显示数字“3”，即对于共阴极 LED 数码显示器，数字“3”的字形码是 4FH。如果是共阳极 LED 数码显示器，公共阳极接高电平，显示数字“3”的字形代码应为 11000000(B0H)。

表 4.1 给出了 LED 数码管能够显示的各种字符字形码。

表 4.1　LED 数码管字形码表

显示字符	共阴	共阳	显示字符	共阴	共阳
0	3FH	C0H	9	6FH	90H
1	06H	F9H	A	77H	88H
2	5BH	A4H	B	7CH	83H
3	4FH	B0H	C	39H	C6H
4	66H	99H	D	5EH	A1H
5	6DH	92H	E	79H	86H
6	7DH	82H	F	71H	8EH
7	07H	F8H	熄灭	00H	FFH
8	7FH	80H			

小提示

对于同一个字符，共阴和共阳码的关系为取反。

4.1.2　LED 数码管的静态显示

在单片机应用系统中，显示器显示常用两种方法：静态显示和动态显示。所谓静态显示，就是每一个显示器都要占用单独的具有锁存功能的 I/O 接口用于笔画段字形代码。这样单片机只要把要显示的字形代码发送到接口电路即可，直到要显示新的数据时，再发送新的字形码，因此，使用这种方法单片机中 CPU 的开销小，但是占用的 I/O 口太多，只适合显示位数较少的场合，使用较少。我们可以借助单独锁存的 I/O 接口电路(如串/并转换电路 74LS164)。

图 4.2 是通过串行口扩展的 8 位 LED 数码管静态驱动电路，在 P0.1 运行移位时钟脉冲，P0.0 作为数据输出线。

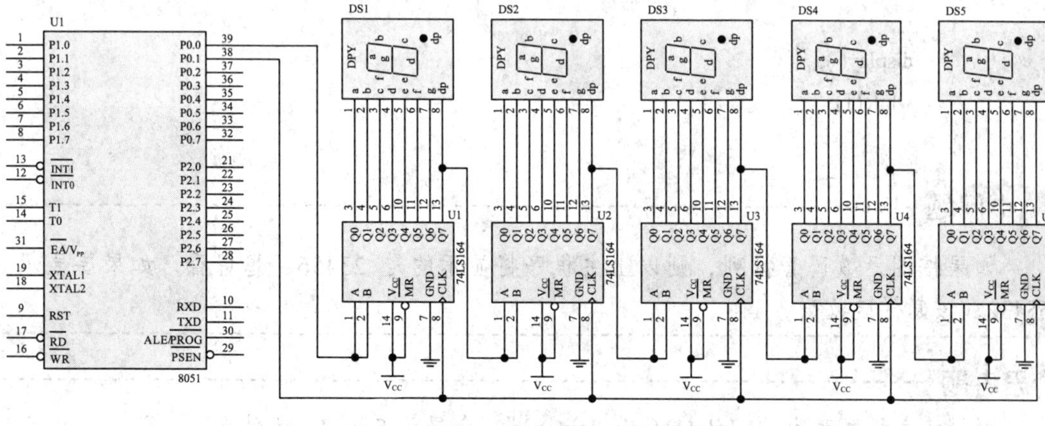

图 4.2　静态显示电路

74LS164 的工作原理类似“挤位置”，先来的人在 D0 位，每来一人，大家都往高位移一位。其主要分两步：第一步，送位数据到 P0.0；第二步，P0.1 产生上升沿，将 P0.0 上的数据由低到高移入 74LS164 中。

例如图 4.2 所示的显示电路显示的是 23456。

程序如下：

```
#include<reg51.h>
#define uchar unsigned char                    //宏定义
uchar code dispcode[10]={0x3f,0x06,0x5b,0x4f,0x66,0x6d,0x7d,0x07,0x7f,0x6f};
                                               //共阴极数码管的 0～9 的字形码
sbit DIN=P1^0;                                 //74LS164 数据定义
sbit CLK=P1^1;                                 //74LS164 脉冲定义
//函数功能：按位送字形码子程序
void sent(uchar x)
{
      uchar i,ch;
      ch=x;
      for(i=0;i<8;i++)
      {ch=ch<<1;DIN=CY;CLK=0;CLK=1;}
}
//函数功能：显示子程序
void display(void)
{
      uchar a;
      for(a=2;a<=6;a++)
      {sent(dispcode[a]);}
}
//函数功能：主程序
main( )
{
    display( );
    while(1);
}
```

4-1　静态显示

小问题

如果按图示数码管排列，则以上主程序将显示的是 23456，想想看，如果要显示 65432，该怎样送数？

？思考题

如果将主程序改为“while(1){ display( );}”，会显示 5 个 8，为什么？

4.1.3　LED 数码管的动态显示

动态扫描显示接口是单片机中应用最为广泛的显示方式之一。其接口电路是把所有显示器的 8 个笔画段 a～dp 同名端连在一起，而每一个显示器的公共极 COM 各自独立地受 I/O 线控制。CPU 向字段输出口送出字形码时，所有显示器接收到相同的字形码，但究竟是哪个显示器亮，则取决于 COM 端，而该端是由 I/O 线控制的，所以我们可以自行决定何时显示哪一位。所谓动态扫描，就是指采用分时的方法，轮流控制各个显示器的 COM 端，使各个显示器轮流点亮。

在轮流点亮扫描过程中，每位显示器的点亮时间是极为短暂的(约 1 ms)，然而由于人的视觉暂留现象及发光二极管的余辉效应，尽管实际上各位显示器并非同时点亮，但只要扫描的速度足够快，给人的印象就是一组稳定的显示数据，不会有闪烁感。

例　按照图 4.3 所示的电路，编写在 6 个数码管上分别显示 0、1、2、3、4、5 的程序。

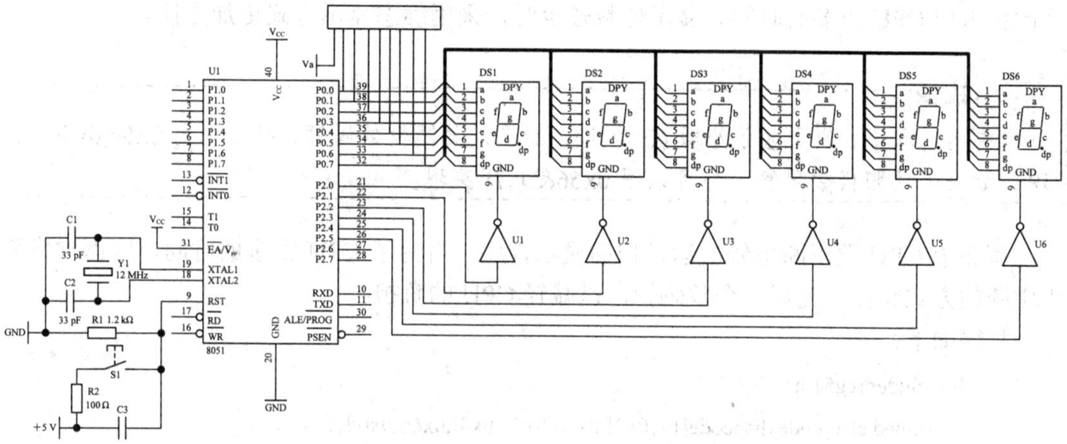

图 4.3　动态显示电路图

程序如下：

```
#include<reg51.h>
unsigned char code dispcode[]={0x3f,0x06,0x5b,0x4f,0x66,0x6d};
//函数功能：显示子程序
void display( )
{
    unsigned char i;
    for(i=0;i<6;i++)
    {
        P0= dispcode[i];          //字形码
        P2=P2<<1;                 //位选
        P0=0x00 ;                 //熄灭数码管去重影
        if(P2==0x40)
            {P2=0x01;}
    }
```

```
}
//函数功能：主程序
void main( )
{
    P2=0x01;
    while(1)
    {
        display( );
    }
}
```

4-2 动态显示

与静态显示方式相比，当显示位数较多时，动态显示方式可节省 I/O 口资源，硬件电路简单，但其显示的亮度低于静态显示方式。由于 CPU 要不断地依次运行扫描显示程序，因此将占用 CPU 更多的时间。显示位数较少时，采用静态显示方式更加方便。

小知识

有些情况下，需要显示小数点(如 5.)，如果是共阴极数码管，则可以用 0x66|0x80 实现；如果是共阳极数码管，则可以用 0x66&0x7f 实现。

程序中 CPU 要不断地依次运行扫描显示程序，占用了 CPU 太多的时间，因而常常采用中断的方式轮流点亮每一个数码管，以减轻 CPU 的负担。

程序如下：

```
#include<reg51.h>
unsigned char code dispcode[]={0x3f,0x06,0x5b,0x4f,0x66,0x6d};
unsigned char flag=0,i=0;
void main( )
{
    TMOD=0x01;
    TH0=(65536-1000)/256;
    TL0=(65536-1000)%256;
    ET0=1;
    EA=1;
    TR0=1;
    P2=0x01; P0=0x3f;
    while(1)
    {
      if(flag==1)
      {
       flag=0;
```

```
            P0=dispcode[i];              //字形码
          }
          if(i==6)   i=0;
    }
}
void timer0_int( ) interrupt 1 using 1
{
      unsigned char num;
      TH0=(65536-1000)/256;
      TL0=(65536-1000)%256;
      num++;
      if(num==3)
      {
          P2=P2<<1;               //位选
          flag=1;
          ++i;
          num=0;
      }
      if(P2==0x40)
        {P2=0x01;}
}
```

任务 9　简易秒表的设计

1. 任务目的

通过 LED 数码管显示电路的制作与软件设计，了解 LED 数码管动态和静态显示的应用及选择，复习定时中断的应用。

2. 任务要求

开始时，显示“00”，然后边计时边显示，显示到 99 再清零。

3. 电路设计

本任务涉及 2 个 LED 数码管，只要 2 个并行 I/O 口，所以可以直接用 2 个 I/O 口分别控制 2 个数码管。本任务采用静态显示，用 P0 口和 P2 口各连接一个数码管。

电路设计如图 4.4 所示。

如果数码管较多，可以采用动态显示，用 P1 口送字形码，P0 口作位选码，电路图如图 4.5 所示。

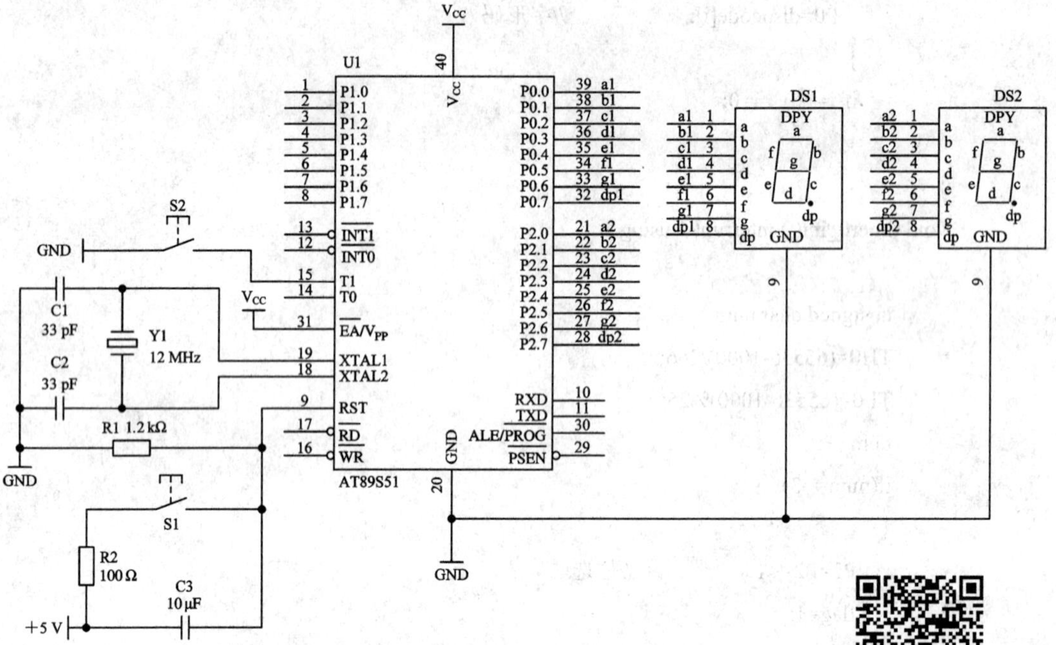

图 4.4　硬件电路图

4-3　任务 9 仿真调试

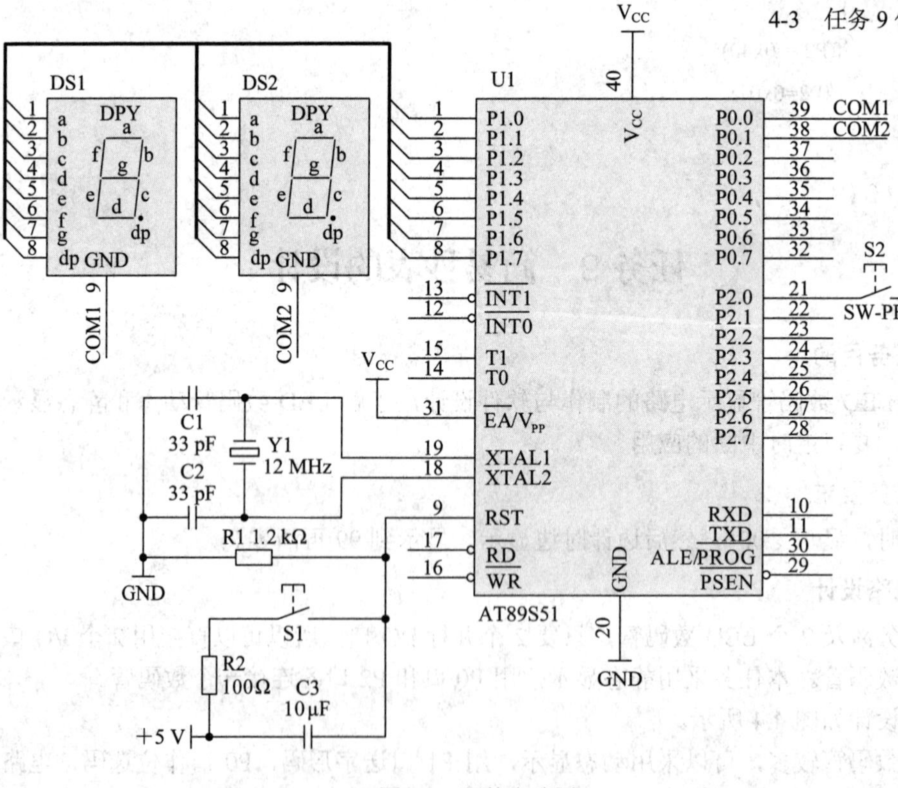

图 4.5　硬件电路图

4. 程序设计

下面仅提供第一种方案的程序，程序如下：

```
#include <reg51.h>
unsigned char code dispcode[]={0x3f,0x06,0x5b,0x4f,0x66,0x6d,0x7d,0x07,0x7f,0x6f,0x77,0x7c,
                               0x39,0x5e,0x79,0x71,0x00}; //共阴极数码管的字形码
unsigned char second;
//函数功能：主程序
void main(void)
{
  TMOD=0x01;
  EA=1;
  ET0=1;
  TH0=(65536-50000)/256;
  TL0=(65536-50000)%256;
  TR0=1;
  second=0;
  while(1)
    {
      P0=dispcode[second/10];
      P2=dispcode[second%10];
    }
}
//函数功能：中断服务函数
void t0(void) interrupt 1 using 0
{
  unsigned char tcnt;
  tcnt++;
  if(tcnt==20)
    {
      tcnt=0;
      second++;
    }
  if(second==100)
    {
      second=0;
    }
   TH0=(65536-50000)/256;
   TL0=(65536-50000)%256;
}
```

5. 任务小结

通过本任务的学习，读者可学会显示方案的比较和选择，熟悉数码管显示和定时器中断程序的编写。

4.2 单片机与字符型 LCD 液晶显示模块接口

4.2.1 LCD 液晶显示器

液晶显示器以其微功耗、体积小、重量轻、超薄型等诸多其他器件所无法比拟的优点，广泛应用在便携式电子产品中。它不仅省电，而且能够显示大量的信息，如文字、曲线、图形等，其显示界面与数码管相比有了质的提高。

下面以常见的字符点阵液晶 LCD1602 为例介绍液晶显示模块。

LCD1602 字符点阵液晶显示模块如图 4.6 所示。

图 4.6 LCD1602 字符点阵液晶显示模块

字符点阵液晶显示模块有 16 个引脚，各引脚功能如表 4.2 所示。

表 4.2 LCD1602 模块引脚的功能定义

引脚号	引脚名称	引脚功能定义
1	GND	地引脚
2	V_{CC}	电源引脚
3	VO	液晶驱动电源
4	RS	数据和指令选择控制端，1 为数据，0 为指令
5	R/$\overline{W}$	读写控制线，1 为读，0 为写
6	E	使能端
7～14	D0～D7	数据端
15	BLA	背光源正极
16	BLK	背光源负极

4.2.2 字符型 LCD 液晶显示模块与单片机接口

字符型 LCD 液晶显示模块与单片机的连接方式分为直接访问和间接访问两种。

1. 直接访问方式

直接访问方式是把字符型液晶显示模块作为存储器或 I/O 口设备直接连到单片机总线上。采用 8 位数据传输形式时，数据端 D0～D7 直接与单片机的数据线相连接，数据和指令选择控制端 RS 信号和读写控制线 R/$\overline{W}$ 信号利用单片机的地址线控制。使能端 E 信号则由单片机的 $\overline{RD}$ 和 $\overline{WR}$ 信号与地址线共同控制。在单片机应用系统设计中，目前较少使用这种控制方法。

2. 间接访问方式

间接访问方式是把字符型液晶显示模块作为终端与单片机的并行接口连接，单片机通过对并行接口的操作，实现 LCD 读写顺序控制，从而间接实现对字符型液晶显示模块的控制。间接访问方式通过软件执行产生操作的时序，所以在时间上也是可以满足要求的。

小经验

液晶显示模块比较通用，接口形式也比较统一，模块控制器有 KS0066 及其兼容产品，屏有 1602、12864 等，操作指令及其形成的模块接口信号定义都是兼容的，所以学会使用一种字符型液晶显示模块，就会通晓所有的字符型液晶显示模块。

4.2.3　字符型 LCD 液晶显示模块的应用

单片机对 LCD 模块有 4 种基本操作：写命令、写数据、读状态和读数据，由 LCD1602 模块的三个控制引脚 RS、R/$\overline{W}$ 和 E 的不同组合状态来确定，如表 4.3 所示。其中读数据一般不用，故不作介绍。

表 4.3　LCD 模块的基本操作

LCD 模块控制器			LCD 模块的基本操作
RS	R/$\overline{W}$	E	
0	0		写命令操作：用于初始化、清屏、光标定位等
0	1		读状态操作：读忙标志，当忙标志为“1”时，表明 LCD 正在进行内部操作，此时不能进行其他三类操作；当忙标志为“0”时，表明 LCD 内部操作已经结束，可以进行其他三类操作，一般采用查询方式
1	0		写数据操作：写入要显示的内容
1	1		读数据操作：将显示存储区中的数据反读出来，一般不用

1) 读状态操作

读 LCD 内部状态，返回的状态字格式如下：

BF	AC6	AC5	AC4	AC3	AC2	AC1	AC0

最高位的 BF 为忙标志位，为 1 时表示 LCD 正在忙，为 0 时表示不忙。

通过判断最高位 BF 的 0、1 状态，就可以知道 LCD 当前是否处于忙状态。如果 LCD 一直处于忙状态，则继续查询等待，否则进行项目的操作。

查 LCD 忙状态的程序如下：

```
LCD_busy( )
{
  LCD_Data = 0xff;
  LCD_RS = 0;                //读状态
  LCD_RW = 1;
  LCD_EN = 0;
  LCD_EN = 1;
  while (LCD_Data & 0x80);   //检测忙信号，忙则继续查询，否则退出程序
```

```
}
```

2) 写命令操作

写命令函数 write_cmd( )如下：

```
write_cmd(uchar com)              //指令
{      uchar i;
       //以下注意先后顺序：RS 送数据－(延时)使能 H－(延时)使能 L
       LCD_RW=0;                  //写指令
       LCD_RS=0;
       P0=com;
       for(i=250;i>0;i--);        //延时在 500 ns 以上
       LCD_EN=1;
       for(i=250;i>0;i--);
       LCD_EN=0;
}
```

4-4　LCD 显示

字符型 LCD 的命令字如表 4.4 所示。LCD 上电时，都必须按照一定的时序对 LCD 进行初始化操作，主要任务是设置 LCD 的工作方式、显示状态、清屏、输入方式、光标位置等。

表 4.4　字符型 LCD 的命令字

编号	指令名称	控制信号		命令字							
		RS	$R/\overline{W}$	D7	D6	D5	D4	D3	D2	D1	D0
1	清屏	0	0	0	0	0	0	0	0	0	1
2	光标复位	0	0	0	0	0	0	0	0	1	×
3	输入方式设置	0	0	0	0	0	0	0	1	I/D	S
4	显示状态设置	0	0	0	0	0	0	1	D	C	B
5	光标移位	0	0	0	0	0	1	S/C	R/L	×	×
6	工作方式设置	0	0	0	0	1	DL	N	F	×	×
7	CGRAM 地址设置	0	0	0	1	A5	A4	A3	A2	A1	A0
8	DDRAM 地址设置	0	0	1	A6	A5	A4	A3	A2	A1	A0
9	读 BF 和 AC	0	1	BF	AC6	AC5	AC4	AC3	AC2	AC1	AC0

LCD 初始化函数如下：

```
init_1602( )
{
       LCD_RW=0;            //写数据命令
       LCD_RS=0;            //写指令
       write_cmd (0x38);    //设置显示模式: 8 位 2 行 5 × 7 点阵
       write_cmd (0x0c);    //开显示，无光标，不闪动
       write_cmd (0x06);    //写光标
       write_cmd (0x01);    //清屏
}
```

3) 写数据操作

要想在某一指定位置显示字符，就必须先将显示数据写在相应的 DDRAM 地址中。LCD1602 是 2 行 16 列字符型液晶显示模块，它的定位命令字如表 4.5 所示。

表 4.5　光标位置与相应命令字

列 行	1	2	3	4	5	6	7	8	9	10	11	12	13	14	15	16
1	80	81	82	83	84	85	86	87	88	89	8A	8B	8C	8D	8E	8F
2	C0	C1	C2	C3	C4	C5	C6	C7	C8	C9	CA	CB	CC	CD	CE	CF

注：表中命令字以十六进制形式给出，该命令字就是与 LCD 显示位置相对应的 DDRAM 地址。

因此，在指定位置显示一个字符，需要两个步骤：首先进行光标定位，写入光标位置命令字(写命令操作)；然后写入要显示字符的 ASCII 码(写数据操作)。

例如，在 LCD 的第 2 行第 7 列显示字符“A”，可以使用以下语句：

```
write_cmd(0xc6);        //第 2 行第 7 列 DDRAM 地址为 c6H
write_dat(0x41);        //该语句也可以写成 write_dat('A')
```

当写入一个显示字符后，如果没有再给光标重新定位，则 DDRAM 地址会自动加 1 或减 1，加或减由输入方式字设置。需要注意的是，第 1 行 DDRAM 地址与第 2 行 DDRAM 地址并不连续。

LCD 可以显示的标准字库如表 4.6 所示。

表 4.6　LCD 标准字库

	0000	0001	0010	0011	0100	0101	0110	0111	1000	1001	1010	1011	1100	1101	1110	1111
××××0000	CGRAM(1)			0	@	P	`	p				ー	タ	ミ	α	p
××××0001	(2)		!	1	A	Q	a	q			。	ア	チ	ム	ä	q
××××0010	(3)		"	2	B	R	b	r			「	イ	ツ	メ	β	θ
××××0011	(4)		#	3	C	S	c	s			」	ウ	テ	モ	ε	∞
××××0100	(5)		$	4	D	T	d	t			\	エ	ト	ヤ	μ	Ω
××××0101	(6)		%	5	E	U	e	u			•	オ	ナ	ユ	σ	ü
××××0110	(7)		&	6	F	V	f	v			ヲ	カ	ニ	ヨ	ρ	Σ
××××0111	(8)		'	7	G	W	g	w			ァ	キ	ヌ	ラ	g	π
××××1000	(1)		(	8	H	X	h	x			ィ	ク	ネ	リ	√	$\bar{x}$
××××1001	(2)		)	9	I	Y	i	y			ゥ	ケ	ノ	ル	−1	y
××××1010	(3)		*	:	J	Z	j	z			ェ	コ	ハ	レ	j	チ
××××1011	(4)		+	;	K	[	k	(			ォ	サ	ヒ	ロ	×	万
××××1100	(5)		,	<	L	¥	l	|			ャ	ツ	フ	ワ	ϕ	円
××××1101	(6)		–	=	M	]	m	}			ュ	ス	ヘ	ソ	キ	÷
××××1110	(7)		.	>	N	^	n	→			ョ	セ	ホ	゛	$\bar{n}$	
××××1111	(8)		/	?	O	_	o	←			ッ	ソ	マ	゜	ö	█

任务 10　字符型 LCD 液晶显示广告牌控制

1. 任务目的

通过对字符型 LCD 液晶显示广告牌的制作，了解 LCD 显示模块与单片机的接口方法，理解 LCD 显示程序的设计思路。

2. 任务要求

用单片机控制 LCD1602 液晶显示模块，在第 1 行中间显示“hello”，第 2 行显示“wuxizhiyuan”字符。

3. 电路设计

单片机控制 LCD1602 字符液晶显示模块的实用接口电路如图 4.7 所示。图中，单片机的 P1 口与液晶显示模块的 8 条数据线连接，P2 口的 P2.5、P2.6、P2.7 分别与液晶显示模块的三个控制端 E、R/$\overline{W}$、RS 连接，电位器 R2 为 VO 提供可调的液晶驱动电压，用来实现对屏的显示亮度的调节。

4-5　任务 10 仿真调试

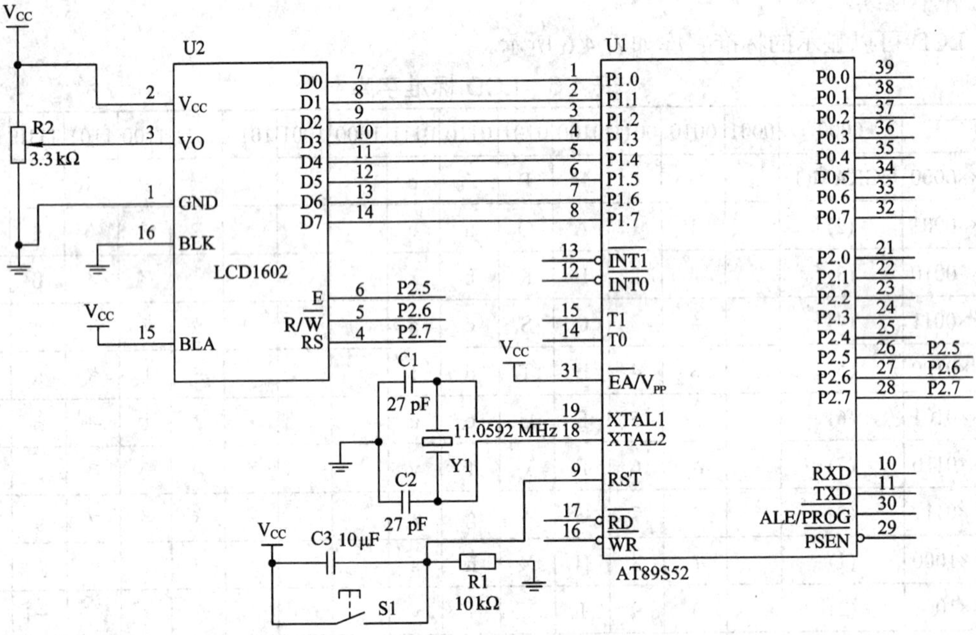

图 4.7　硬件电路图

4. 程序设计

程序如下：

```
#include <reg51.h>
#include <string.h>
#define uchar unsigned char
```

```
sbit LCD_EN=P2^5;  //使能信号，H 为读，H 跳变到 L 时为写
sbit LCD_RW=P2^6;  //H 为读 LCD 数据, L 为向 LCD 写数据，如果仅是写，此端口可直接接地
sbit LCD_RS=P2^7;  //RS=0 为写命令，RS=1 为写数据
//函数声明
void init_1602( );        //初始化
void write_com(uchar com);        //写命令函数
void write_dat(uchar date);        //写数据函数
void DisplayListChar(unsigned char X, unsigned char Y, unsigned char code *DData);
                                  //按指定位置显示一个字符串
void DisplayOneChar(unsigned char X, unsigned char Y, unsigned char DData);
                                  //按指定位置显示一个字符
//设置屏幕 1602 程序
#define CLEAR_1602      write_com(0x01)     //清屏
#define HOME_1602       write_com(0x02)     //光标返回原点
#define SHOW_1602       write_com(0x0c)     //开显示，无光标，不闪动
#define HIDE_1602       write_com(0x08)     //关显示
#define CURSOR_1602     write_com(0x0e)     //显示光标
#define FLASH_1602      write_com(0x0d)     //光标闪动
#define CUR_FLA_1602    write_com(0x0f)     //显示光标且闪动
//函数功能：主程序
void main( )
{
    init_1602( );           //初始化
    CLEAR_1602;             //清屏
    write_com(0x82);        //第 1 行第 2 列的地址是 82
    write_dat('h');         //写 hello
    write_dat('e');
    write_dat('l');
    write_dat('l');
    write_dat('o');         //也可以写成 DisplayListChar(0,2,"hello");
    DisplayListChar(1,5,"wuxizhiyuan ");    //第 2 行第 5 列写 wuxizhiyuan
}
//函数功能：初始化函数
void init_1602( )
{
    LCD_RW=0;               //写数据命令
    LCD_RS=0;               //写指令
    write_com(0x38);        //设置显示模式：8 位 2 行 5×7 点阵
    SHOW_1602;
```

```
    write_com(0x06);          //写光标
}
//函数功能：写命令函数
void write_com(uchar com)          //指令
{   uchar i;
    //以下注意先后顺序：RS 送数据－(延时)使能 H－(延时)使能 L
    LCD_RS=0;                 //写指令
    P1=com;
    for(i=250;i>0;i--);       //延时在 500 ns 以上
    LCD_EN=1;
    for(i=250;i>0;i--);
    LCD_EN=0;
}
//函数功能：写数据函数
void write_dat(uchar date)         //数据
{   uchar i;
    //以下注意先后顺序：RS 送数据－使能 H－使能 L
    LCD_RS=1;                 //写数据
    P1=date;
    for(i=250;i>0;i--);
    LCD_EN=1;
    for(i=250;i>0;i--);
    LCD_EN=0;
}
//函数功能：按指定位置显示一个字符
void DisplayOneChar(unsigned char X, unsigned char Y, unsigned char DData)
{
  X&=0x1;               //X 代表行为 0 或 1
  Y&=0xf;               //限制 Y 不能大于 15，X 不能大于 1
  if(X)Y|=0x40;         //当要显示第 2 行时地址码+0x40
  Y|=0x80;              //算出指令码
  write_com(Y);         //发送地址码
  write_dat(DData);
}
//函数功能：按指定位置显示一串字符
void DisplayListChar(unsigned char X, unsigned char Y, unsigned char code *DData)
{
  unsigned char ListLength, j;
  ListLength=strlen(DData);
```

```
    X &= 0x1;
    Y &= 0xf;                  //限制 Y 不能大于 15，X 不能大于 1
    if (Y <= 0xf)              //X 坐标应小于 0xf
      {
        for(j=0;j<ListLength;j++)
        {
          DisplayOneChar(X, Y, DData[j]);      //显示单个字符
          Y++;
        }
      }
  }
```

5. 任务小结

通过本任务的学习，读者应学会 LCD 软件程序的编写和基本字符的显示，并掌握屏的调试方法。当然还可以显示一些简单的图形和自定义的字符，具体方法请查阅液晶手册。

4.3　单片机与键盘接口

4.3.1　按键简介

键盘是由若干按键组成的开关矩阵，它是微型计算机最常用的输入设备。用户可以通过键盘向计算机输入指令、地址和数据。一般单片机系统中采用非编码键盘。非编码键盘由软件来识别键盘上的闭合键，它具有结构简单、使用灵活等特点，被广泛应用于单片机系统中。

组成键盘的按键有触点式和非触点式两种，单片机中应用的一般是由机械触点构成的，见图 4.8。当开关 S1 未被按下时，P1.0 输入为高电平，S1 闭合后，P1.0 输入为低电平。由于按键是机械触点，因此当机械触点断开、闭合时，会有抖动。P1.0 输入端的波形如图 4.9 所示。抖动时间的长短与开关的机械特性有关，一般为 5 ms～10 ms。这种抖动对于人来说是感觉不到的，但对计算机来说，则是完全可以感应到的，因为计算机处理的速度是在微秒级，而机械抖动的时间至少是毫秒级，对计算机而言，此时间是“漫长”的。

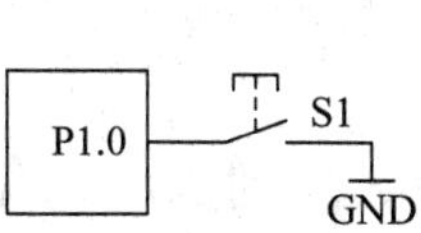

图 4.8　按键

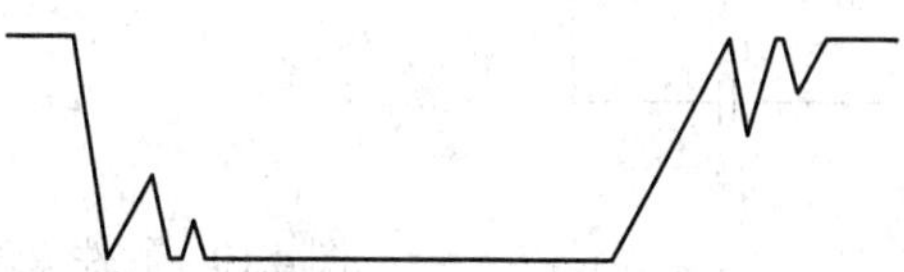

图 4.9　键闭合及断开时的电压抖动

为使 CPU 能正确地读出 P1 口的状态，对每一次按键只作一次响应，因此要考虑去除

抖动的问题。常用的去除抖动的方法有两种：硬件法和软件法。单片机中常用软件法，因此，对于硬件法我们不作介绍。软件法其实很简单，就是在单片机获得 P1.0 为低的信息后，不是立即认定 S1 已被按下，而是延时 10 ms 或更长一些时间后再次检测 P1.0，如果仍为低，则说明 S1 的确被按下了，这实际上是避开了按键按下时的抖动时间。以上就是消除按键抖动的原则。

4.3.2　独立式按键

所谓独立式按键，就是将每个按键的一端接到单片机的 I/O 口，另一端接地。这是最简单的方法。如图 4.10 所示是常用按键的接法，两个按键分别接到 P1.0 和 P1.1。对于这种按键程序可以采用不断查询的方法，即：检测是否有键闭合，如有键闭合，则去除键抖动，判断键号并转入相应的键处理程序。下面给出一个例程，其功能很简单，两个键定义如下：

P1.0：开始，按此键，则灯开始流动(由上而下)。

P1.1：停止，按此键，则停止流动，所有灯变暗。

两个按键分别接到 P1.0 和 P1.1，P2 口接 8 个发光二极管。

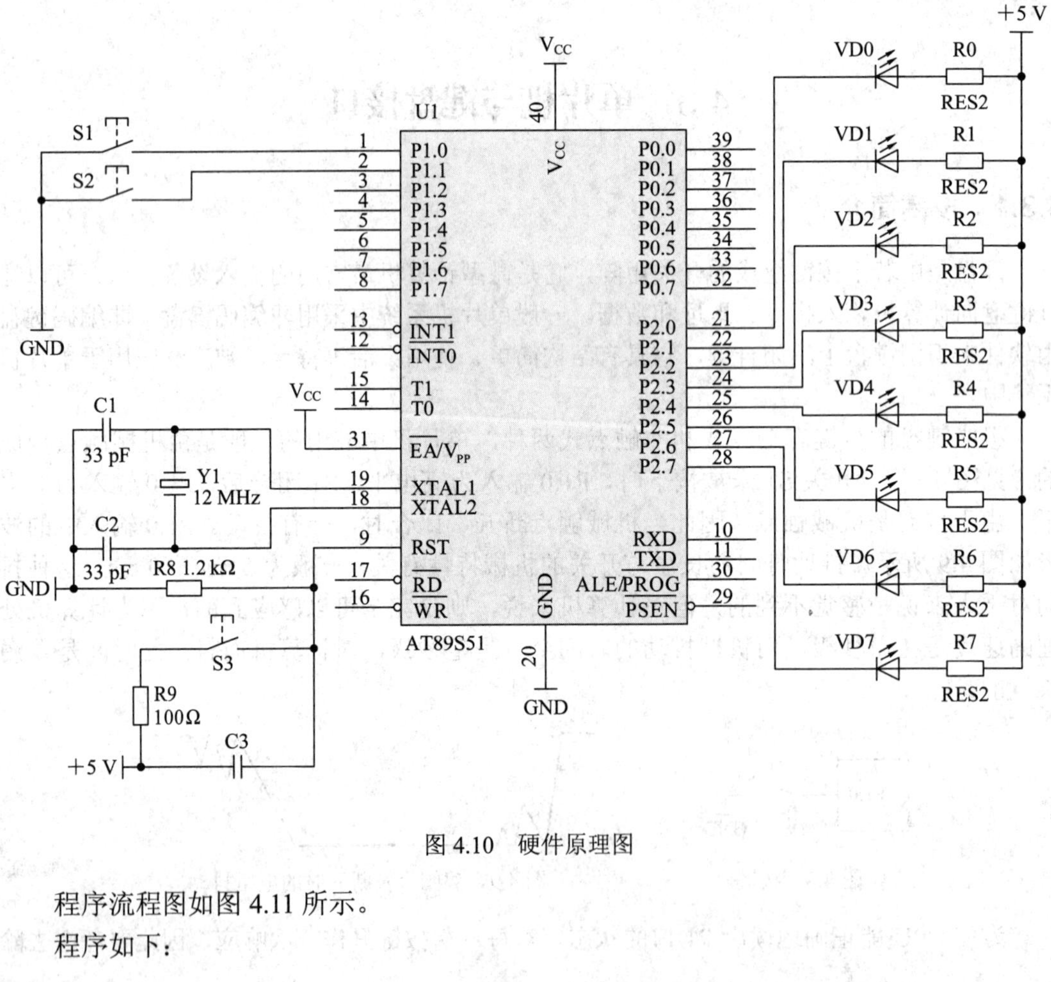

图 4.10　硬件原理图

程序流程图如图 4.11 所示。

程序如下：

```
#include <reg51.h>
#define uchar unsigned char
#define uint unsigned int
uchar temp,temp1;
void dlms( );
//函数功能：按键扫描子程序
uchar keys(void)
{
      P1=0xff;
      if((P1&0xff)!=0xff)                    //有键按下
      {
          dlms( );                           //延时去抖
          if((P1&0xff)!=0xff)
          return(P1&0xff);                   //返回键值
      }
      else
          return(0);                         //无效按键
}
//函数功能：延时函数
void dlms( )              //延时子程序
{
    uchar a;
    for(a=250;a>0;a--)
        {for(b=250;b>0;b--);}
}
//函数功能：主程序
void main( )
{
      uchar key;
      P2=0xfe;
      while(1)
        {
            key=keys( );
            switch(key)
            {
                case 0xfe: for(i=0;i<8;i++)
                       {dlms( );P2=P2<<1|0x01;
                       if(P2==0xff)
                       {P2=0xfe;}
```

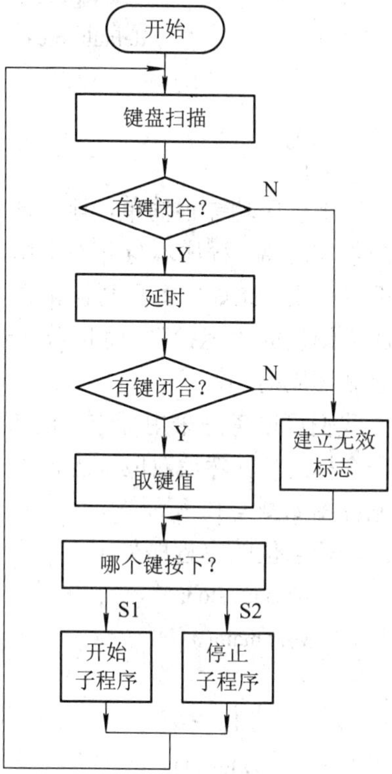

图 4.11　程序流程图

4-6　独立式按键

```
                }break;
            case 0xfd: P2=0xff; break;
            default: break;
        }
    }
}
```

以上程序功能很简单，但它演示了一个键盘处理程序的基本思路。程序本身并不实用，实际工作中还要考虑很多因素，比如主循环每次都调用灯的循环程序，会造成按键反应“迟钝”，而且需要一直按着键不放，灯才会循环流动，等等。

我们可以考虑采用标志位的方法，每个键按下，设定一个标志位，然后对应标志位执行相应的操作。其程序流程图如图 4.12 所示。

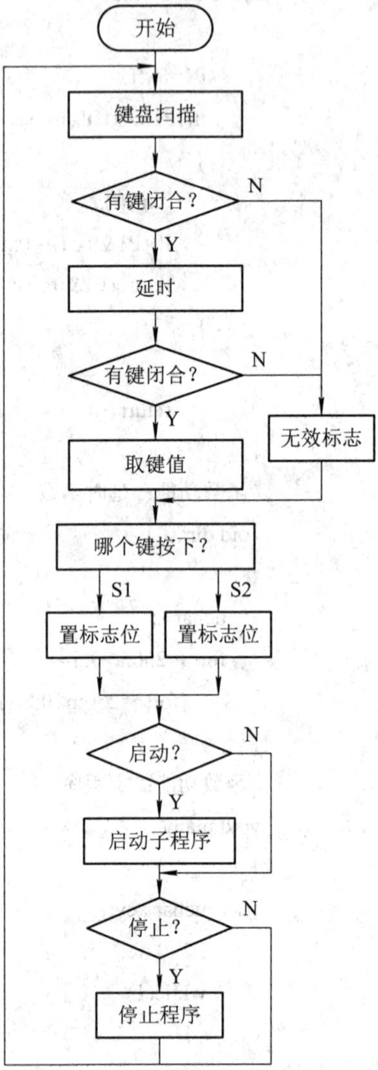

图 4.12　加标志位的程序流程图

4-7　按键标志位

加标志位的主程序如下：

```
bit start, stop;
void main( )
{
    uchar key;
    while(1)
    {
        key=keys( );
        switch(key)
        {
            case 0xfe: {start=1;stop=0;} break;
            case 0xfd: {stop=1;start=0;} break;
            default: break;
        }
      if(start==1)
      {
        P2=P2<<1|0x01;
        if(P2==0xff)
        {P2=0xfe;}
      }
      if(stop==1)
        {P2=0Xff;}
    }
}
```

小提示

如果位变量较多，也可以这样定义：

```
unsigned char bdata flag;
sbit start=flag^0;
sbit stop=flag^1;
```

在实际编写程序时，可以用定时扫描代替延时去抖，提高 CPU 的效率。

```
#include <reg51.h>
#define uchar unsigned char
uchar keytime, key_flag;
bit start, stop;
void dlms( );
void keyscan(void)                    //按键扫描子程序
{
      P1=0xff;
      if((P1&0xff)!=0xff)             //有键按下
      {
          TR0=1;                      //启动定时器
      }
}
uchar readkey( )                      //取键值子程序
{
      if((P1&0xff)!=0xff)
        return(P1&0xff);              //返回键值
      else
        return(0);
}
void main( )
{
      uchar key;
      TMOD=0x01;
      EA=1;
      ET0=1;
      TH0=(65536-1000)/256;
      TL0=(65536-1000)%256;
      while(1)
      {
           keyscan( );
           if(key_flag==1)
          { key=readkey( ); key_flag=0; TR0=0;}
```

```
                else key=0;
                switch(key)
                {
                        case 0xfe: {start=1;stop=0;} break;
                        case 0xfd: {stop=1;start=0;} break;
                        default: break;
                }
            if(start==1)
              {
                P2=P2<<1|0x01;
                if(P2==0xff)
                {P2=0xfe;}
              }
            if(stop==1)
              { P2=0Xff;}
          }
}
void t0(void)  interrupt 1 using 0
{
   keytime++;
   if(keytime==5)
       {
          key_flag=1; keytime=0;
       }
     TH0=(65536-1000)/256;
     TL0=(65536-1000)%256;
}
```

4.3.3　矩阵式按键

在键盘中按键数量较多时，为了减少 I/O 口的占用，通常将按键排列成矩阵形式，如图 4.13 所示。在矩阵式键盘中，每条水平线和垂直线在交叉处不直接连通，而是通过一个按键加以连接。这样，一个端口(如 P1 口)就可以构成 4 × 4 = 16 个按键，比直接将端口线用于键盘多出了一倍，而且线数越多，区别越明显，比如再多加一条线就可以构成 20 键的键盘，而直接用端口线则只能多出 1 键。由此可见，在需要的键数比较多时，采用矩阵法来做键盘是合理的。

图 4.13 中，列线通过电阻接正电源，并将行线所接的单片机的 I/O 口作为输出端，而将列线所接的 I/O 口作为输入端。这样，当按键没有按下时，所有的输出端都是高电平，代表无键按下。行线输出是低电平，一旦有键按下，输入线就会被拉低，这样，通过读入输入线的状态就可得知是否有键按下。具体的识别及编程方法如下所述。

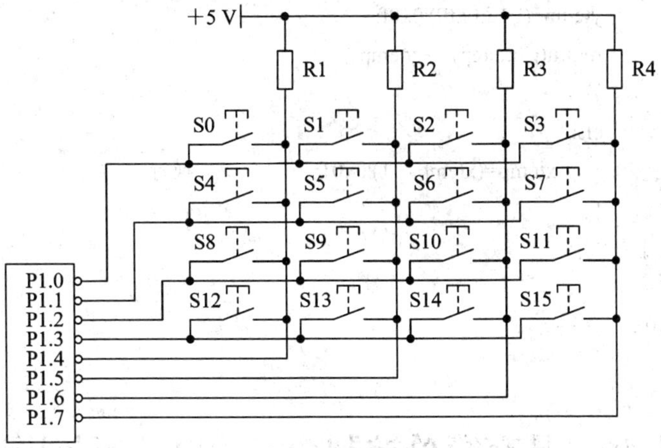

图 4.13　矩阵式按键连接电路

确定矩阵式键盘上何键被按下可采用“行扫描法”。

行扫描法又称为逐行(或列)扫描查询法，是一种最常用的按键识别方法。具体过程如下。

(1) 判断键盘中有无键按下。将全部行线置低电平，然后检测列线的状态。只要有一列的电平为低，则表示键盘中有键被按下，而且闭合的键位于低电平线与 4 根行线相交叉的 4 个按键之中。若所有列线均为高电平，则键盘中无键按下。

(2) 判断闭合键所在的位置。在确认有键按下后，即可进入确定具体闭合键的过程。其方法是：依次将行线置为低电平，即在置某根行线为低电平时，其他线为高电平。在确定某根行线位置为低电平后，再逐行检测各列线的电平状态。若某列为低，则该列线与置为低电平的行线交叉处的按键就是闭合的按键。

(3) 对得到的行号和列号译码，得到键值。

(4) 键的抖动处理。消除键抖动的方法是：当发现有键按下后，不立即进行逐行扫描，而是延时 10 ms 后再进行。由于按下的时间持续上百毫秒，因此延时后扫描也不迟。

按键扫描的子程序如下：

```
uchar keyscan( )
{
   uchar xtemp, ytemp;
   P1=0xf0;
   if((P1&0xf0)!=0xf0)                 //是否有键按下
     {
       dlms( );                         //延时去抖
       if((P1&0xf0)!=0xf0)             //确认有键按下
       {
           xtemp=0xfe;
           while((xtemp&0x10)!=0)       //行扫描
            {
             P1=xtemp;
             if((P1&0xf0)!=0xf0)       //键值处理
             {
```

```
                ytemp=(P1&0xf0)|0x0f;
                return((~xtemp)+(~ytemp));
                }
                else
                    xtemp=(xtemp<<1)|0x01;            //换行
                }
            }
        }
    return(0);
}
```

任务 11　具有简单控制功能的电子万年历设计

1. 任务目的

通过具有简单控制功能的电子万年历的制作与设计，了解独立式按键的应用、数码管的动态显示及定时器的应用，并掌握多个子程序的组合方法。

2. 任务要求

(1) 6 个七段显示器用于显示时、分和秒。

(2) 秒的部分使用最右边的一个七段显示器的点每秒闪一次来表示。

(3) 用户可以设置数字时钟的时间。设置时间时必须先单击调整模式选择按钮，进入调整时间模式，然后单击调整时间的按钮，输入正确的时间。

(4) 我们的数字时钟只有两种模式，分别是显示时间模式和调整时间模式，所以模式选择按钮只能在这两种模式之间进行切换。

(5) 单击调整时间按钮时，数字时钟的分会一直往上增加，分增加到 59 之后就会进位到时，如果数字时钟的时进位到 23，分又增加到 59，接下来就会回到 0 时 0 分。

3. 电路设计

电路设计如图 4.14 所示。

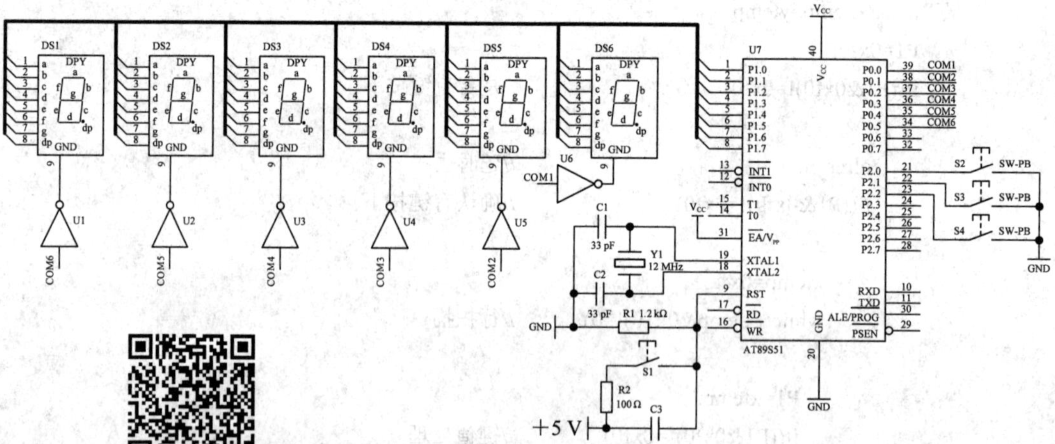

图 4.14　硬件电路图

4-8　任务 11 仿真调试

4. 程序设计

根据题意，画出如图 4.15 所示的程序流程图。

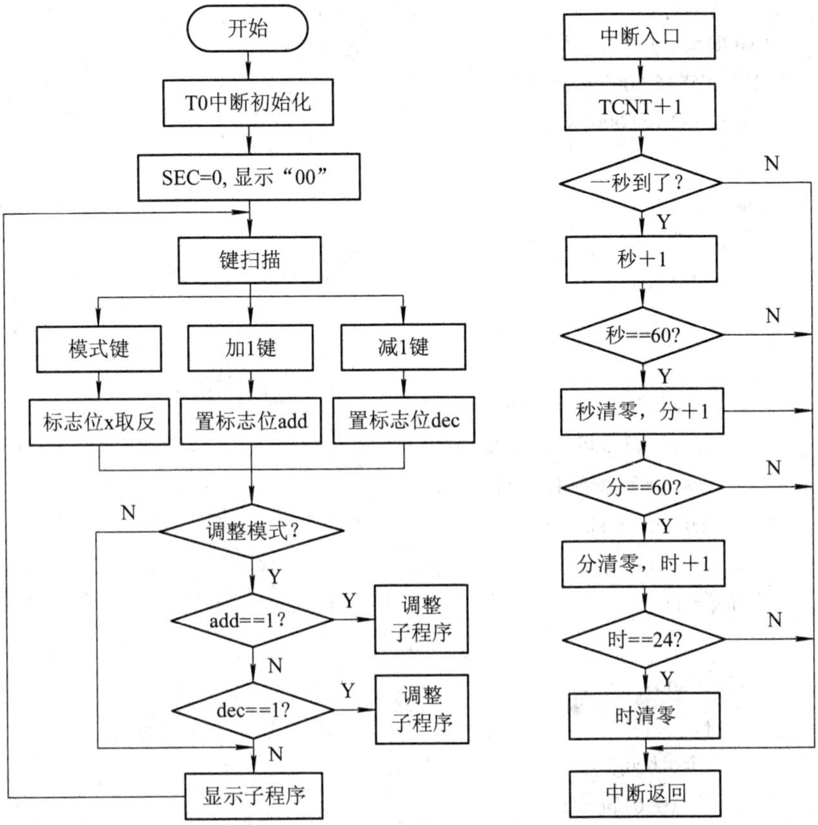

图 4.15　程序流程图

C51 程序设计如下：

```
#include <reg51.h>
#define uchar unsigned char
//变量的定义
uchar key,sel=0x01,num;
uchar code dispcode[]={0x3f,0x06,0x5b,0x4f,0x66,0x6d,0x7d,0x07,0x7f,0x6f }; //字形码
bit second,x=1,add,dec;
uchar  clock[3]={0,0,0};          //3 个元素分别放时、分、秒
uchar  buffer[3]={0,0,0};         //显示缓冲数组分别放时、分、秒
//函数的声明
void   dlms(uchar x);             //延时子程序
uchar keys( );                    //按键子程序
void display( );                  //显示子程序
void tiaozheng( );                //调整子程序
//函数功能：主程序
main( )
```

```
{
    EA=1;
    ET0=1;
    TMOD=0x01;
    TH0=(65536-50000)/256;
    TL0=(65536-50000)%256;
    TR0=1;
    while(1)
    {
        key=keys( );
        switch(key)
        {
            case 0xfe: x=~x; break;
            case 0xfd: add=1; break;
            case 0xfb: dec=1; break;
            default: break;
        }
        if(x==1)
        {
            if(add==1)
            {
             tiaozheng( );
             if(x==0) break;
            }
             if(dec==1)
            {
             tiaozheng( );
             if(x==0) break;
            }
        }
        display( );
    }
}
//函数功能：按键子程序
uchar keys( )
{
    P2=0xff;
    if((P2&0xff)!=0xff)                  //有键按下
    {
        dlms(20);                        //延时去抖
```

```
        if((P2&0xff)!=0xff)
        return(P2&0xff);
    }
    else return(0);
    for(;;)                                //等待按键释放
    {if((P2&0xff)==0xff) break; }
}
//函数功能：延时子程序
void dlms(uchar x)
{
    uchar a,b;
    for(a=x;a>0;a--)
      {for(b=200;b>0;b--);}
}
//函数功能：显示子程序
void display( )
{
    uchar i;
    buffer[0]=clock[0];                    //秒
    buffer[1]=clock[1];                    //分
    buffer[2]=clock[2];                    //时
    for(i=0;i<3;i++)
    {
        P1=dispcode[buffer[i]%10];         //时分秒的个位数
        P0=sel;
        sel=sel<<1;
        dlms(1);
        P1=dispcode[buffer[i]/10];         //时分秒的十位数
        P0=sel;
        sel=sel<<1;
        dlms(1);
        if(sel==0x40)
         {sel=0x01;}
    }
}
//函数功能：调整子程序
void tiaozheng( )
 {
    if(add)                                //加 1 键
    {
```

```
            add=0;
            clock[1]=clock[1]+1;
            if(clock[1]==60)
                {
                 clock[1]=0;
                 clock[2]=clock[2]+1;
                }
                if(clock[2]==24)
                {clock[2]=0;}
          }
          if(dec)                                    //减 1 键
          {
                dec=0;
                clock[1]=clock[1]-1;
                if(clock[1]==0)
                {
                 clock[1]=60;
                 clock[2]=clock[2]-1;
                }
                if(clock[2]==0)
                {clock[2]=23;}
          }
}
//函数功能：中断子程序
void timer0( )  interrupt 1  using 1
{
    TH0=(65536-50000)/256;
    TL0=(65536-50000)%256;
    num++;
    if (num==20)
    {
      second=1;
      num=0;
     }
     if(second)
     {
       second=0;
       clock[0]=clock[0]+1;
       if(clock[0]==60)
        {
```

```
            clock[0]=0;
            clock[1]=clock[1]+1;
            if(clock[1]==60)
            {
              clock[1]=0;
              clock[2]=clock[2]+1;
            }
            if(clock[2]==24)
            {clock[2]=0;}
          }
        }
    }
```

5. 任务小结

本任务主要运用了定时器、按键和 LED 动态显示三方面的内容，通过这个任务，读者可以完成普通的具有输入/输出和定时功能的单片机的小项目。

习　题　4

1. 选择题

(1) 在单片机应用系统中，LED 数码管显示电路通常有(　　)显示方式。

A. 静态　　B. 动态　　C. 静态和动态　　D. 查询

(2) 在共阳极数码管使用中，若要仅显示小数点，则其相应的字段码是(　　)。

A. 80H　　B. 10H　　C. 40H　　D. 7FH

(3) 矩阵式键盘的工作方式主要有(　　)。

A. 程序扫描方式和中断扫描方式　　B. 独立查询方式和中断扫描方式

C. 中断扫描方式和直接访问方式　　D. 直接输入方式和直接访问方式

2. 简答题

(1) 七段 LED 静态和动态显示在硬件连接上分别具有什么特点？实际设计时应如何选择？

(2) 机械式按键组成的键盘，应如何消除按键抖动？

(3) 独立式按键和矩阵式按键分别有什么特点？适用于什么场合？

4-9　习题 4 解答　　　　4-10　项目四重难点

项目五　数据采集与输出系统设计

5.1　单片机数据采集 A/D 转换器

5.1.1　A/D 转换器的基本知识

A/D 转换器(Analog to Digital Converter，ADC)是将模拟量转换成数字量的器件。需要转换的模拟量可以是电压、电流等电信号，也可以是压力、温度、湿度、位移、声音等非电信号。但在进行 A/D 转换之前，输入到 A/D 转换器的输入信号必须是已经转换成电压或电流的电信号。A/D 转换后，输出的数字信号可以有 8 位、10 位、12 位和 16 位等，位数越多，转换精度越高，输出数字量 D 正比于输入模拟量 A。

A/D 转换方法有直接 ADC(模/数转换器)和间接 ADC。直接 ADC 中有并行比较法、反馈计数法和逐次逼近法等;间接 ADC 中有 V-F(电压—频率)转换法和 V-T(电压—时间)转换法等多种。下面重点介绍集成芯片中用得最多的逐次逼近型和双积分型 A/D 转换器电路。

1. 逐次逼近型 A/D 转换器

逐次逼近型 A/D 转换器有 ADC0804/0808/0809 系列，AD575、AD574 等，一般由逐次逼近寄存器、数/模转换器(DAC)、控制电路和电压比较器等几部分组成，其原理框图如图 5.1 所示。

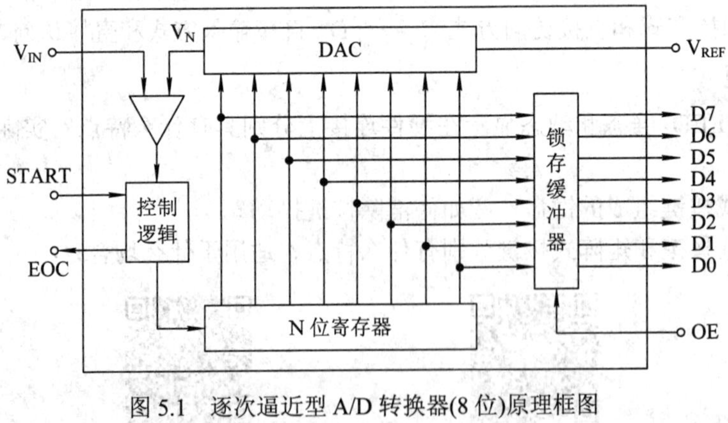

图 5.1　逐次逼近型 A/D 转换器(8 位)原理框图

逐次逼近型 A/D 转换器转换过程如下：

(1) 发出启动信号 START，当 START 由高变低时，逐次逼近的 N 位寄存器清 0，DAC 输出的 V_N=0，输入模拟电压 V_{IN} 与 V_N 比较，比较器输出 1。当 START 变为高电平时，控制电路使逐次逼近的N位寄存器开始工作。

(2) N位寄存器首先产生8位数字量的一半，即10000000B，试探模拟量V_{IN}的大小，若$V_N > V_{IN}$，则说明该值大了，“控制电路”清除最高位；若$V_N < V_{IN}$，则保留最高位。

(3) 在最高位确定后，按同样的方式将次高位置1，经过比较后确定这个“1”是否应该保留。如此逐位比较，一直到最低位为止。

(4) 在最低位确定后，转换结束，“控制电路”发出“转换结束”信号EOC。该信号的下降沿把N位寄存器的输出锁存在锁存缓冲器里，从而得到数字量输出。

由上可见，逐次逼近转换过程与使用天平称量一个未知质量的物体时的操作过程一样，只不过使用的砝码质量一个比一个小一半，逐个去试，慢慢逼近物体质量。

A/D转换的误差大小取决于A/D转换器的位数，位数越多，转换误差越小，但转换时间也会相应地增加。

逐次逼近型A/D转换器的分辨率较高、误差较低、转换速度较快，是应用非常广泛的一种A/D转换器。

2. 双积分型A/D转换器

双积分型A/D转换器电路主要由积分器、比较器、计数器和标准电压源组成。其电路原理图如图5.2所示。

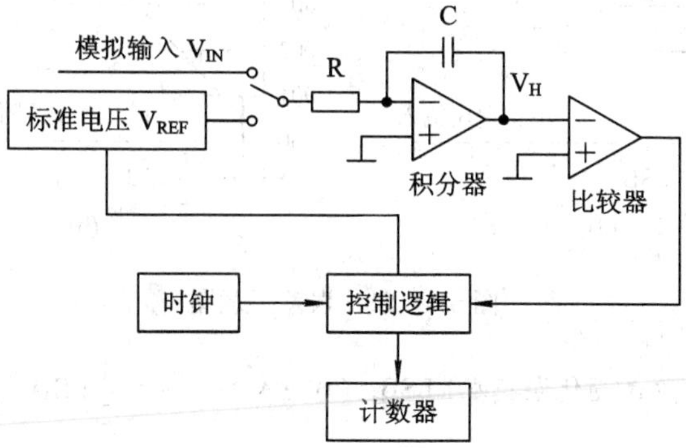

图5.2　双积分型A/D转换器电路原理图

双积分型A/D转换器在“转换开始”信号控制下，模拟输入电压在固定时间内向电容充电(正向积分)，固定积分时间对应于n个时钟脉冲，充电的速率与输入电压成正比。当固定时间到时，控制逻辑将模拟开关切换到标准电压端，由于标准电压与输入电压极性相反，因此电容器开始放电(反向积分)，放电期间计数器计数脉冲的多少反映了放电时间的长短，从而决定了模拟输入电压的大小。输入电压大，则放电时间长。当电容器放电完毕时，比较器输出信号使计数器停止计数，并由控制逻辑发出“转换结束”信号，完成一次A/D转换。

双积分型A/D转换器的转换原理如图5.3所示。

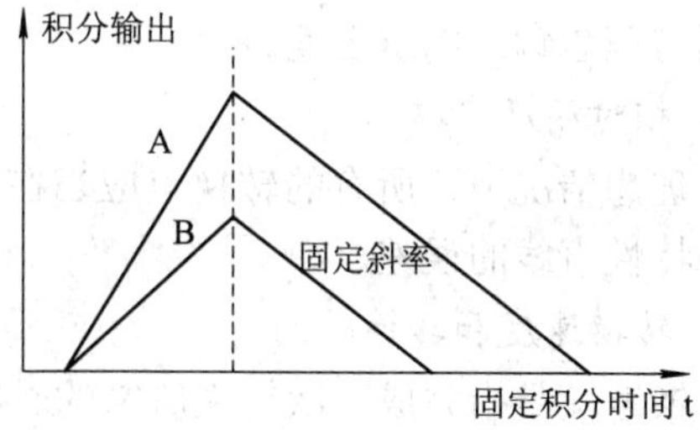

图5.3　双积分型A/D转换器的转换原理图

3. A/D 转换器的主要技术指标

1) 分辨率

A/D 转换器的分辨率用输出二进制数的位数来表示，位数越多，误差越小，转换精度越高。例如，输入模拟电压的变化范围为 0～5 V，输出 8 位二进制数可以分辨的最小模拟电压为 $5\ V \times 2^{-8} \approx 20\ mV$；而输出 12 位二进制数可以分辨的最小模拟电压为 $5\ V \times 2^{-12} \approx 1.22\ mV$。

2) 量化误差

ADC 把模拟量变为数字量，用数字量近似表示模拟量，这个过程称为量化。量化误差是 ADC 的有限位数对模拟量进行量化而引起的误差。实际上，要准确表示模拟量，ADC 的位数需很大甚至无穷大。一个分辨率有限的 ADC 的阶梯状转换特性曲线与具有无限分辨率的 ADC 转换特性曲线(直线)之间的最大偏差即是量化误差，如图 5.4 所示，其中 LSB 是输入电压对应输出参数的最小数据位。

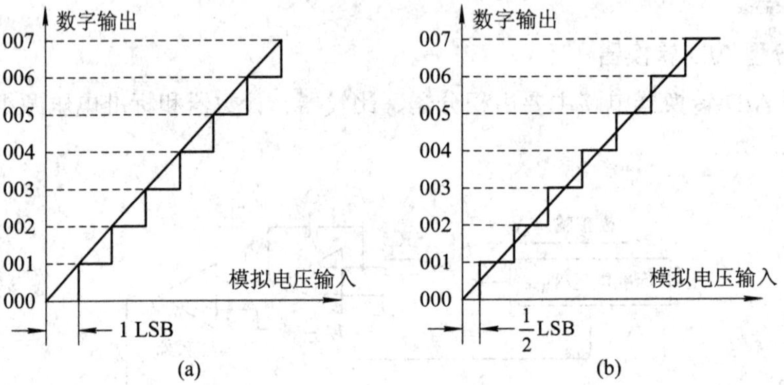

图 5.4　量化误差示意图

(a) 量化误差为 1 LSB；(b) 量化误差为 $\pm\frac{1}{2}$LSB

3) 偏移误差

偏移误差是指输入信号为零时，输出信号不为零的值，所以有时又称之为零值误差。假定 ADC 没有非线性误差，则其转换特性曲线各阶梯中点的连线一定是直线，这条直线与横轴的交点所对应的输入电压值就是偏移误差。

4) 满刻度误差

满刻度误差又称为增益误差。ADC 的满刻度误差是指满刻度输出数码所对应的实际输入电压与理想输入电压之差。

5) 相对精度

在理想情况下，所有的转换点应当在一条直线上。相对精度是指实际的各个转换点偏离理想特性直线的误差。

6) 转换速度和转换时间

转换速度是指完成一次转换所需的时间。

转换时间是指从接到转换控制信号开始，到输出端得到稳定的数字输出信号所经过的这段时间。

5.1.2　典型 A/D 转换器芯片 ADC0809 的结构与引脚

ADC0809是带有8位A/D转换器、8路多路开关以及微处理机兼容的控制逻辑的CMOS组件。它是逐次逼近型 A/D 转换器，可以和单片机直接连接。

1. ADC0809 的内部逻辑结构

ADC0809 的内部逻辑结构如图 5.5 所示，它主要由三部分组成：输入通道、逐次逼近型 A/D 转换器和三态输出锁存器。

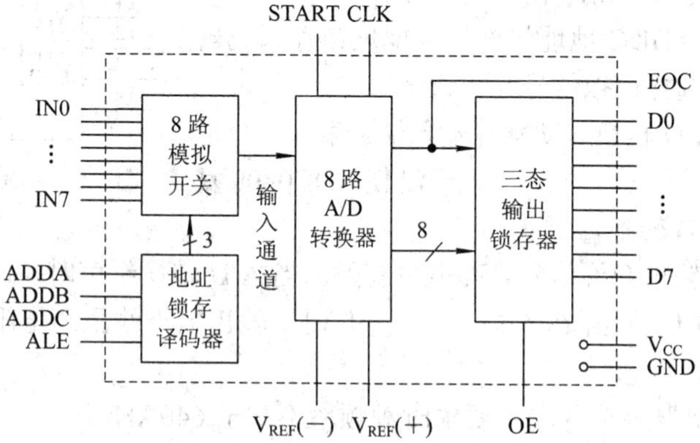

图 5.5　ADC0809 的内部逻辑结构

(1) 输入通道包括 8 路模拟开关和地址锁存译码器。8 路模拟开关分时选通 8 个模拟通道，由地址锁存译码器的三个输入通道 ADDA、ADDB、ADDC 来确定选通哪一个通道。通道选择如表 5.1 所示。

表 5.1　通道选择码

地址码			选择的通道
ADDC	ADDB	ADDA	
0	0	0	IN0
0	0	1	IN1
0	1	0	IN2
0	1	1	IN3
1	0	0	IN4
1	0	1	IN5
1	1	0	IN6
1	1	1	IN7

(2) 8 路模拟输入通道共用一个 A/D 转换器进行转换，但同一时刻只能对 8 路模拟量中的一路通道进行转换。

(3) 转换后的 8 位数字量锁存到三态输出锁存器中，在输出允许的情况下，可以从 8 条数据线 D7～D0 上读出。

2. 信号引脚

ADC0809 芯片封装形式为 DIP28，其引脚排列如图 5.6 所示。

(1) IN0～IN7：8 路模拟量输入端。

(2) D0～D7：8 位数字量输出端，为三态缓冲输出形式，可以和单片机的数据线直接相连。

(3) ADDA、ADDB、ADDC：3 位地址输入线，用于选通 8 路模拟输入中的一路。

(4) ALE：地址锁存允许信号。对应 ALE 上升沿，ADDA、ADDB 和 ADDC 地址状态送入地址锁存译码器中，经译码后输出选择模拟信号输入通道。

(5) START：A/D 转换启动脉冲输入端。输入一个正脉冲(至少 100 ns 宽)使其启动(脉冲上升沿使 ADC0809 复位，下降沿启动 A/D 转换)。

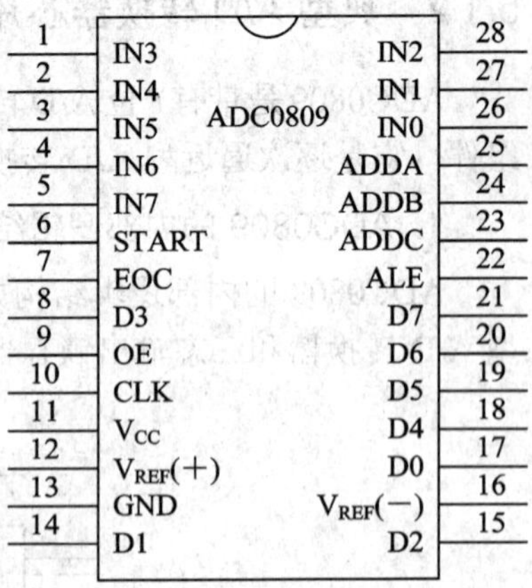

图 5.6　ADC0809 芯片引脚排列图

(6) OE：数据输出允许信号，高电平有效。当 A/D 转换结束时，此端输入一个高电平才能打开输出三态门，输出数字量。当 OE=0 时，输出数据线呈高电阻；当 OE=1 时，输出转换得到的数据。

(7) CLK：时钟脉冲输入端。要求时钟频率不高于 640 kHz。

(8) EOC：A/D 转换结束信号。当 A/D 转换结束时，此端输出一个高电平(转换期间一直为低电平)。该状态信号既可作为查询的状态标志，又可作为中断请求信号使用。

(9) $V_{REF}(+)$、$V_{REF}(-)$：基准电压。

(10) V_{CC}：电源，单一 +5 V。

(11) GND：地。

5.1.3　单片机与 ADC0809 的接口电路

单片机与 ADC0809 的电路连接主要涉及两个问题：一是 8 路模拟信号通道的选择；二是 A/D 转换完成后转换数据的传送。

1. 8 路模拟通道的选择

ADC0809 的 8 路模拟通道由 3 位地址输入线 ADDA、ADDB 和 ADDC 来选择，该地址选择信号可以与单片机的 I/O 端口直接相连(I/O 端口直接控制方式)，也可以用地址锁存器将单片机的地址信号和数据信号区分开，将 3 位地址输入线接到地址锁存器提供的低三位地址上，从而实现模拟通道的选择(系统扩展方式)。

单片机采用系统扩展方式控制 ADC0809，电路如图 5.7 所示。

(1) 输出线的连接。ADC0809 的输出部分有三态输出锁存器，因此输出数据线能直接与单片机的数据线相连(ADC0809 的 D0～D7 直接连接到 P0 口)。

(2) 控制信号的连接。将 ADC 转换器作为单片机的一个扩展 I/O 接口，用高位地址线 P2.0 结合 $\overline{WR}$、$\overline{RD}$ 选通芯片(P2.0 为 0 时选通 ADC0809)。模拟量输入通道地址的译码输入信号 ADDA、ADDB、ADDC 由低位地址线 P0.0～P0.2 经 74LS373 锁存后提供(通道选择码见表 5.1)。一般情况下无关位都取 1，因此输入通道 IN0～IN7 的口地址为 FEF8H～FEFFH。

启动信号 START 由 P2.0 结合 $\overline{WR}$ 提供。ADC0809 的 ALE 直接与 START 连接，当单片机执行外部 RAM 写操作时，启动 A/D 转换。转换结束信号 EOC 经非门接到单片机的 $\overline{INT1}$，当转换结束时，EOC 由高变低，经过非门后会给 $\overline{INT1}$ 一个由低到高的上升沿中断请求信号，申请中断，进行数据的传送。输出允许信号 OE 由 P2.0 结合 $\overline{RD}$ 提供，当单片机执行外部 RAM 读操作时，就能读取 A/D 转换结果。

(3) 时钟的连接。ADC0809 芯片的 CLK 可以承受的最高频率是 640 kHz，通常采用 500 kHz。图 5.7 中将单片机的 ALE 信号经一个二分频电路接到 ADC0809 芯片的 CLK 引脚上。由于 ALE 引脚的频率为单片机频率的 1/6，因此当单片机的时钟频率为 6 MHz 时，ALE 的频率为 1 MHz，经二分频后为 500 kHz，满足 ADC0809 的时钟要求。如果单片机的时钟频率为 12 MHz，则需要选择 4 分频才能使电路正常工作。

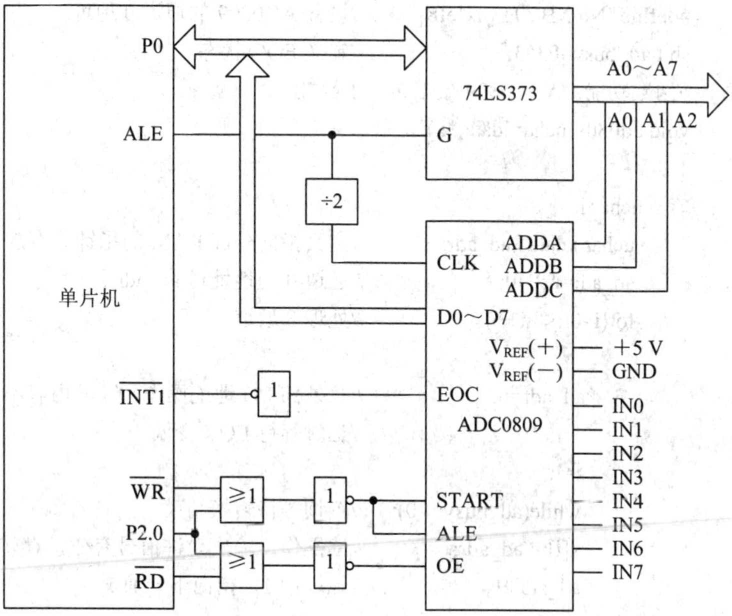

5-1　A/D 转换器

图 5.7　ADC0809 与单片机的连接

2. 转换数据的传送

A/D 转换后得到的数据应及时传送给单片机进行处理。数据传送的关键问题是如何确认 A/D 转换的完成，因为只有确认完成后，才能进行传送。为此可采用下述三种方式。

1) 定时传送方式

对于一种 A/D 转换器来说，转换时间作为一项技术指标是已知的和固定的。例如 ADC0809 的转换时间为 128 μs，相当于 6 MHz 的 MCS-51 单片机共 64 个机器周期。可据此设计一个延时子程序，A/D 转换启动后即调用此子程序，延迟时间一到，转换即完成，接着就可进行数据的传送。

2) 查询方式

A/D 转换芯片有表明转换完成的状态信号，例如 ADC0809 的 EOC 端，因此利用查询方式来测试 EOC 的状态，即可确知转换是否完成，并接着进行数据传送。

3) 中断方式

把表示转换完成的状态信号(EOC)作为中断请求信号，以中断方式进行数据传送。

3. 系统扩展方式控制 ADC0809 的软件设计

下面分别以查询方式和中断方式传送数据为例，介绍 ADC0809 的软件设计。

例 1　8 路模拟信号的采集。从 ADC0809 的 8 个通道轮流采集一次数据，采集的结果放在数组 ad 中。

方法一：查询方式。

程序如下：

```
#include <reg51.h>
#include <absacc.h>              //该头文件中定义 XBYTE 关键字
#define uchar unsigned char
#define IN0 XBYTE[0xfef8]        //设置 AD0809 的通道 0 地址
sbit ad_busy=P3^3;               //定义 EOC 状态
//函数功能：ADC0809 数据转换子函数
void ad0809(uchar idata *x)
{
    uchar i;
    uchar xdata *ad_adr;         //定义指向外部 RAM 的指针，存放通道地址
    ad_adr=&IN0;                 //通道 0 的地址送 ad_adr
    for(i=0;i<8;i++)             //处理 8 通道
    {
        *ad_adr=0;               //写外部 I/O 地址操作，写的内容不重要，用写操作启动转换
        i=i;                     //延时等待 EOC 变低
        i=i;
        while(ad_busy==0);       //查询等待转换结束
        x[i]=*ad_adr;            //读操作，输出允许信号有效，存转换结果
        ad_adr++;                //地址增 1，指向下一通道
    }
}
//函数功能：主程序
void main(void)
{
    static uchar idata ad[10];   //static 是静态变量的类型说明符
    ad0809(ad);                  //采样 AD0809 通道的值
}
```

方法二：中断方式。

```
#include<reg51.h>
#include<absacc.h>               //该头文件中定义 XBYTE 关键字
#define uchar unsigned char
#define IN0 XBYTE[0xfef8]        //设置 AD0809 的通道 0 地址
uchar i;                         //通道编号
```

```
uchar AD[8];                        //存放 8 个通道的 A/D 转换数据
uchar xdata *ad_adr;                //定义指向外部 RAM 的指针，存放通道地址
//函数功能：主程序
void main( )
{
    IT1=1;                          //设置外部中断 1 的边沿触发方式
    EX1=1;                          //外部中断 1 开中断
    EA=1;                           //CPU 开中断
    i=0;                            //初始化存放数组的首位
    ad_adr=&IN0;                    //通道 0 的地址送 ad_adr
    *ad_adr=0;                      //写操作，启动 A/D 转换
    while(1);                       //等待中断
}
//函数功能：中断服务函数
void ad0809_int1( ) interrupt 2
{
    AD[i]=*ad_adr;                  //存转换结果
    ad_adr++;                       //下一通道
    i++;
    while(i==8)   EA=0;             //8 个通道转换完毕，关中断
}
```

在本例中，ADC0809 作为单片机扩展的片外 I/O 口，要对其进行操作，必须能够访问它的绝对地址，如我们上面计算的 ADC0809 的 IN0～IN7 的通道地址为 FEF8H～FEFFH，这就需要用到“absacc.h”这个头文件中定义的宏(包括 CBYTE、XBYTE、PWORD、DBYTE、CWORD、XWORD、PBYTE、DWORD)进行绝对地址的访问。如：

```
#define IN0 XBYTE[0xfef8]           //设置 AD0809 的通道 0 地址
```

就是利用 XBYTE 来使得定义的宏指向一个实际的物理地址。有了上述定义后，就可以直接在程序中对已定义的 I/O 端口名称进行读写了，例如“i=IN0;”等语句。

任务 12　简易数字电压表的设计

1. 任务目的

通过制作简易数字电压表，来学习 A/D 转换芯片在单片机应用系统中的硬件接口技术，熟悉模拟信号采集与输出显示的综合程序设计与调试方法。

2. 任务要求

设计一个可以对 0 V～5 V 模拟电压信号进行检测，通过 ADC0809 转换成数字量并在数码管上以十进制形式显示出来的简易数字电压表。

5-2　任务 12 仿真调试

3. 电路设计

单片机与 ADC0809 构成的简易数字电压表电路设计如图 5.8 所示。

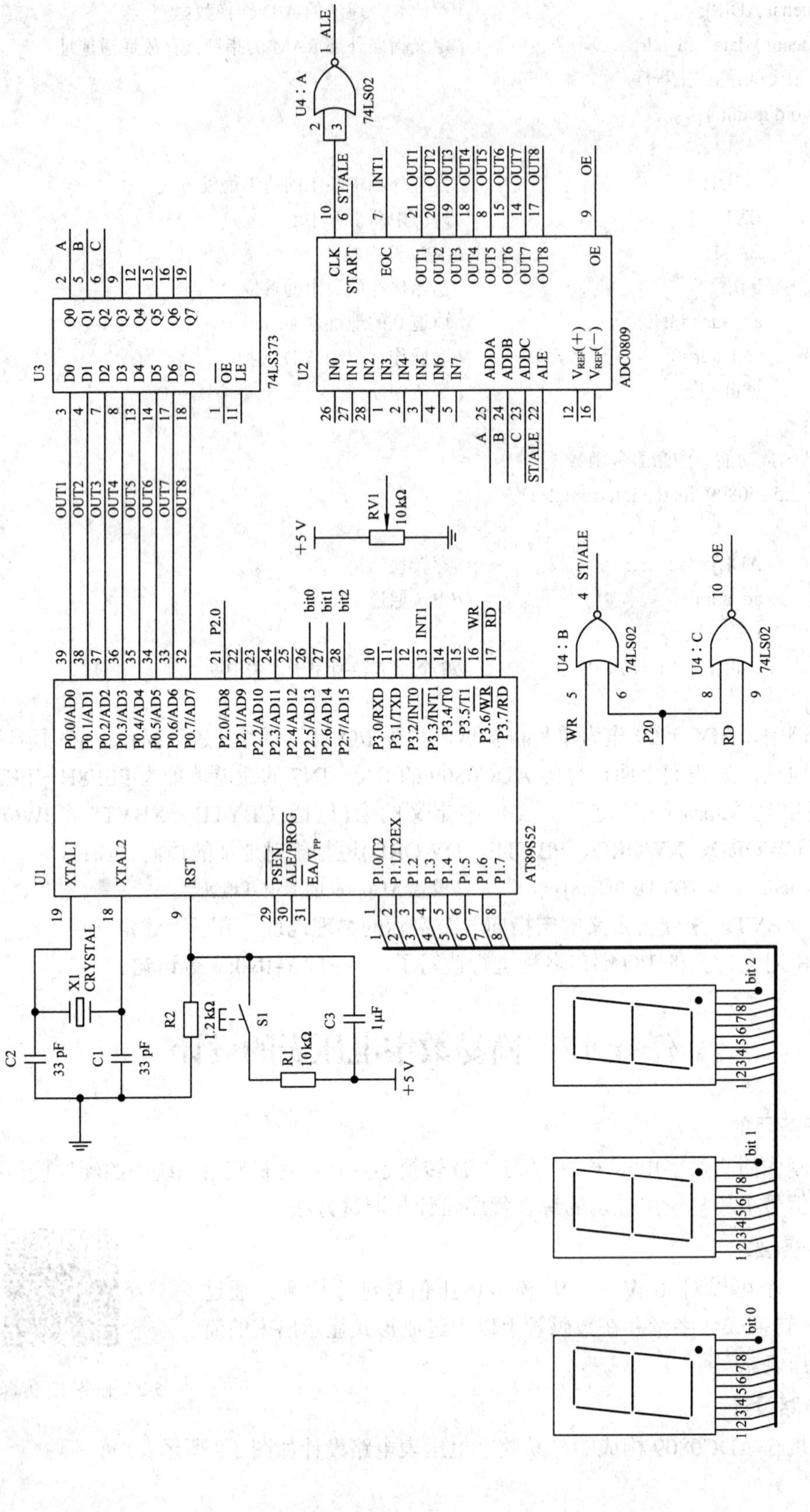
U1
XTAL1
XTAL2
RST
PSEN
ALE/PROG
EA/VPP
P1.0/T2
P1.1/T2EX
P1.2
P1.3
P1.4
P1.5
P1.6
P1.7
AT89S52
P0.0/AD0
P0.1/AD1
P0.2/AD2
P0.3/AD3
P0.4/AD4
P0.5/AD5
P0.6/AD6
P0.7/AD7
P2.0/A8
P2.1/A9
P2.2/A10
P2.3/A11
P2.4/A12
P2.5/A13
P2.6/A14
P2.7/A15
P3.0/RXD
P3.1/TXD
P3.2/INT0
P3.3/INT1
P3.4/T0
P3.5/T1
P3.6/WR
P3.7/RD
X1
CRYSTAL
C1
33 pF
C2
33 pF
R2
1.2 kΩ
S1
C3
1μF
R1
10 kΩ
+5 V
U3
74LS373
U2
ADC0809
CLK
START
EOC
OE
ADDA
ADDB
ADDC
ALE
VREF(+)
VREF(−)
RV1
10kΩ
U4 : A
U4 : B
U4 : C
74LS02
ST/ALE
INT1
WR
RD
P20
bit0
bit1
bit2
bit 0
bit 1
bit 2

图 5.8 简易电压表电路

在图 5.8 中，单片机的 P1 口与 3 个数码管的 8 位段选端连接，位选端接在 P2 口的 P2.5、P2.6 和 P2.7，数码管接成动态显示方式。P0 口经 74LS373 与 ADC0809 的 3 位地址输入线 ADDA、ADDB 和 ADDC 相连，ADC0809 的 8 位数字量输出端直接与单片机的 P0 口相连。ADC0809 的外部时钟输入端 CLK 经 2 分频后与单片机的 ALE 相连，转换结束标志位 EOC 与外部中断 1 相连，采用中断方式进行数据传送，片选信号 CS 与 P2.0 相连，单片机的 RD 和 WR 分别连接与非门输入端，而与非门的输出端连接到 AD0809 的 OE 和 ALE。可调电源接在输入通道 0 即 IN0 上。

4. 程序设计

根据题意画出主程序和 A/D 转换子程序流程图，如图 5.9 所示。

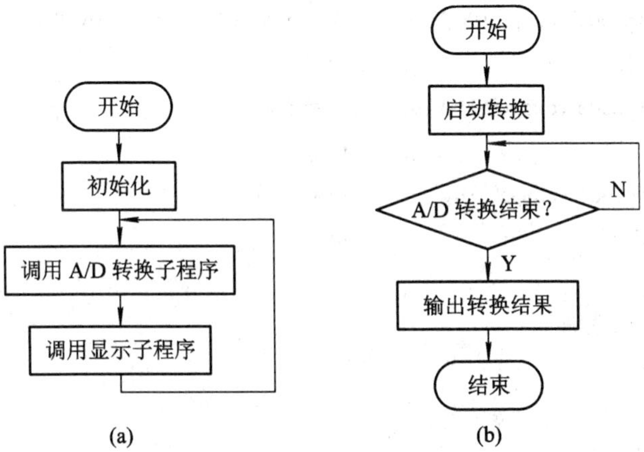

图 5.9　程序流程图

(a) 数字式直流电压表主程序流程图；(b) A/D 转换子程序流程图

程序如下：

```
#include<absacc.h>
#include<reg51.h>
#define uchar unsigned char
#define IN0 XBYTE [0xeff8]     //fef8 1111,1110,1111,1000 P2.0 做片选，通道 000 输入电压
uchar code dispcode[]={0x3f,0x06,0x5b,0x4f,0x66,0x6d,0x7d,0x07,0x7f,0x6f,
                       0x77,0x40};                //字形码
char k;
sbit ad_busy=P3^3;             //EOC 接 P3.3
//函数功能：ADC0809 模/数转换子程序
uchar ad0809(uchar *x)
{
    uchar i,j;
    *x=0;
    i=i;
```

```
        i=i;
        while(ad_busy==1);
        j=*x;
        return j;
    }
    //函数功能：显示子函数
    void display( )
    {
        uchar voltage;
        voltage=k*5*100/256;                //将电压值转换成十进制，并扩大 100 倍
        P1=dispcode[voltage/100]|0x80;      //电压的整数位字形码，|0x80 是为了显示小数点
        P2=0xde;                            //位选
        P1=dispcode[voltage%100/10];        //小数点后一位
        P2=0xbe;                            //位选
        P1=dispcode[voltage%10];            //小数点后两位
        P2=0x7e;                            //位选
    }
    //函数功能：主程序
    void main( )
    {
        while(1)
        {
          k=ad0809(&IN0);             //将通道 0 中读取的模拟量电压转换为数字量后再赋给变量 k
          display( );                 //调用显示子函数
        }
    }
```

5. 任务小结

通过这个任务，读者可以学会使用 A/D 转换模块的方法，并且能够通过查阅资料使用其他的 A/D 转换芯片。

5.2　单片机输出控制 D/A 转换器

5.2.1　D/A 转换器的基本知识

在计算机应用领域，尤其是在实时控制系统中，经常需要将计算机计算结果的数字量转换为连续变化的模拟量，用来控制、调节一些电路，实现对被控对象的控制。将数字量转换成模拟量的器件就是 D/A 转换器(Digital to Analog Converter，DAC)。

DAC 的基本原理是把数字量的每一位按照权重转换成相应的模拟分量，然后根据叠

加定理将每一位对应的模拟分量相加，输出相应的电流或电压。数字量输入的位数有 8 位、12 位和 16 位等。DAC 根据内部结构的不同，可分为权电阻网络型和“T”形电阻网络型；根据输出结构的不同，可分为电压输出型(如 TLC5620)和电流输出型(如 DAC0832)；根据与单片机接口方式的不同，可分为并行接口 DAC(如 DAC0832)和串行接口 DAC(如 TLC5615 等)。

下面重点从内部结构出发介绍权电阻网络型 DAC 和“T”形电阻网络型 DAC 的工作原理。

1. 权电阻网络型 DAC

如图 5.10 所示为权电阻网络型 DAC 原理电路。图中，D_0，D_1，…，D_{n-1} 为 n 位二进制数字量输入端，u_o 为模拟量输出端，U_R 为基准电压。S_0，S_1，…，S_{n-1} 为 n 位电子模拟开关，它们分别受二进制数码 D_0，D_1，…，D_{n-1} 控制。当数码为 1 时，开关将相应的权电阻接到基准电压 U_R 上；当数码为 0 时，开关将电阻接地。

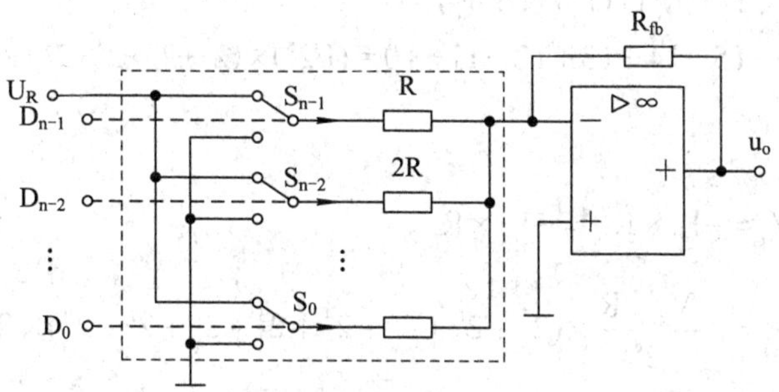

图 5.10　权电阻网络型 DAC 原理电路

根据反相加法运算放大器的特性，图 5.10 所示的输出电压为

$$u_o = -\left(D_{n-1}\frac{R_{fb}}{2^0 R}U_R + D_{n-2}\frac{R_{fb}}{2^1 R}U_R + \cdots + D_0\frac{R_{fb}}{2^{n-1} R}U_R\right)$$

$$= -\frac{2U_R R_{fb}}{R}(D_{n-1}2^{-1} + D_{n-2}2^{-2} + \cdots + D_0 2^{-n}) \tag{5-1}$$

在实际应用中，一般将求和放大器的反馈电阻 R_{fb} 取为 R/2，这样式(5-1)就可以写成：

$$u_o = U_R(D_{n-1}2^{-1} + D_{n-2}2^{-2} + \cdots + D_0 2^{-n}) \tag{5-2}$$

上式表明，输出的模拟电压正比于输入的数字信号，所以由此权电阻网络电路可以很方便地实现从数字量到模拟量的转换。当输入代码为全 0 时，得到最小输出电压 0；当输入为全 1 时，输出最大电压值为 $u_o = U_R(2^{-1} + 2^{-2} + \cdots + 2^{-n})$。如果输入的数字量为 01101010，即 2、3、5、7 位上为 1，则 $u_o = U_R(2^{-2} + 2^{-3} + 2^{-5} + 2^{-7})$。

2. “T”形电阻网络型 DAC

如图 5.11 所示为“T”形电阻网络型 DAC 原理电路，该电路是一个 8 位二进制的 D/A 转换电路，每位二进制数控制一个开关。当该位数码为“0”时，开关打在左边；当该位数码为“1”时，开关打在右边。

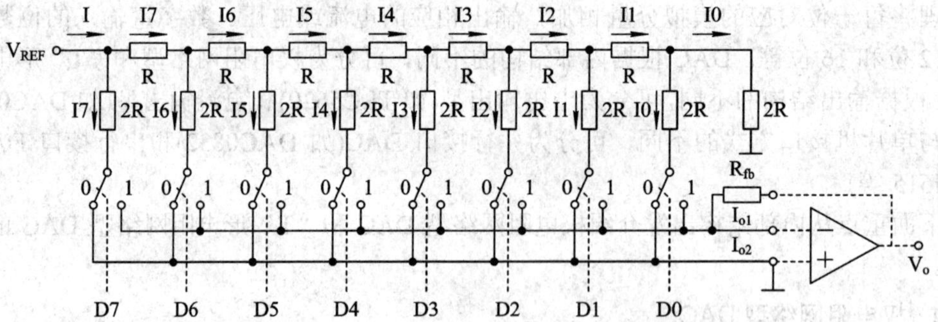

图 5.11　“T”形电阻网络型 DAC 原理电路

根据上述电路分析，可知：

$I = V_{REF}/R$

$I7 = I/2^1$，$I6 = I/2^2$，$I5 = I/2^3$，$I4 = I/2^4$，$I3 = I/2^5$，$I2 = I/2^6$，$I1 = I/2^7$，$I0 = I/2^8$

当输入数据 D7～D0 为 11111111B 时，有

$I_{o1} = I7 + I6 + I5 + I4 + I3 + I2 + I1 + I0 = (I/2^8) \times (2^7 + 2^6 + 2^5 + 2^4 + 2^3 + 2^2 + 2^1 + 2^0)$

$I_{o2} = 0$

若 $R_{fb} = R$，则

$$
\begin{aligned}
V_o &= -I_{o1} \times R_{fb} = -I_{o1} \times R \\
&= -\frac{V_{REF}/R}{2^8} \times (2^7 + 2^6 + 2^5 + 2^4 + 2^3 + 2^2 + 2^1 + 2^0) \times R \\
&= -\frac{V_{REF}}{2^8} \times (2^7 + 2^6 + 2^5 + 2^4 + 2^3 + 2^2 + 2^1 + 2^0) \\
&= -\frac{V_{REF}}{2^8} \times D
\end{aligned}
$$

以上推导表明，输出电压与输入数字量成正比。

3. D/A 转换器的主要技术指标

1) 分辨率

分辨率是指当输入数字量的最低有效位(LSB)发生变化时，所对应的输出模拟量(常为电压)的变化量。它反映了输出模拟量的最小变化值。

分辨率与输入数字量的位数有确定的关系，可以表示成 $FS/2^n$。FS 表示满量程输入值，n 为二进制位数。对于 5 V 的满量程，采用 8 位的 DAC 时，分辨率为 5 V/256 = 19.5 mV；当采用 12 位的 DAC 时，分辨率则为 5 V/4096 = 1.22 mV。显然，位数越多，分辨率越高。

2) 线性度

线性度(也称非线性误差)是指实际转换特性曲线与理想特性直线之间的最大偏差，常以相对于满量程的百分数来表示。如：±1%是指实际输出值与理论值之差在满刻度的±1%以内。在转换器电路设计中，一般要求非线性误差不大于 ±(1/2)LSB。

3) 转换精度

D/A 转换器的转换精度与 D/A 转换器集成芯片的结构和接口电路配置有关。如果不考虑其他 D/A 的转换误差，则 D/A 的转换精度就是分辨率的大小，因此要获得高精度的 D/A 转换结果，首先要保证选择有足够分辨率的 D/A 转换器。同时，D/A 转换精度还与外接电路的配置有关，当外部电路器件或电源误差较大时，会造成较大的 D/A 转换误差，当这些误差超过一定程度时，D/A 转换就会产生错误。

在 D/A 转换过程中，影响转换精度的主要因素有失调误差、增益误差、非线性误差和微分非线性误差。

4) 建立时间

建立时间是衡量 D/A 转换速率快慢的一个重要参数，也是表示 D/A 转换器中的输入代码有满度值的变化时，其输出模拟信号电压(或模拟信号电流)达到满刻度值± 1 /2LSB(或与满刻度值差百分之多少)时所需要的时间。不同型号的 D/A 转换器，其建立时间也不同，一般从几个毫秒到几个微秒。若输出形式是电流的，其 D/A 转换器的建立时间是很短的；若输出形式是电压的，其 D/A 转换器的建立时间主要是输出运算放大器所需要的响应时间。由于一般线性差分运算放大器的动态响应速度较低，D/A 转换器的内部都带有输出运算放大器或者外接输出放大器的电路，因此其建立时间比较长。

5) 温度系数

在满刻度输出的条件下，温度每升高 1℃，输出变化的百分数定义为温度系数。

6) 电源抑制比

对于高质量的 D/A 转换器，要求开关电路及运算放大器所用的电源电压发生变化时，对输出电压影响极小。通常把满量程电压变化的百分数与电源电压变化的百分数之比称为电源抑制比。

7) 工作温度范围

一般情况下，影响 D/A 转换精度的主要环境和工作条件因素是温度和电源电压的变化。由于工作温度会对运算放大器加权电阻网络等产生影响，因此只有在一定的工作范围内才能保证额定精度指标。较好的 D/A 转换器的工作温度范围为 −40℃～85℃，较差的 D/A 转换器的工作温度范围为 0℃～70℃。多数器件其静、动态指标均是在 25℃的工作温度下测得的，工作温度对各项精度指标的影响可以使用温度系数来描述，如失调温度系数、增益温度系数、微分线性误差温度系数等。

8) 失调误差(或称零点误差)

失调误差是指数字输入全为 0 码时，其模拟输出值与理想输出值之间的偏差值。对于单极性 D/A 转换，模拟输出的理想值为零伏；对于双极性 D/A 转换，理想值为负载满量程。偏差值的大小一般用 LSB 的份数或用偏差值相对满量程的百分数来表示。

9) 增益误差(或称标度误差)

D/A 转换器的输入与输出传递特性曲线的斜率称为 D/A 转换增益或标度系数，实际转换的增益与理想增益之间的偏差称为增益误差。增益误差在消除失调误差后可以用满码(1)输入时其输出值与理想输出值(满量程)之间的偏差来表示，一般也用 LSB 的份数或用偏差值相对满量程的百分数来表示。

5.2.2　典型 D/A 转换器芯片 DAC0832 的结构与引脚

DAC0832 是 8 位双缓冲 D/A 转换集成芯片，该芯片带有电流输出型并行接口，片内带有输入锁存器，可与通常的微处理器直接接口。

1. DAC0832 的内部逻辑结构

DAC0832 的内部逻辑结构如图 5.12 所示，主要由 8 位输入锁存器、8 位 DAC 寄存器和 8 位 D/A 转换电路三部分组成。

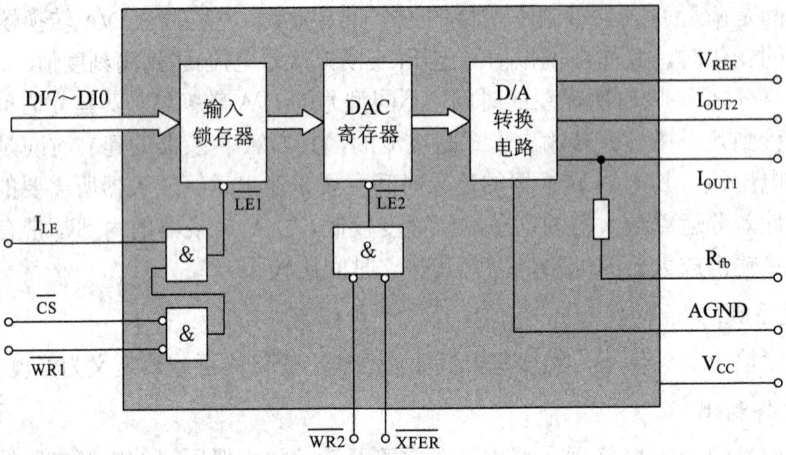

图 5.12　DAC0832 的内部逻辑结构

(1) DAC0832 具有双缓冲功能，输入数据可分别经过输入锁存器和 DAC 寄存器保存，DAC 寄存器与 D/A 转换电路相连。当 DAC0832 中的锁存器的门控端 $\overline{LE1}$ 输入为逻辑 1 时，数据进入锁存器；当 $\overline{LE1}$ 输入为逻辑 0 时，数据被锁存。

由于 DAC0832 可以工作在双缓冲方式下，因此在输出模拟信号的同时可以采集下一个数字量，这样能够有效地提高转换速度。有了两级锁存器，可以在多个 D/A 转换器同时工作时，利用第二级锁存信号实现多路 D/A 的同时输出。DAC0832 既可以工作在双缓冲方式，也可以工作在单缓冲方式。无论采用哪种方式，只要数据进入 DAC 寄存器，便可启动 D/A 转换。

(2) DAC0832 具有一组 8 位数据线 DI0～DI7，用于输入数字量。一对模拟输出端 I_{OUT1} 和 I_{OUT2} 用于输出与输入数字量成正比的电流信号，一般外部连接由运算放大器组成的电流/电压转换电路。转换器的基准电压输入端 V_{REF} 一般在 −10 V～+10 V 范围内，输出电压值为 $D \times V_{REF}/255$，其中 D 为输出的数据字节。

2. 信号引脚

DAC0832 芯片封装形式为 DIP28，其引脚排列如图 5.13 所示。

(1) DI0～DI7：8 位数据输入端，TTL 电平，输入有效保持时间应大于 90 ns。

(2) I_{LE}：数据锁存允许控制信号输入线，高电平有效。

(3) $\overline{CS}$：片选信号输入线，低电平有效。

(4) $\overline{WR1}$：输入锁存器写选通输入线，负脉冲有效。在 I_{LE}、$\overline{CS}$ 信号有效时，$\overline{WR1}$ 为

"0"时可将当前 DI7～DI0 状态锁存到输入锁存器。

(5) $\overline{XFER}$：数据传输控制信号输入线，低电平有效。

(6) $\overline{WR2}$：DAC 寄存器写选通输入线，负脉冲有效。当 $\overline{XFER}$ 为"0"时，$\overline{WR2}$ 有效信号可将当前输入锁存器的输出状态传送到 DAC 寄存器中。

(7) I_{OUT1}：电流输出线。当输入全为 1 时，I_{OUT} 最大。

(8) I_{OUT2}：电流输出线。$I_{OUT2} + I_{OUT1}$ 为常数。

(9) R_{fb}：反馈信号输入线。改变 R_{fb} 端外接电阻值可调整转换满量程精度。

(10) V_{REF}：基准电压输入端。V_{REF} 的取值范围为 –10 V～+10 V。

(11) V_{CC}：电源电压端。V_{CC} 的取值范围为 +5 V～+15 V。

(12) AGND：模拟电路地。

(13) DGND：数字电路地。

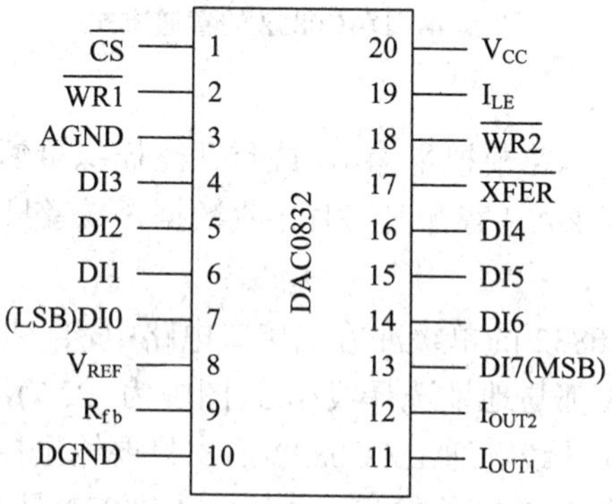

图 5.13　DAC0832 芯片引脚排列图

5.2.3　单片机与 DAC0832 的接口电路

DAC0832 带有输入锁存器，是总线兼容型的，使用时可以将 D/A 芯片直接与数据总线相连，作为一个扩展的 I/O 口。

根据对 DAC0832 的输入锁存器和 DAC 寄存器的不同的控制方法，DAC0832 有如下 3 种工作方式。

1. 直通方式

当 DAC0832 芯片的片选信号、写信号及传送控制信号的引脚全部接地，允许输入锁存信号 I_{LE} 引脚接 +5 V 时，DAC0832 芯片处于直通方式，数字量一旦输入，就直接进入 DAC 寄存器，进行 D/A 转换。

在 D/A 实际连接中，要注意区分"模拟地"和"数字地"的连接，为了避免信号串扰，数字量部分只能连接到数字地，而模拟量部分只能连接到模拟地。这种方式多用于单路输出且数据输入总线无需和其他电路共享的情况。在如图 5.14 所示的直通方式中，DAC0832 的 8 个数字量输入端与单片机的一组引脚 P0 口直接相连，此电路无需控制，只要 P0 口传送来一个 8 位二进制数，DAC0832 的 V_{OUT} 就会输出一个与其成正比的模拟量电压。

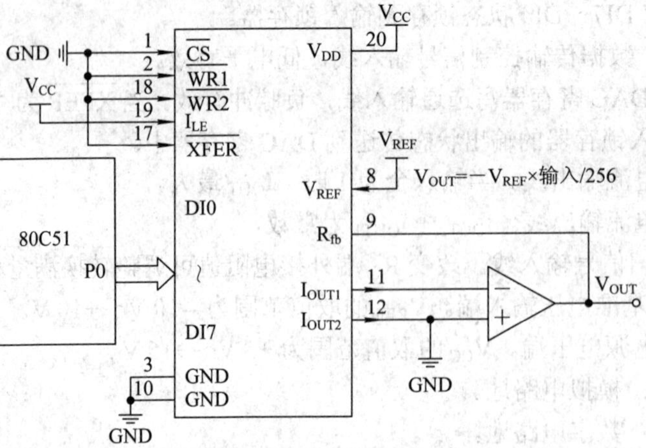

图 5.14　DAC0832 的直通方式

2. 单缓冲方式

单缓冲方式适用于只有一路模拟量输出，或有几路模拟量输出但并不要求同步的系统。其方法是控制输入锁存器和 DAC 寄存器同时接收数据，或者只用输入锁存器而把 DAC 寄存器接成直通方式。

如图 5.15 所示的 DAC0832 的单缓冲方式接口电路中，I_{LE} 接+5 V，寄存器选择信号 $\overline{CS}$ 及数据传送控制信号 $\overline{XFER}$ 都与地址选择线相连(图中为 P2.7)，两级寄存器的写信号都由 80C51 的 $\overline{WR}$ 端控制。当地址线选通 DAC0832 后，只要输出控制信号，DAC0832 就能一步完成数字量的输入锁存和 D/A 转换输出。由于 DAC0832 具有数字量的输入锁存功能，故数字量可以直接从 80C51 的 P0 口送入。

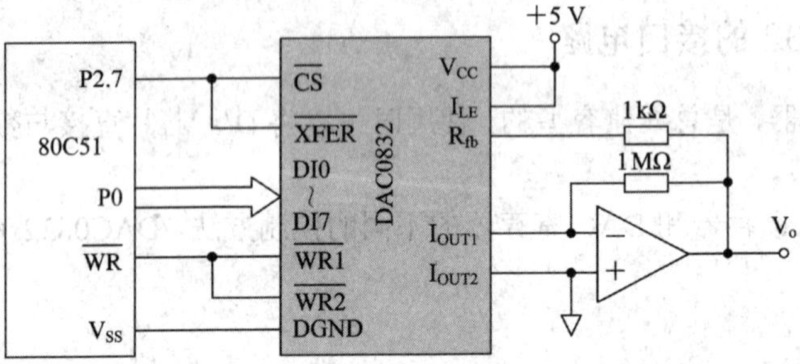

图 5.15　DAC0832 的单缓冲方式接口电路(单极性)

5-3　D/A 转换器

例 2　使用 DAC0832 完成 D/A 转换，在输出端得到一个−2 V 的电压。转换得到的电压用万用表测量。

程序如下：

```
#include <absacc.h>
#include <reg51.h>
#define DA0832 XBYTE[0x7fff]    //端口地址定义
#define uchar unsigned char
uchar a;
//函数功能：D/A 转换子函数
```

```
void DA0832_PROM(uchar x)          //D/A 转换子函数
{
    DA0832=x;                      //D/ A 转换输出
}
//函数功能：主程序
void main (void)
{
   a=0x66;                         //255×2/5=102=0x66
   DA0832_PROM(a);
   while(1);
}
```

在上面的例子中，我们得到的模拟输出电压是个负值，若想得到两种不同极性的电压信号，可以采用双极性模拟输出电压形式，如图 5.16 所示。该电路是在单极性输出电路的基础上添加一级反相电路，双极性输出时的分辨率比单极性输出时降低 1/2，这是由于对双极性输出而言，最高位作为符号位，只有 7 位数值位。

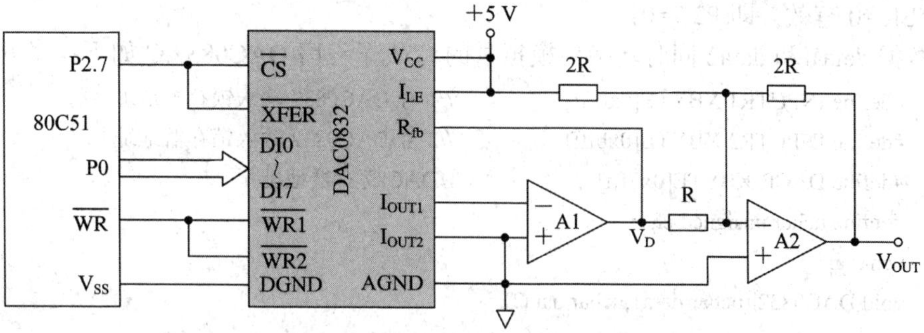

图 5.16　双极性模拟输出电压电路

3. 双缓冲方式

对于系统中含有 2 片及以上的 DAC0832，且要求同时输出多个模拟量的场合，必须采用双缓冲器同步方式接法。当 DAC0832 采用这种接法时，数字量的输入锁存和 D/A 转换输出是分两步完成的，即 CPU 的数据总线分时向各路 D/A 转换器输入要转换的数字量，并锁存在各自的输入锁存器中，然后 CPU 对所有的 D/A 转换器发出控制信号，使各个 D/A 转换器输入锁存器中的数据同时进入 DAC 寄存器，实现同步转换输出。这种方式可在 D/A 转换的同时，进行下一个数据的输入，以提高转换速度。

图 5.17 是一个两路同步输出的 D/A 转换接口电路。图中两片 DAC0832 的 $\overline{CS}$ 分别接 P2.5 和 P2.6，两个 DAC 寄存器占用同一单元地址(两片 DAC0832 的 $\overline{XFER}$ 同时接到 P2.7)。实现两片 DAC0832 的 DAC 寄存器占用同一单元地址的方法，是把两个传送允许信号 $\overline{XFER}$ 相连后，接同一线选端。

转换操作时，先把两路待转换数据分别写入两个 DAC0832 的输入锁存器，之后再将数据同时传送到两个 DAC 寄存器，传送的同时启动两路 D/A 转换。这样，两个 DAC0832 将同时输出模拟电压转换值。

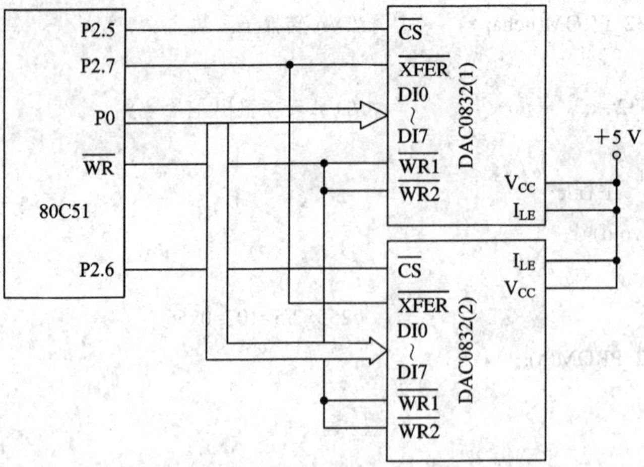

图 5.17　DAC0832 的双缓冲方式接口电路

两片 DAC0832 的输入锁存器地址分别为 DFFFH(1 号的 $\overline{CS}$ 接在 P2.5，要选中该芯片的片选控制端，$\overline{CS}$=0，即 P2.5=0)和 BFFF H(2 号的 $\overline{CS}$ 接在 P2.6，要选中该芯片的片选控制端，$\overline{CS}$=0，即 P2.6=0)。两个芯片的 DAC 寄存器地址都为 7FFFH(由传送允许信号 $\overline{XFER}$ 决定，$\overline{XFER}$=0 有效，即 P2.7=0)。

将数据 data1 和 data2 同时转换为模拟量的 C51 子程序 DAC0832.C 如下：

```
#define INPUTR1 XBYTE[0xdfff]          //1 号 DAC0832 输入锁存器地址
#define INPUTR2 XBYTE[0xbfff]          //2 号 DAC0832 输入锁存器地址
#define DACR XBYTE[0x7fff]             //DAC 寄存器地址
#define uchar unsigned char
uchar a;
void DAC0832 (uchar data1,uchar data2)
{
    INPUTR1=data1;                     //传送数据到 1 号 DAC0832
    INPUTR2=data2;                     //传送数据到 2 号 DAC0832
    DACR=0;                            //启动两路 D/A 同时转换
}
```

任务 13　简易信号发生器的设计

1. 任务目的

通过制作简易信号发生器，学习 D/A 转换芯片在单片机应用系统中的硬件接口技术与编程方法。

2. 任务要求

利用 AT89C51 单片机和 D/A 转换芯片 DAC0832 设计简易信号发生器，通过按键的选择可以输出锯齿波、三角波、方波和正弦波。

5-4　任务 13 仿真调试

3. 电路设计

单片机与 DAC0832 构成的简易信号发生器电路如图 5.18 所示。

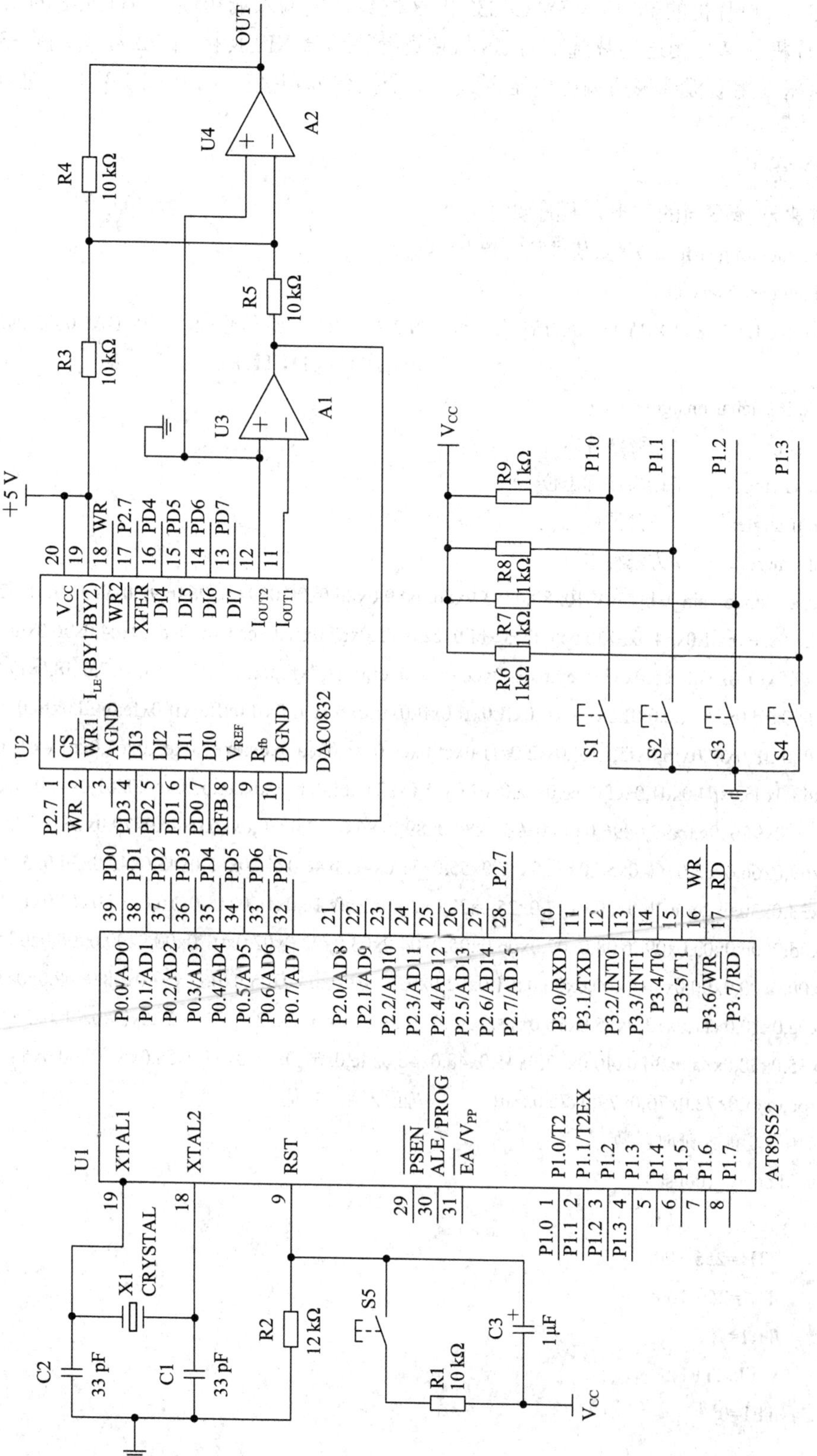

图 5.18　简易信号发生器电路

图 5.18 中，单片机的 P0 口与 DAC0832 的 8 位数字量输入端相连，DAC0832 的 $\overline{WR1}$ 和 $\overline{WR2}$ 与单片机的 $\overline{WR}$ 相连，片选信号 $\overline{CS}$ 与传送允许信号 $\overline{XFER}$ 接到 P2.7，I_{LE} 接 +5 V。输出模拟电压采用双极性模拟输出电压形式。4 个按键分别接在 P1.0～P1.3 上，进行波形选择。

4. 程序设计

用按键来选择不同的波形，程序如下：

```
#include<reg51.h>  //函数信号发生器
#include<absacc.h>
#define DAC0832 XBYTE [0x7fff]          //P2.7 接的是片选信号CS，所以 DAC0832 的地址是
                                        //0111,1111,1111,1111
#define uchar unsigned char
bit sin;          //正弦波标志位
bit sawtooth;     //锯齿波标志位
bit triangle;     //三角波标志位
bit square;       //方波标志位
uchar   code   sin_tab[256]={0x80,0x83,0x86,0x89,0x8d,0x90,0x93,0x96,0x99,0x9c,0x9f,0xa2, 0xa5,
0xa8,0xab,0xae,0xb1,0xb4,0xb7,0xba,0xbc,0xbf,0xc2,0xc5,0xc7,0xca,0xcc,0xcf,0xd1,0xd4,0xd6,0xd8,0xda,
0xdd,0xdf,0xe1,0xe3,0xe5,0xe7,0xe9,0xea,0xec,0xee,0xef,0xf1,0xf2,0xf4,0xf5,0xf6,0xf7,0xf8,0xf9,0xfa,
0xfb,0xfc,0xfd,0xfd,0xfe,0xff,0xff,0xff,0xff,0xff,0xff,0xff,0xff,0xff,0xff,0xff,0xff,0xfe,0xfd,0xfd,0xfc,0xfb,
0xfa,0xf9,0xf8,0xf7,0xf6,0xf5,0xf4,0xf2,0xf1,0xef,0xee,0xec,0xea,0xe9,0xe7,0xe5,0xe3,0xe1,0xde,0xdd,
0xda,0xd8,0xd6,0xd4,0xd1,0xcf,0xcc,0xca,0xc7,0xc5,0xc2,0xbf,0xbc,0xba,0xb7,0xb4,0xb1,0xae,0xab,0xa8,
0xa5,0xa2,0x9f,0x9c,0x99,0x96,0x93,0x90,0x8d,0x89,0x86,0x83,0x80,0x80,0x7c,0x79,0x76,0x72,0x6f,
0x6c,0x69,0x66,0x63,0x60,0x5d,0x5a,0x57,0x55,0x51,0x4e,0x4c,0x48,0x45,0x43,0x40,0x3d,0x3a,0x38,
0x35,0x33,0x30,0x2e,0x2b,0x29,0x27,0x25,0x22,0x20,0x1e,0x1c,0x1a,0x18,0x16,0x15,0x13,0x11,0x10,
0x0e,0x0d,0x0b,0x0a,0x09,0x08,0x07,0x06,0x05,0x04,0x03,0x02,0x02,0x01,0x00,0x00,0x00,0x00,0x00,
0x00,0x00,0x00,0x00,0x00,0x00,0x00,0x01,0x02,0x02,0x03,0x04,0x05,0x06,0x07,0x08,0x09,0x0a,0x0b,
0x0d,0x0e,0x10,0x11,0x13,0x15,0x16,0x18,0x1a,0x1c,0x1e,0x20,0x22,0x25,0x27,0x29,0x2b,0x2e,0x30,
0x33,0x35,0x38,0x3a,0x3d,0x40,0x43,0x45,0x48,0x4c,0x4e,0x51,0x55,0x57,0x5a,0x5d,0x60,0x63,0x66,
0x69,0x6c,0x6f,0x72,0x76,0x79,0x7c,0x80};       //正弦函数数值表
//函数功能：延时函数
void delay_100us( )
{
    TH1=256-100;
    TL1=256-100;
    TR1=1;
    while(!TF1);
    TF1=0;
}
```

```
//函数功能：锯齿波函数
void sawtooth_wave( )
{
    uchar i;
    for(i=0;i<255;i++)
    {
        DAC0832=i;
        delay_100us( );
    }
}
//函数功能：三角波函数
void triangle_wave( )
{
    uchar j,k;
    for(j=0;j<255;j++)
    {
        DAC0832=j;                    //逐渐上升
        delay_100us( );
    }
    for(k=254;k>0;k--)
    {
        DAC0832=k;                    //逐渐下降
        delay_100us( );
    }
}
//函数功能：正弦波函数
void sin_wave( )
{
    uchar x;
    for(x=0;x<255;x++)
    {
        DAC0832=sin_tab[x];           //调用正弦函数数值表
        delay_100us( );
    }
}
//函数功能：方波函数
void square_wave( )
{
    uchar x;
```

```
        for(x=0;x<127;x++)
        {
            DAC0832=0xff;               //输出+5 V
            delay_100us( );
        }
        for(x=128;x<255;x++)
        {
            DAC0832=0;                  //输出 0V
            delay_100us( );
        }
}
//函数功能：延时子函数
void dlms( )
{
    uchar a;
    for(a=100;a>0;a--);
}
//函数功能：键盘扫描子函数
uchar keyscan(void)
{
        P1=0xff;
        if((P1&0xff)!=0xff)
        {
            dlms( );
            if((P1&0xff)!=0xff)
            return(P1&0xff);
        }
        else
            return(0);
}
//函数功能：主程序
void main( )
{
        uchar key;
        TMOD=0x20;
        key= keyscan( );
        while(1)
        {
            switch(key)
```

```
            {
                case 0xfe: {sin=1;sawtooth=0;triangle=0;square=0;} break;
                case 0xfd: {sin=0;sawtooth=1;triangle=0;square=0;} break;
                case 0xfb: {sin=0;sawtooth=0;triangle=1;square=0;} break;
                case 0xf7: {sin=0;sawtooth=0;triangle=0;square=1;} break;
                default: break;
            }
            if(sin==1) sin_wave( );
            if(sawtooth==1) sawtooth_wave( );
            if(triangle==1) triangle_wave( );
            if(square==1) square_wave( );
        }
    }
```

5. 任务小结

通过这个任务，我们可以做单片机与 D/A 转换模块连接的小项目。

5.3　DS18B20 温度传感器

5.3.1　DS18B20 温度传感器简介

温度与工农业生产密切相关，对温度的测量和控制是提高生产效率、保证产品质量以及安全生产和节约能源的保障。用于温度测量的传感器种类众多，如 PT100、AD590、LM135/235/335、MAX6625/6626、DS18B20 等。本节主要介绍 DS18B20 温度传感器。

DS18B20 是美国 DALLAS 半导体公司推出的第一片支持“一线总线”接口的温度传感器。它具有微型化、功耗低、抗干扰能力强、精度高等优点，能直接将温度转化成串行数字信号供处理器处理，可广泛应用于工业、民用、军事等领域的温度测量及控制仪器、测控系统和大型设备中。

1. DS18B20 温度传感器的主要特性

(1) DS18B20 适应电压范围较宽，一般为 3.0 V～5.5 V，在寄生电源方式下可由数据线供电。

(2) DS18B20 具有独特的单线接口方式。DS18B20 在与微处理器连接时，仅需要一条口线，即可实现微处理器与 DS18B20 的双向通信。

(3) DS18B20 支持多点组网功能。多个 DS18B20 可以并联在唯一的三线上，实现组网多点测温。

(4) DS18B20 在使用中不需要任何外围元件，全部传感元件及转换电路可以集成在形如一只三极管的集成电路内。

(5) DS18B20 的测温范围为 −55℃～＋125℃，在 −10℃～+85℃时其精度为 ±0.5℃。

(6) DS18B20 的可编程分辨率为 9 位～12 位，对应的可分辨温度分别为 0.5℃、0.25℃、

0.125℃和 0.0625℃，可实现高精度测温。分辨率为 9 位时，最多在 93.75 ms 内把温度转换为数字；分辨率为 12 位时，最多在 750 ms 内把温度值转换为数字。

(7) DS18B20 直接输出数字温度信号，以“一线总线”串行传送给 CPU，同时可传送 CRC 校验码，具有极强的抗干扰纠错能力。

(8) DS18B20 具有负压特性，当电源极性接反时，芯片不会因发热而被烧毁，但不能正常工作。

2. DS18B20 的外形和内部结构

DS18B20 的封装有 2 种：一种是 TQ-92 直插式(使用最多、最普通的封装)，如图 5.19(a) 所示；另一种是八脚 SOIC 贴片式，如图 5.19(b)所示。

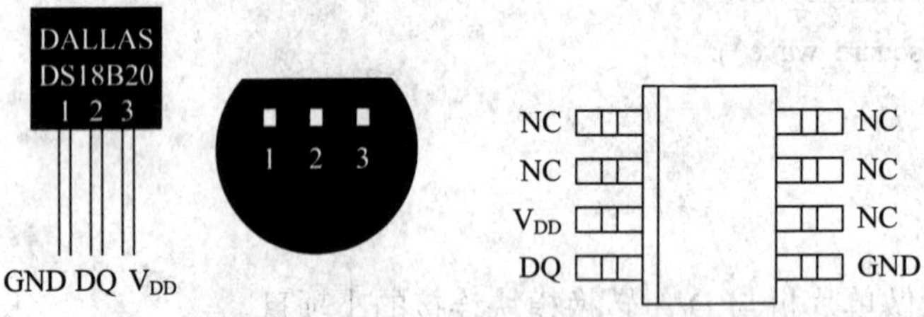

(a)　　(b)

5-5　DS18B20 温度采集

图 5.19　DS18B20 的外形及引脚图

(a) 直插式 DS18B20；(b) 贴片式 DS18B20

1) DS18B20 引脚定义

(1) DQ：数字信号输入/输出端。

(2) GND：电源地。

(3) V_{DD}：外接供电电源输入端(在寄生电源接线方式时接地)。

2) DS18B20 的内部结构

DS18B20 主要由 64 位光刻 ROM、温度传感器、高温触发器 TH、低温触发器 TL、配置寄存器等组成，如图 5.20 所示。

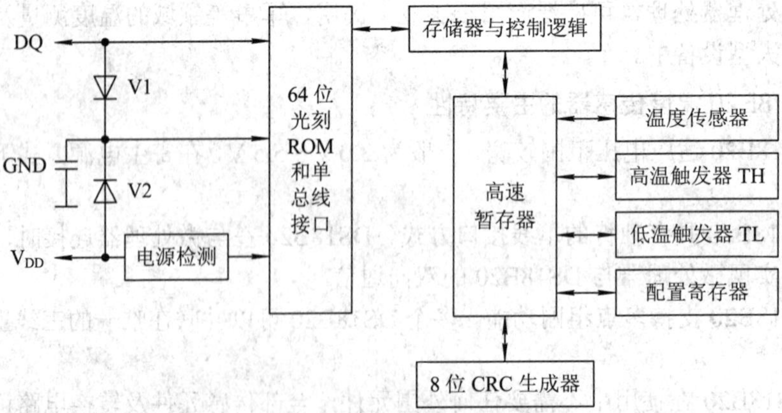

图 5.20　DS18B20 的内部结构框图

DS18B20 的存储部件有以下几种：

(1) 光刻 ROM。光刻 ROM 中存放的是 4 位序列号，出厂前已被光刻好，它可以看作是该 DS18B20 的地址序列号。不同的器件，地址序列号不同。64 位序列号的排列是：开始 8 位是产品类型标号(DS18B20 的类型标号是 28H)，接着的 48 位是该 DS18B20 自身的序列号，最后 8 位是前面 56 位的循环冗余校验码。光刻 ROM 的作用是使每一个 DS18B20 都各不相同，这样就可以实现一根总线上挂接多个 DS18B20 的功能。

(2) 高速暂存器。高速暂存器由 9 个字节组成，其分配如表 5.2 所示。第 0 和第 1 个字节存放转换所得的温度值；第 2 和第 3 个字节分别为高温触发器 TH 和低温触发器 TL；第 4 个字节为配置寄存器；第 5、6、7 个字节保留；第 8 个字节为 CRC 校验寄存器。

表 5.2　DS18B20 高速暂存器的分布

字节序号	功　能
0	温度转换后的低字节
1	温度转换后的高字节
2	高温触发器 TH
3	低温触发器 TL
4	配置寄存器
5	保留
6	保留
7	保留
8	CRC 校验寄存器

DS18B20 温度传感器可完成对温度的测量，当温度转换命令发出后，转换后的温度以补码形式存放在高速暂存器的第 0 和第 1 个字节中。以 12 位转化为例：用 16 位符号扩展的二进制补码数形式提供，以 0.0625℃/LSB 形式表示，其中 S 为符号位。图 5.21 是 12 位转化后得到的 12 位数据，高字节的前面 5 位是符号位。如果测得的温度大于 0，则这 5 位为 0，只要将测得的数值乘以 0.0625 即可得到实际温度；如果测得的温度小于 0，则这 5 位为 1，测得的数值需要取反加 1 再乘以 0.0625 即可得到实际温度。

如果 DS18B20 被定义为 12 位的转换精度，则温度寄存器中的所有位都将包含有效数据(bit0 的 $2^{-4} = 0.0625$ 就是它的转换精度)；若为 11 位转换精度，则 bit0 为未定义的(bit1 的 $2^{-3} = 0.125$ 就是它的转换精度)；若为 10 位转换精度，则 bit1 和 bit0 为未定义的(转换精度为 bit2 的 $2^{-2} = 0.25$)；若为 9 位转换精度，则 bit2、bit1 和 bit0 为未定义的(转换精度为 bit3 的 $2^{-1} = 0.5$)。

	bit7	bit6	bit5	bit4	bit3	bit2	bit1	bit0
LSB	2^3	2^2	2^1	2^0	2^{-1}	2^{-2}	2^{-3}	2^{-4}

	bit15	bit14	bit13	bit12	bit11	bit10	bit9	bit8
MSB	S	S	S	S	S	2^6	2^5	2^4

图 5.21　DS18B20 温度值格式

例如：+125℃的数字输出为 07D0H(125/0.0625 = 2000 = 07D0H)，+25.0625℃的数字输出为 0191H，−25.0625℃的数字输出为 FE6FH(25.0625/0.0625 = 401 = (001 1001 0001)B，将此二进制数取反加 1 得 110 0110 1111，由于温度是负数，因而高 5 位都是 1，从而得到的二进制数字输出是 1111 1110 0110 1111，其十六进制为 FE6FH)，−55℃的数字输出为 FC90H。表 5.3 列出了 DS18B20 部分温度值与采样数据的对应关系。

表 5.3　DS18B20 部分温度数据表

温度/℃	16 位二进制编码	十六进制表示
+125	0000011111010000	07D0H
+85	0000010101010000	0550H
+25.0625	0000000110010001	0191H
+10.125	0000000010100010	00A2H
+0.5	0000000000001000	0008H
0	0000000000000000	0000H
−0.51	1111111111111000	FFF8H
−10.125	1111111101011110	FF5EH
−25.0625	1111111001101111	FE6FH
−55	1111110010010000	FC90H

高温触发器和低温触发器分别存放温度报警的上限值 TH 和下限值 TL。DS18B20 完成温度转换后，就把转换后的温度值 T 与温度报警的上限值 TH 和下限值 TL 作比较，若 T>TH 或 T<TL，则把该器件的警告标志置位，并对主机发出的警告搜索命令作出响应。

配置寄存器用于确定温度值的数字转换分辨率，该字节各位的意义如下：

D7	D6	D5	D4	D3	D2	D1	D0
TM	R1	R0	1	1	1	1	1

其中：低五位一直都是 1；TM 是测试模式位，用于设置 DS18B20 在工作模式还是在测试模式，在 DS18B20 出厂时该位被设置为 0，用户不要去改动它；R1 和 R0 用来设置分辨率，如表 5.4 所示(DS18B20 出厂时被设置为 12 位)。

表 5.4　温度值分辨率与最大转换时间设置表

R1	R0	分辨率/位	温度最大转换时间/ms
0	0	9	93.75
0	1	10	187.5
1	0	11	275.00
0	1	12	750.00

CRC 校验寄存器存放的是前 58 位字节的 CRC 校验码。

3. DS18B20 的温度转换过程

根据 DS18B20 的通信协议，主机控制 DS18B20 完成温度转换必须经过以下三个步骤：

(1) 每一次读/写之前都要对 DS18B20 进行复位。

(2) 复位成功后发送一条 ROM 指令。

(3) 发送 RAM 指令。

这样才能对 DS18B20 进行预定的操作。DS18B20 的 ROM 指令和 RAM 指令如表 5.5 和表 5.6 所示。

表 5.5　ROM 指令表

指令	约定代码	功　能
读 ROM	33H	读 DS18B20 温度传感器 ROM 中的编码(64 位地址)
匹配 ROM	55H	发出此命令之后，接着发出 64 位 ROM 编码，访问单总线上与该编码相对应的 DS18B20 使之作出响应，为下一步对该 DS18B20 的读/写做准备
搜索 ROM	0F0H	用于确定挂接在同一总线上 DS18B20 的个数和识别 64 位 ROM 地址，为操作各器件做准备
跳过 ROM	0CCH	忽略 64 位 ROM 地址，直接向 DS18B20 发温度变化命令，适用于单片工作
警告搜索命令	0ECH	执行后只有温度超过设定值上限或下限的芯片才做出响应

表 5.6　RAM 指令表

指令	约定代码	功　能
温度变换	44H	启动 DS18B20 进行温度转换，12 位转换时最长为 750 ms(9 位为 93.75 ms)。结果存入内部 9 字节 RAM 中
读暂存器	0BEH	读内部 RAM 中 9 字节的内容
写暂存器	4EH	发出向内部 RAM 的 3、4 字节写上、下限温度数据命令，紧跟该命令之后是传送两字节的数据
复制暂存器	48H	将 RAM 中第 3、4 字节的内容复制到 EEPROM 中
重调 EEPROM	0B8H	将 EEPROM 中的内容恢复到 RAM 中的第 2、3 字节
读供电方式	0B4H	读 DS18B20 的供电模式。寄生供电时，DS18B20 发送“0”；外接电源供电时，DS18B20 发送“1”

对 DS18B20 进行操作的每一步骤都有严格的时序要求，所有时序都是将主机作为主设备，单总线器件作为从设备。每一次命令和数据的传输都是从主机主动启动写时序开始，如果要求单总线器件回送数据，则在进行写命令后，主机需启动读时序完成数据接收。数据和命令的传输都是低位在前。

时序可分为初始化时序、读时序和写时序。复位时要求主 CPU 将数据线下拉 500 μs，然后释放，DS18B20 收到信号后等待 15 μs～60 μs，发出 60 μs～240 μs 的低电平，主 CPU 收到此信号则表示复位成功。

DS18B20 的读时序分为读“0”时序和读“1”时序两个过程。

DS18B20 的读时序是从主机把单总线拉低之后，在 15 μs 之内就须释放单总线，以让 DS18B20 把数据传输到单总线上。DS18B20 完成一个读时序过程至少需要 60 μs。

DS18B20 的写时序分为写“0”时序和写“1”时序两个过程。DS18B20 写“0”时序和写“1”时序的要求不同，当要写“0”时，单总线要被拉低至少 60 μs，以保证 DS18B20

能够在 15 μs～45 μs 之间正确地采样 I/O 总线上的“0”电平；当要写“1”时，单总线被拉低之后，在 15 μs 之内就得释放单总线。

5.3.2　单片机与 DS18B20 的接口电路

DS18B20 测温系统具有测温系统简单、测温精度高、连接方便、占用口线少等优点。下面介绍 DS18B20 几个不同应用方式下的测温电路图。

1. DS18B20 寄生电源供电方式

DS18B20温度传感器寄生电源供电方式电路图如图5.22所示。在寄生电源供电方式下，DS18B20 从单线信号线上汲取能量，在信号线 DQ 处于高电平期间把能量储存在内部电容里，在信号线处于低电平期间消耗电容上的电能工作，直到高电平到来时再给寄生电源(电容)充电。

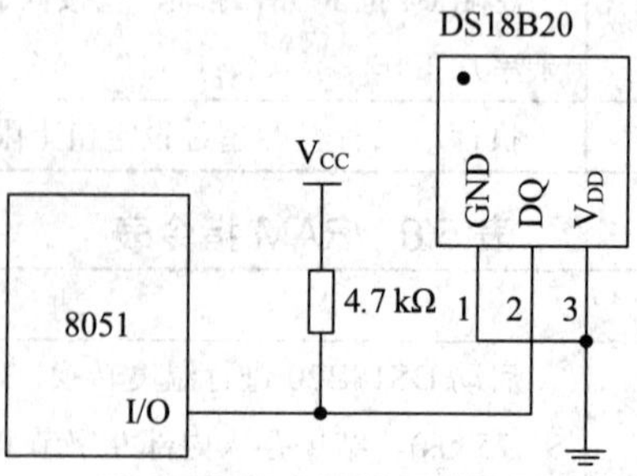

图 5.22　DS18B20 温度传感器寄生电源供电方式电路图

DS18B20 寄生电源供电方式有以下三个优点：

(1) 在进行远距离测温时，无需本地电源。

(2) 可以在没有常规电源的条件下读取 ROM。

(3) 电路更加简洁，仅用一根 I/O 线即可实现测温。

要想使 DS18B20 进行精确的温度转换，I/O 线必须保证在温度转换期间提供足够的能量。由于每个 DS18B20 在温度转换期间工作电流可达到 1 mA，当几个温度传感器挂在同一根 I/O 线上进行多点测温时，只靠 4.7 kΩ 上拉电阻无法提供足够的能量，会造成无法转换温度或温度误差极大，因此图 5.22 所示电路只适宜在单一温度传感器测温情况下使用，不适宜在采用电池供电系统中使用，并且必须保证工作电源 V_{CC} 为 5 V，当电源电压下降时，寄生电源能够汲取的能量也会降低，这样会使温度误差变大。

2. DS18B20 寄生电源强上拉供电方式

由于 DS18B20 寄生电源供电方式存在着测量误差的问题，因此可对上述电路进行改造，将其接成改进型的寄生电源供电方式，具体电路图如图 5.23 所示。为了使 DS18B20 在动态转换周期中获得足够的电流供应，当进行温度转换或拷贝到 EEPROM 操作时，用 MOSFET 把 I/O 线直接拉到 V_{CC} 就可提供足够的电流，在发出任何涉及拷贝到 EEPROM 或启动温度转换的指令后，必须在最多 10 μs 内把 I/O 线转换到强上拉状态。在强上拉方式下可以解决电流供应不足的问题，因此也适合于多点测温应用，其缺点是要多占用一根 I/O 线进行强上拉切换。

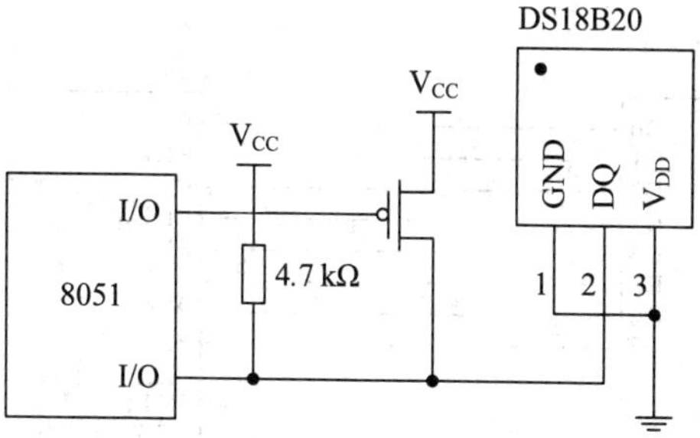

图 5.23　DS18B20 温度传感器寄生电源强上拉供电方式电路图

3. DS18B20 温度传感器的外部电源供电方式

外部电源供电方式是 DS18B20 温度传感器最佳的工作方式，该方式工作稳定可靠，抗干扰能力强，而且电路也比较简单，可以开发出稳定可靠的多点温度监控系统，其电路图如图 5.24 所示。

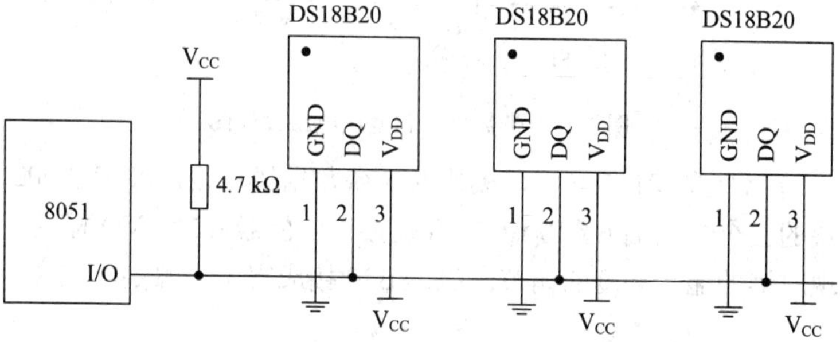

图 5.24　外部电源供电方式的多点测温电路图

注意：在外部电源供电方式下，DS18B20 的 GND 引脚不能悬空，否则将不能转换温度，读取的温度总是 85℃。

任务 14　带数显的温度计的设计

1. 任务目的

通过制作带数显的温度计，学习 DS18B20 测温芯片在单片机应用系统中的硬件接口技术与编程方法。

2. 任务要求

用一片 DS18B20 与单片机 AT89S52 构成测温系统，测量的温度精度可达到 0.1℃，测量的温度范围为 −20℃～+100℃，用 LCD1602 显示出来。

3. 电路设计

利用 DS18B20 和 LCD1602 字符液晶显示器组成的带数显的温度计电路设计图如图 5.25 所示。

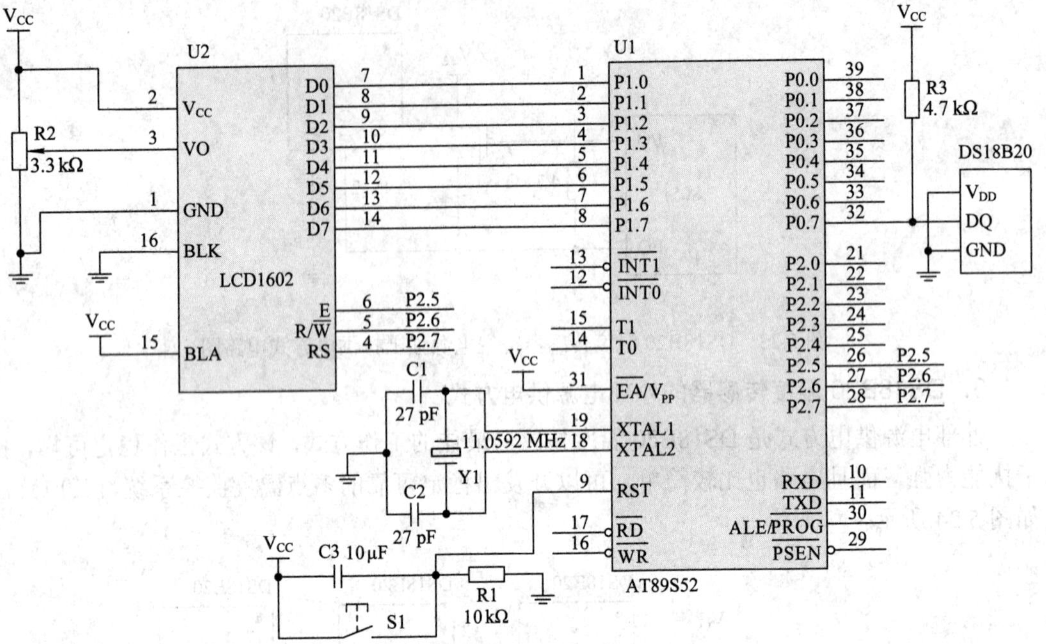

图 5.25　带数显的温度计电路设计图

图 5.25 中，单片机的 P1 口与液晶模块的 8 条数据线连接，P2 口的 P2.5、P2.6、P2.7 分别与液晶模块的三个控制端 E、R/$\overline{W}$、RS 连接，电位器 R2 为 VO 提供可调的液晶驱动电压，用来实现对屏的显示亮度的调节。DS18B20 接成寄生电源供电方式，信号线 DQ 与 P0.7 相连。

4．程序设计

程序如下：

5-6　任务 14 仿真调试

```
#include <reg51.h>
#include <string.h>
#define uchar unsigned char
#define uint unsigned int
//DS18B20 变量的定义及函数声明
uchar temperature[2];                    //存放温度数据
sbit DS1820_DQ= P0^7;                    //单总线引脚
void display( );                         //待显温度值转换
void DS1820_Init( ) ;                    //DS18B20 初始化
bit DS1820_Reset( );                     //DS18B20 复位
void DS1820_WriteData(uchar wData);      //写数据到 DS18B20
uchar DS1820_ReadData( );                //读数据
void DelayMs(uchar x);
//LCD1602 变量的定义及函数声明
sbit LCD_EN=P2^5;                        //使能信号，H 为读，H 跳变到 L 时为写
```

```
sbit LCD_RW=P2^6; // H 为读 LCD 数据，L 为向 LCD 写数据，如果仅是写，此端口可直接接地
sbit LCD_RS=P2^7;
void init_1602( );                    //初始化
void write_com(uchar com);            //写命令函数
void write_dat(uchar date);           //写数据函数
void DisplayListChar(unsigned char X, unsigned char Y, unsigned char code *DData);
//按指定位置显示一个字符串
void DisplayOneChar(unsigned char X, unsigned char Y, unsigned char DData);
//按指定位置显示一个字符
//LCD1602 设置屏幕
#define CLEAR_1602      write_com(0x01)      //清屏
#define HOME_1602       write_com(0x02)      //光标返回原点
#define SHOW_1602       write_com(0x0c)      //开显示，无光标，不闪动
#define HIDE_1602       write_com(0x08)      //关显示
#define CURSOR_1602     write_com(0x0e)      //显示光标
#define FLASH_1602      write_com(0x0d)      //光标闪动
#define CUR_FLA_1602    write_com(0x0f)      //显示光标且闪动
//函数功能：主程序
void main( )
{
    uchar i;
    DelayMs(255);           //等待电源稳定，液晶复位完成
    init_1602( );           //LCD1602 液晶初始化
    CLEAR_1602;             //LCD1602 清屏
    DS1820_Init( );         //DS18B20 初始化，可不用初始化，因为 DS18B20 出厂时
                            //默认是 12 位精度
    DisplayListChar(0,0,"Temp Display"); //显示“温度:”
    DelayMs(250);
    DelayMs(250);
    DelayMs(50);
    while (1)
    {
        DS1820_Reset( );                    //复位
        DS1820_WriteData(0xcc);             //跳过 ROM 命令
        DS1820_WriteData(0x44);             //温度转换命令
        DS1820_Reset( ); //复位
        DS1820_WriteData(0xcc);             //跳过 ROM 命令
        DS1820_WriteData(0xbe);             //读 DS18B20 温度暂存器命令
        for (i=0;i<2;i++)
```

```
        {
        temperature[i]=DS1820_ReadData( );   //采集温度
        }
        DS1820_Reset( );                     //复位，结束读数据
        display( );                          //显示温度值
        DelayMs(50);
    }
}
//函数功能：显示函数
void display( )
{
    uchar temp_data,temp_data_2;
    uchar temp[7];                    //存放分解的 7 个 ASCII 码温度数据
    uint TempDec;                     //用来存放 4 位小数
    temp_data=temperature[1];
    temp_data&=0xf0;                  //取高 4 位
    if (temp_data==0xf0)              //判断是正温度还是负温度读数
    {
     //负温度读数求补，取反加 1，判断低 8 位是否有进位
        if (temperature[0]==0)        //有进位，高 8 位取反加 1
        {
            temperature[0]=~temperature[0]+1;
            temperature[1]=~temperature[1]+1;
        }
        else                          //没进位，高 8 位不加 1
        {
            temperature[0]=~temperature[0]+1;
            temperature[1]=~temperature[1];
        }
    }
    temp_data=temperature[1]<<4;  //取高字节低 4 位(温度读数高 4 位)，注意此时是 12 位精度
    temp_data_2=temperature[0]>>4; //取低字节高 4 位(温度读数低 4 位)，注意此时是 12 位精度
    temp_data=temp_data|temp_data_2;      //组合成完整数据
    temp[0]=temp_data/100+0x30;           //将百位转换为 ASCII 码
    temp[1]=(temp_data%100)/10+0x30;      //将十位转换为 ASCII 码
    temp[2]=(temp_data%100)%10+0x30;      //将个位转换为 ASCII 码
    temperature[0]&=0x0f;                 //将小数位转换为 ASCII 码
    TempDec=temperature[0]*625;   //625=0.0625×10000，表示小数部分，扩大 1 万倍，方便显示
    temp[3]=TempDec/1000+0x30;            //将小数十分位转换为 ASCII 码
```

```
        temp[4]=(TempDec%1000)/100+0x30;              //将小数百分位转换为 ASCII 码
        temp[5]=((TempDec%1000)%100)/10+0x30;         //将小数千分位转换为 ASCII 码
        temp[6]=((TempDec%1000)%100)%10+0x30;         //将小数万分位转换为 ASCII 码
        if(temp[0]==0x30)
          DisplayOneChar(1,3,' ');         //如果百位为 0，则显示空格
        else
        DisplayOneChar(1,3,temp[0]);       //否则正常显示百位
        DisplayOneChar(1,4,temp[1]);       //十位
        DisplayOneChar(1,5,temp[2]);       //个位
        DisplayOneChar(1,6,0x2e);          //小数点
        DisplayOneChar(1,7,temp[3]);
        DisplayOneChar(1,8,temp[4]);
        DisplayOneChar(1,9,temp[5]);
        DisplayOneChar(1,10,temp[6]);
        DisplayOneChar(1,11,'\'');         //显示 '
        DisplayOneChar(1,12,'C');          //显示 C
}
//DS18B20 子函数
//函数功能：DS18B20 初始化函数
void DS18B20_Init( )
{
        DS1820_Reset( );
        DS1820_WriteData(0xCC);            //跳过 ROM
        DS1820_WriteData(0x4E);            //写暂存器
        DS1820_WriteData(0x20);            //往暂存器的第 3 个字节中写上限值
        DS1820_WriteData(0x00);            //往暂存器的第 4 个字节中写下限值
        DS1820_WriteData(0x7F);            //将配置寄存器配置为 12 位精度
        DS1820_Reset( );
}
//函数功能：DS18B20 复位函数
bit DS1820_Reset( )
{
        uchar i;
        bit flag;
        DS1820_DQ = 0;                     //拉低总线
        for (i=240;i>0;i--);               //延时 480 μs，产生复位脉冲
        DS1820_DQ = 1;                     //释放总线
        for (i=40;i>0;i--);                //延时 80 μs 对总线采样
        flag = DS1820_DQ;                  //对数据脚采样
```

```
    for (i=200;i>0;i--);                //延时 400 μs 等待总线恢复
    return (flag);  //由 flag 的值可知 DS18B20 是否存在或损坏，可加声音告警提示 DS18B20 故障
}
//函数功能：写数据到 DS18B20
void DS1820_WriteData(uchar wData)
{
    uchar i,j;
    for (i=8;i>0;i--)
    {
        DS1820_DQ = 0;                  //拉低总线，产生写信号
        for (j=2;j>0;j--);              //延时 4 μs
        DS1820_DQ = wData&0x01;         //发送 1 位
        for (j=30;j>0;j--);             //延时 60 μs，写时序至少需要 60 μs
        DS1820_DQ = 1;                  //释放总线，等待总线恢复
        wData>>=1;                      //准备下一位数据的传送
    }
}
//函数功能：从 DS18B20 读数据
uchar DS1820_ReadData( )
{
    uchar i,j,TmepData;
    for (i=8;i>0;i--)
    {
        TmepData>>=1;
        DS1820_DQ=0;                    //拉低总线，产生读信号
        for (j=2;j>0;j--);              //延时 4 μs
        DS1820_DQ = 1;                  //释放总线，准备读数据
        for (j=4;j>0;j--);              //延时 8 μs 读数据
        if (DS1820_DQ == 1)
        { TmepData |= 0x80;}
        for (j=30;j>0;j--);             //延时 60 μs
        DS1820_DQ = 1;                  //拉高总线，准备下一位数据的读取
    }
    return (TmepData);                  //返回读到的数据
}
//函数功能：延时函数
void DelayMs(uchar x)
{
    uchar i,j;
```

```
  for(i=x;i>0;i--)
    {for(j=250;j>0;j--);}
}

//LCD1602 子函数
//函数功能：LCD1602 初始化函数
void init_1602( )
{
      LCD_RW=0;                      //写数据命令
      LCD_RS=0;                      //写指令
      write_com(0x38);               //设置显示模式：8 位 2 行 5×7 点阵
      SHOW_1602;
      write_com(0x06);               //写光标
}
//函数功能：LCD1602 写命令函数
void write_com(uchar com)
{     uchar i;
      //以下注意先后顺序：RS 送数据—(延时)使能 H—(延时)使能 L
      while(lcd_busy( ));            //检测忙
      LCD_RS=0;                      //写指令
      P1=com;
      for(i=250;i>0;i--);            //延时在 500 ns 以上
      LCD_EN=1;
      for(i=250;i>0;i--);
      LCD_EN=0;
}
//函数功能：LCD1602 写数据函数
void write_dat(uchar date)
{     uchar i;
      //以下注意先后顺序：RS 送数据—使能 H—使能 L
      while(lcd_busy( ));            //检测忙
      LCD_RS=1;                      //写数据
      P1=date;
      for(i=250;i>0;i--);
      LCD_EN=1;
      for(i=250;i>0;i--);
      LCD_EN=0;
}
//函数功能：按指定位置显示一个字符
```

```
void DisplayOneChar(uchar X, uchar Y, uchar DData)
{
  X&=0x1;              // X 代表行为 0 或 1
  Y&=0xF;              //限制 Y 不能大于 15，X 不能大于 1
  if(X)Y|=0x40;        //当要显示第二行时，地址码 + 0x40
  Y|=0x80;             //算出指令码
  write_com(Y);        //发送地址码
  write_dat(DData);
}
//函数功能：按指定位置显示一串字符
void DisplayListChar(uchar X, uchar Y, uchar code *DData)
{
  uchar ListLength,j;
  ListLength=strlen(DData);
  X &= 0x1;            //限制 X 不能大于 1
  Y &= 0xF;            //限制 Y 不能大于 15
  if (Y <= 0xF)        //X 坐标应小于 0xF
    {
        for(j=0;j<ListLength;j++)
          {
            DisplayOneChar(X, Y, DData[j]);     //显示单个字符
            Y++;
          }
    }
}
```

5. 任务小结

通过这个任务，我们可以完成其他基于 DS18B20 的温控小项目。

习　题　5

1．选择题

(1) ADC0809 芯片是 m 路模拟输入的 n 位 A/D 转换器，m、n 分别是(　　)。

A．8、8　　B．8、9　　C．8、16　　D．1、8

(2) A/D 转换结束通常采用(　　)编程。

A．中断方式　　B．查询方式

C．延时等待方式　　D．中断、查询和延时等待方式

(3) DAC0832 是一种(　　)芯片。

A．8 位模拟量转换成数字量　　B．16 位模拟量转换成数字量

C. 8 位数字量转换成模拟量　　D. 16 位数字量转换成模拟量

(4) DAC0832 的工作方式通常有(　　)。

A. 直通方式　　B. 单缓冲方式

C. 双缓冲方式　　D. 单缓冲、双缓冲和直通方式

(5) 当 DAC0832 与 AT89C51 单片机连接时，控制信号主要有(　　)。

A. I_{LE}、$\overline{CS}$、$\overline{WR1}$、$\overline{WR2}$、$\overline{XFER}$　　B. I_{LE}、$\overline{CS}$、$\overline{WR1}$、$\overline{XFER}$

C. $\overline{WR1}$、$\overline{WR2}$、$\overline{XFER}$　　D. I_{LE}、$\overline{CS}$、$\overline{WR1}$、$\overline{WR2}$

(6) 多片 D/A 转换器必须采用(　　)接口方式。

A. 单缓冲　　B. 双缓冲　　C. 直通　　D. 以上方式均可

2. 填空题

(1) A/D 转换器的作用是将______量转换为______量；D/A 转换器的作用是将_____量转换为______量。

(2) 描述 D/A 转换器性能的主要指标有__________________。

(3) DAC0832 利用控制信号可以构成_______、______和______三种不同的工作方式。

3. 简答题

(1) A/D 转换一般需要几个步骤？每个步骤的作用是什么？

(2) A/D 转换器芯片的分辨率指的是什么？

(3) ADC0809 与 8051 单片机接口时有哪些控制信号？作用分别是什么？

(4) 使用 DAC0832 时，单缓冲方式如何工作？双缓冲方式如何工作？

4. 编程题

编程实现由 DAC0832 输出的幅度和频率都可以控制的三角波，三角波输出等腰三角形波形。

5-7　习题 5 解答　　　　5-8　项目五重难点

项目六　串行通信系统设计

6.1　串行通信概述

6.1.1　串行通信与并行通信

所谓通信，是指计算机与计算机或外设之间的数据传输，因此，这里的“信”是一种信息，是由数字“1”和“0”构成的具有一定规则并反映确定信息的一个数据或一批数据。这种数据传输有并行通信和串行通信两种基本方式。并行通信，即数据的各位同时传输；串行通信，即数据一位一位地顺序传输。图 6.1 为这两种通信方式的示意图。

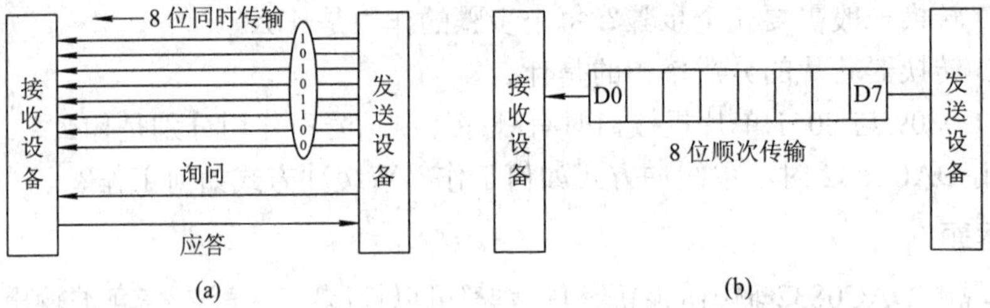

图 6.1　通信的基本方式

(a) 并行通信；(b) 串行通信

并行通信时，其数据的每位被同时传输出去或接收进来；串行通信时，其数据是逐位传输的。并行通信速度快，传输线多，适合于近距离的数据传输，但硬件接线成本较高；串行通信速度慢，硬件成本低，传输线少，适合于长距离的数据传输。前面章节所涉及的数据传输都为并行通信，如主机与存储器，主机与键盘、显示器之间等的数据传输。目前，飞速发展的计算机网络技术(互联网、广域网、局域网)均为串行通信。

6.1.2　串行通信的制式

在串行通信中数据是在两个站之间传输的。按照数据传输方向的不同，串行通信可分为单工通信、半双工通信和全双工通信三种制式。图 6.2 为三种制式的示意图。

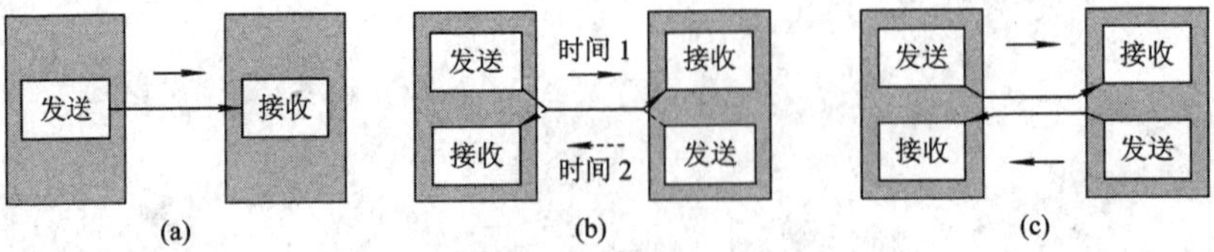

图 6.2　串行通信三种制式的示意图

(a) 单工通信；(b) 半双工通信；(c) 全双工通信

1. 单工通信

在单工制式下，仅能进行一个方向的传输，即发送方只能发送信息，接收方只能接收信息。

2. 半双工通信

在半双工制式下，交替地进行双向数据传输，同一时间只能有一个方向传输，两个方向上的数据传输不能同时进行，即只能一端发送，一端接收，其收发开关一般是由软件控制的电子开关。

3. 全双工通信

在全双工制式下，设备有两条传输线，可同时发送和接收，即数据可以在两个方向上同时传输。

6.1.3　串行通信的分类

按照串行数据的时钟控制方式，串行通信可分为异步通信和同步通信两类。

1. 异步通信

异步通信中，数据通常是以字符为单位组成字符帧传输的。字符帧由发送端一帧一帧地发送，每一帧数据以低位在前、高位在后，通过传输线被接收端一帧一帧地接收。发送端和接收端可以由各自独立的时钟来控制数据的发送和接收，这两个时钟彼此独立，互不同步。

1 个字符完整的通信格式，通常称为帧或帧格式。异步通信中帧格式一般由 1 个起始位、7 个或 8 个数据位、1～2 个停止位(含 1.5 个停止位)和 1 个校验位组成，如图 6.3 所示。起始位约定为 0，空闲位约定为 1。

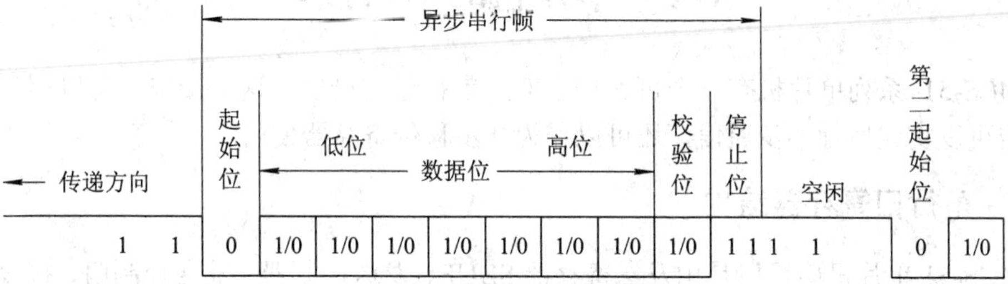

图 6.3　异步通信原理示意图

2. 同步通信

同步通信中，每个数据都包含起始位和停止位，它们占用了传输的时间，当数据量较大时，这一点更为突出。所以，在传输大量数据时通常采用同步通信方式。同步通信依靠同步字符在每个数据块传输开始时使收发同步。每帧有两个同步字符作为起始位以触发同步时钟开始发送或接收数据。空闲位需发送同步字符。同步通信中数据传输的格式如图 6.4 所示。

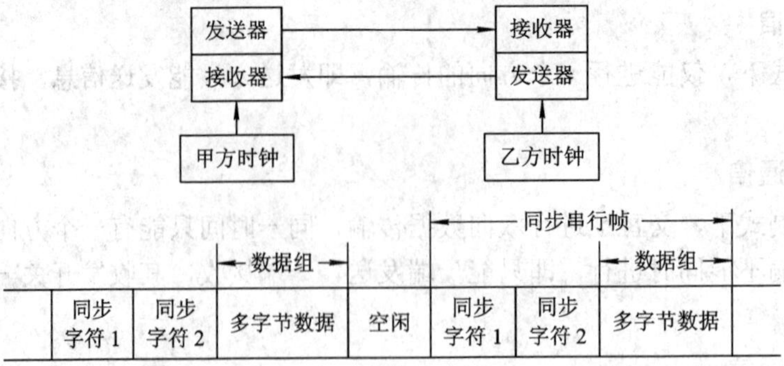

图 6.4　同步通信原理示意图

同步通信要求有准确的时钟来保证发送端和接收端的严格同步，所以硬件成本较高。在实际应用中，异步通信常用于少量数据传输且传输速度要求较低的场合；同步通信常用于大量数据传输且传输速度要求较高的场合。

3. 波特率

在串行通信中，用“波特率”来描述数据的传输速率。所谓波特率，即每秒钟传送的二进制位数，其单位为 b/s(bits per second)，也可以直接称其为“波特”。它是衡量串行数据传输快慢的重要指标。使用串口通信时，只有上位机与下位机的波特率一样时才可进行正常通信。例如，常用的波特率为 9600 b/s，它不是指每秒钟可以传送 9600 个字节，而是指每秒钟可以传送 9600 个二进位，其中包含数据位和起始位、停止位或奇偶校验位等。

小知识

51 系列的单片机支持全双工的异步串行通信，不支持同步通信。

6.2　单片机的串行接口

MCS-51 系列单片机有一个可编程全双工串行通信接口，这个接口既可以用于网络通信，也可以实现串行异步通信，还可以作为同步移位寄存器使用。

6.2.1　串行口寄存器结构

MCS-51 单片机串行口是由发送寄存器 SBUF、发送控制器、发送控制门、接收寄存器 SBUF、接收控制器、移位寄存器和中断等部分组成的，如图 6.5 所示。

SBUF 是串行口的缓冲寄存器。它是一个可寻址的专用寄存器，包括发送寄存器和接收寄存器，以便能以全双工方式进行通信。这两个寄存器具有同一地址(99H)。串行接收时，从接收 SBUF 读出数据。发送、接收控制器的速率由波特率发生器 T1 来控制。当一帧数据发送结束后，将 TI 置 1 向 CPU 发中断，当接收到一帧数据后，将 RI 置 1 向 CPU 发中断。TB8 为发送数据的第 9 位，RB8 为接收数据的第 9 位。

此外，在接收寄存器之前还有移位寄存器，构成了串行接收的双缓冲结构，以避免在数据接收过程中出现帧重叠错误。与接收数据情况不同，当发送数据时，由于 CPU 是主动的，不会发生帧重叠错误，因此发送电路不需要双重缓冲结构。

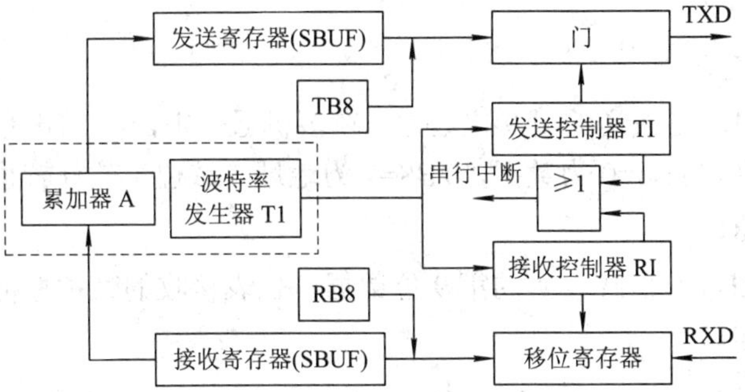

图 6.5　串行接口组成示意图

6-1　单片机通信

与串行通信有关的控制寄存器有 SBUF、SCON 和 PCON 三个。

1. 串行口数据缓冲器(SBUF)

在逻辑上，SBUF 只有一个，既表示发送寄存器，又表示接收寄存器，其具有同一个单元地址 99H。在物理上，SBUF 有两个，一个是发送寄存器，另一个是接收寄存器。

2. 串行控制寄存器(SCON)

SCON 是 MCS-51 的一个可位寻址的专用寄存器，用于串行数据通信的控制。其单元地址为 98H，位地址为 9FH～98H。寄存器及位地址表示如下：

位地址	9F	9E	9D	9C	9B	9A	99	98
位符号	SM0	SM1	SM2	REN	TB8	RB8	TI	RI

各位功能说明如下：

1) SM0、SM1——串行口工作方式选择位

串行接口有 4 种工作方式，如表 6.1 所示。各种方式间的区别在于功能、工作方式和比特率的不同。

表 6.1　串行方式的定义

SM0	SM1	工作方式	功　　能	比特率
0	0	0	8 位同步移位寄存器	$f_{osc}/12$
0	1	1	10 位 UART	可变
1	0	2	11 位 UART	$f_{osc}/64$ 或 $f_{osc}/32$
1	1	3	11 位 UART	可变

2) SM2——多机通信控制位

因多机通信是在方式 2 和方式 3 下进行的，所以 SM2 位主要用于方式 2 和方式 3。当串行口以方式 2 或方式 3 接收时，如 SM2=1，只有当接收到的第 9 位数据(RB8)为 1 时，才能将接收到的前 8 位数据送入 SBUF，并置位 RI 产生中断请求；否则，将接收到的 8 位数据丢弃。而当 SM0=0 时，则不论第 9 位数据为 0 还是为 1，都将前 8 位数据装入 SBUF 中，并产生中断请求。在方式 0 时，SM2 必须为 0。

3) REN——允许接收位

REN 位用于对串行数据的接收进行控制：REN=0，表示禁止接收；REN=1，表示允许接收。

该位由软件置位或复位。

4) TB8——发送数据位 8

在方式 2 和方式 3 下，TB8 是发送的第 9 位数据。在多机通信中，以 TB8 位的状态表示主机发送的是地址还是数据，TB8=0 为数据，TB8=1 为地址。该位由软件置位或复位。

5) RB8——接收数据位 8

在方式 2 或方式 3 下，RB8 存放接收到的第 9 位数据，代表接收的某种特征，故应根据其状态对接收数据进行操作。

6) TI——发送中断标志

在方式 0 下，发送完第 8 位数据后，该位由硬件置位。在其他方式下，于发送停止位之前，由硬件置位。因此 TI=1，表示帧发送结束，其状态既可供软件查询使用，也可请求中断。TI 位由软件清 0。

7) RI——接收中断标志

在方式 0 下，接收完第 8 位数据后，该位由硬件置位。在其他方式下，当接收到停止位时，该位由硬件置位。因此 RI=1，表示帧接收结束，其状态既可供软件查询使用，也可请求中断。RI 位由软件清 0。

3．电源及波特率选择寄存器(PCON)

PCON 主要是为 CHMOS 型单片机的电源控制而设置的专用寄存器，其单元地址为 87H，不可以位寻址，其内容如下：

位序	D7	D6	D5	D4	D3	D2	D1	D0
位符号	SMOD	—	—	—	GF1	GF0	PD	IDL

在 HMOS 的 AT89C51 单片机中，该寄存器中除最高位之外，其他位都是虚设的。最高位(SMOD)是串行口波特率的倍增位。当 SMOD=1 时，串行口波特率加倍；当 SMOD=0 时，波特率不变。系统复位时，SMOD=0。

6.2.2　串行口的工作方式

1. 串行工作方式 0

在方式 0 下，串行口作为同步移位寄存器使用。这时以 RXD(P3.0)端作为数据移位的入口和出口，而由 TXD(P3.1)端提供移位脉冲。移位数据的发送和接收以 8 位为一帧，不设起始位和停止位，低位在前，高位在后。其帧格式如下：

…	D0	D1	D2	D3	D4	D5	D6	D7	…

2. 串行工作方式 1

方式 1 是 10 位为一帧的异步串行通信方式，共包括 1 个起始位、8 个数据位和 1 个停止位。其帧格式如下：

起始位	D0	D1	D2	D3	D4	D5	D6	D7	停止位

1) 数据的发送与接收

方式 1 的数据发送是由一条写发送寄存器(SBUF)指令开始的，随后在串行口由硬件自动加入起始位和停止位，构成一个完整的帧格式，然后在移位脉冲的作用下，由 TXD 端串行输出。一个字符帧发送完后，使 TXD 输出线维持在“1”(space)状态下，并将 SCON 寄存器的 TI 置 1，通知 CPU 可以发送下一个字符。

接收数据时，SCON 的 REN 位应处于允许接收状态(REN=1)。在此前提下，串行口采样 RXD 端，当采样到从 1 向 0 的状态跳变时，就认定是接收到起始位，随后在移位脉冲的控制下，把接收到的数据位移入接收寄存器中，直到停止位到来之后把停止位送入 RB8 中，并置位中断标志位 RI，通知 CPU 从 SBUF 取走接收到的一个字符。

2) 波特率的设定

方式 0 的波特率是固定的，一个机器周期进行一次移位。但方式 1 的波特率是可变的，其波特率由定时器 T1 的计数溢出来决定，其公式为

$$\text{波特率}=\frac{2^{\text{SMOD}}}{32}\times \text{T1的溢出率}$$

其中，SMOD 为 PCON 寄存器最高位的值，SMOD =1 表示波特率加倍。

当定时器 T1(也可使用定时器 T2)作波特率发生器使用时，通常选用定时器 T1 的工作方式 2。

注意：不要把定时器/计数器的工作方式与串行口的工作方式搞混淆了。

方式 1 的计数结构为 8 位，假定计数初值为 Count，则定时时间 = (256−Count) × 机器周期，从而在 1 s 内发生溢出的次数(即溢出率)为

$$\frac{1}{(256-\text{Count})\times\text{机器周期}}$$

其波特率为

$$\frac{2^{\text{SMOD}}}{32(256-\text{Count})\times\text{机器周期}}$$

由于针对具体的单片机系统而言，其时钟频率是固定的，从而机器周期也是可知的，因此在上面的公式中，有波特率和计数初值 Count 两个变量。只要已知其中一个变量的值，就可以求出另外一个变量的值。

在串行口工作方式 1 中，之所以选择定时器的工作方式 2，是由于方式 2 具有自动加载功能，从而避免了通过程序反复装入计数初值而引起的定时误差，使得波特率更加稳定。

3. 串行工作方式 2

方式 2 是 11 位为一帧的串行通信方式，即 1 个起始位、9 个数据位和 1 个停止位。

在方式 2 下，字符还是 8 个数据位。而第 9 个数据位既可作奇偶校验位使用，也可作控制使用，其功能由用户确定，发送之前应先由软件设置在 SCON 中的 TB8，准备好第 9 个数据位之后，再向 SBUF 写入字符的 8 个数据位，并以此来启动串行发送。1 个字符帧发送完毕后，将 TI 位置 1，其过程与方式 1 相同。方式 2 的接收过程与方式 1 的基本类似，所不同的在于第 9 个数据位，串行口把接收到的 8 位数据送入 SBUF，而把第 9 个数据位送入 RB8。

方式 2 的波特率是固定的，且有两种，一种是晶振频率的 1/32，另一种是晶振频率的 1/64，即 f/32 和 f/64。如用公式来表示，则为

$$\text{波特率}=2^{\text{SMOD}}\times f/64$$

即方式 2 的波特率与 PCON 寄存器中 SMOD 位的值有关。当 SMOD = 0 时，波特率等于

f / 64；当 SMOD = 1 时，波特率等于 f / 32。

4. 串行工作方式 3

方式 3 同样是 11 位为一帧的串行通信方式，即 1 个起始位、9 个数据位和 1 个停止位。其通信过程与方式 2 的完全相同，所不同的仅在于波特率。方式 3 的波特率可由用户根据需要设定。其设定方式与方式 1 一样，即通过设置定时器 1 的初值来设定波特率。

5. 串行口四种工作方式的比较

串行口四种工作方式的区别主要表现在帧格式及波特率两个方面，详见表 6.2。

表 6.2　四种工作方式的区别

工作方式	帧 格 式	波 特 率
方式 0	8 位全是数据位，没有起始位、停止位	固定，即每一个机器周期传输 1 位数据
方式 1	10 位，即 1 个起始位、8 个数据位、1 个停止位	不固定
方式 2	11 位，即 1 个起始位、9 个数据位、1 个停止位	固定，即 $2^{SMOD} \times f/64$
方式 3	同方式 2	同方式 1

6.2.3　初始化

前面讲述了单片机串行口的结构和工作方式。在实际应用中，尽管 MCS-51 单片机的串行通信接口电路具有全双工功能，但在一般情况下，只使用半双工方式，这种用法简单、实用，程序编写也相对容易。

1. 初始化串行口的具体要点

在使用串行口通信之前，必须对串行口进行初始化，主要是设置产生波特率的定时器 1、串行口控制和中断控制。具体要点如下：

(1) 设置 TMOD，确定定时器 1 的工作方式。

(2) 选择合适的波特率，发送方和接收方的波特率要相同。如用波特率可变的方式，须确定定时器 1 的计数初值，并装入 TH1 和 TL1 中。

(3) 启动定时器 1，使其产生溢出脉冲，产生需要的波特率。当 T1 作为波特率发生器使用时，为了避免计数溢出而产生不必要的中断，应使 ET1 = 0，不允许 T1 产生中断。

(4) 设置 SCON，确定串行口的工作方式及接收允许。

(5) 如串行口采用中断控制，还应设置 IE 寄存器。

(6) 无论是中断方式还是查询方式，程序中都要有清除中断标志的指令。

2. 定时器 1 计数初值的计算

对于串行口的方式 2，只要设置 PCON 寄存器中的 SMOD 位，就可以设置波特率，且与 T1 无关。

对于方式 1 和方式 3，波特率是可变的，主要取决于 T1 的溢出频率。

溢出频率即每秒钟计数溢出的次数。显然，T1 的计数初值越大，T1 溢出得越快，溢出率就越高。所以定时器 1 的溢出频率取决于计数初值 X，即

$$\text{溢出率} = \frac{f_{osc}}{12 \times (256 - X)}$$

因此，方式 1、方式 3 的波特率为

$$波特率 = \frac{2^{SMOD}}{32} \times T1的溢出率 = f_{osc} \times \frac{2^{SMOD}}{12 \times 32 \times (2^n - X)}$$

$$计数初值\ X = 2^n - \frac{f_{osc} \times 2^{SMOD}}{12 \times 32 \times 波特率}$$

式中，n 可以选择 13、16、8，分别对应定时器 1 的工作方式 0、1、2，通常将 T1 设置在方式 2。由于方式 2 有自动重装入功能，不需要重新给 TL1、TH1 赋值，因此精度高(没有软件重新赋值的时间误差)，特别适于用作串行口的波特率发生器。如果需要的波特率比较小，可以使用 T1 的方式 1。

当 T1 工作在方式 2 时，

$$计数初值\ X = 256 - \frac{f_{osc} \times 2^{SMOD}}{12 \times 32 \times 波特率}$$

在编写程序时，一般先选择合适的波特率，再根据波特率来计算 T1 的计数初值 X。

例 1 现采用 12 MHz 的晶振，要求利用定时器 T1 产生 1200 b/s 的波特率。

当串口采用方式 1 或 3 时，

$$波特率 = f_{osc} \times \frac{2^{SMOD}}{12 \times 32 \times (2^n - X)}$$

若 SMOD = 0，则计数初值为

$$X = 256 - \frac{12 \times 10^6}{32 \times 12 \times 1200} \approx 230 = E6H \approx 10^6$$

例 2 现采用 11.0592 MHz 的晶振，同样产生 1200 b/s 的波特率。

若 SMOD=0，则计数初值为

$$X = 256 - \frac{11.0592 \times 10^6}{32 \times 12 \times 1200} = 232 = E8H$$

注意：这里是“=”而不是“≈”。当晶振频率选用 11.0592 MHz 时，极易获得标准的波特率(如 1200 b/s、2400 b/s、4800 b/s、9600 b/s 等)，因此很多单片机应用系统选用这个看起来特定的频率。

表 6.3 列出了常用的波特率及获得方法。

表 6.3 常用的波特率及获得方法

波特率	f_{osc} / MHz	SMOD	定时器 1		
			C/T	方式	初始值
方式 0：1 Mb/s	12				
方式 2：375 kb/s	12	1			
方式 1、3：62.5 kb/s	12	1	0	2	FFH
19.2 kb/s	11.0592	1	0	2	FDH
9.6 kb/s	11.0592	0	0	2	FDH
4.8 kb/s	11.0592	0	0	2	FAH
2.4 kb/s	11.0592	0	0	2	F4H
1.2 kb/s	11.0592	0	0	2	E8H

6.3　单片机通信

单片机之间的串行通信主要分为双机通信、多机通信、PC 和单片机之间的通信，下面分别介绍。

6.3.1　双机通信

1. 双机通信硬件电路

如果两个单片机系统距离较近，可以将它们的串行口直接相连，实现双机通信。下面来完成一个任务：用两台单片机系统进行串行通信，甲机的 P1 口接 8 个按钮开关，乙机的 P1 口接 8 个发光二极管。要求用甲机的 P1 口接的 8 个按钮开关控制乙机 P0 口接的 8 个发光二极管的亮灭(按下的按钮对应的发光二极管亮)。硬件电路如图 6.6 所示。

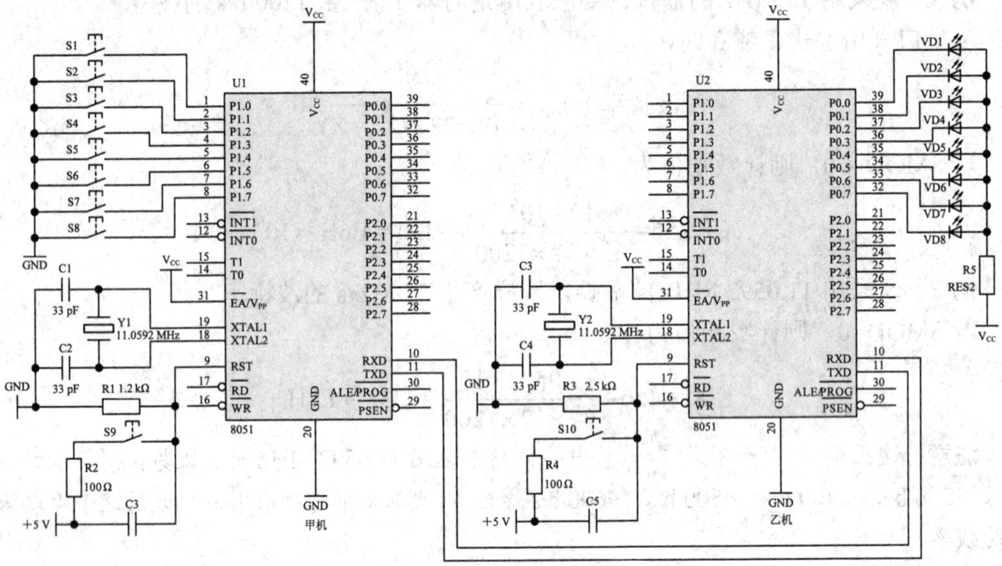

图 6.6　双机通信接口电路

2. 双机通信软件编程

双机通信编程时通常采用查询方式和中断方式两种方法。下面通过程序示例来介绍这两种方法的具体应用。

按照要求，用甲机 P1 口接的 8 个按钮开关控制乙机 P0 口接的 8 个发光二极管的亮灭(按下按钮对应的发光二极管亮)。

1) 查询方式

(1) 甲机发送。甲机发送程序如下：

```
//功能：甲机发送程序，晶振频率 11.0592 MHz，串行口工作于方式 1，波特率为 9600
#include<reg51.h>
void main( )                    //主程序
```

```
{
    TMOD=0x20;                  //设定定时器 T1 的工作方式为方式 2
    TH1=0xfd;                   //设置串行口波特率为 9600
    TL1=0xfd;
    SCON=0x50;                  //设置串行口的工作方式为方式 1，允许接收
    PCON=0x00;
    TR1=1;
    while(1)
    {
        SBUF=P1;                //把 P1 口的状态发送给乙机
        while(!TI);             //查询发送是否完毕
        TI=0;                   //发送完毕，TI 由软件清 0
    }
}
```

(2) 乙机接收。乙机接收程序如下：

```
//功能：乙机接收程序，晶振频率 11.0592 MHz，串行口工作于方式 1，波特率为 9600
#include<reg51.h>
void main ( )                   //主程序
{
    TMOD=0x20;                  //设定定时器 T1 的工作方式为方式 2
    TH1=0xfd;                   //设置串行口的波特率为 9600
    TL1=0xfd;
    SCON=0x50;                  //设置串行口的工作方式为方式 1，允许接收
    PCON=0x00;
    TR1=1;                      //启动定时器
    P1=0xff;                    //P1 口 LED 全灭
    while(1)
    {
            P0=SBUF;            //根据甲机 P1 口的状态点亮发光二极管
            while(!RI);         //查询等待接收
            RI=0;               //接收完毕，RI 由软件清 0
    }
}
```

2) 中断方式

在很多应用中，双机通信的接收方一般采用中断方式，以提高 CPU 的工作效率，发送方仍然采用查询方式。

```
//功能：乙机接收程序，以中断方式实现
#include<reg51.h>
void main( )                    //主程序
```

```
{
    TMOD=0x20;                   //设定定时器 T1 的工作方式为方式 2
    TH1=0xfd;                    //设置串行口的波特率为 9600
    TL1=0xfd;
    TR1=1;
    SCON=0x50;                   //设置串行口的工作方式为方式 1，允许接收
    PCON=0x00;
    ES=1;                        //开串行口中断
    EA=1;                        //开总中断允许位
    P1=0xff;
    while(1);
}
//函数功能：串行口中断接收函数
void serial( ) interrupt 4       //串行口中断类型号为 4
{
    EA=0;                        //关中断
    P0=SBUF;                     //根据甲机 P1 口的状态点亮发光二极管
    while(!RI);                  //查询等待接收
    RI=0;                        //接收完毕，RI 由软件清 0
    EA=1;                        //开中断允许位
}
```

小提示

查询和中断方式中，中断标志位 TI 和 RI 都必须进行软件清 0。

6.3.2　多机通信

1. 多机通信原理

双机通信时，两台单片机是平等的，而在多机通信中，有主机、从机之分。多机通信是指一台主机和多台从机之间的通信。

主机发送的信息可传输到各从机和指定的从机，而各从机发送的信息只能被主机接收。由于通信直接以 TTL 电平进行，因此主、从机之间的连接以不超过 1 m 为宜。此外，各从机应当编址，以便主机能按地址寻找到伙伴。

多机通信时，主机向从机发送的信息分地址和数据两类，以第 9 个数据位作区分标志，为 0 时表示数据，为 1 时表示地址。

通信是以主机发送信息，从机接收信息开始的。主机发送信息时，通过设置 TB8 位的状态来说明发送的是地址还是数据。在从机方面，为了接收信息，初始化时应把 SCON 的 SM2 位置 1。因为多机通信时，串行口都工作在方式 2 和方式 3 下，接收数据要受 SM2 位的控制。当 SM2=1 时，只有接收到的第 9 个数据位状态为 1，才可将数据传输至 SBUF，并置位 RI，发出中断请求，否则接收的数据将被舍弃；当 SM2=0 时，无论第 9 个数据位

是 0 还是 1，都把接收到的数据传输至 SBUF，并发出中断请求。

通信开始时，主机首先发送地址。各从机在接收到地址时，由于 SM2=1 和 RB8=1，因此各从机都分别发出中断请求，通过中断服务来判断主机发送的地址与本从机地址是否相符。若相符，则把该从机的 SM2 位清 0，以准备接收其后传来的数据。其余从机由于地址不符，则仍然保持 SM2=1 的状态。

此后主机发送数据，由于 TB8=0，虽然各从机都能够接收到，但只有 SM2=0 的那个被寻址的从机才把数据送至 SBUF，其余各从机皆因 SM2=1 和 RB8=0 而将数据舍弃。这就是多机通信中主从机一对一的通信情况。通信只能在主、从机之间进行，若进行两个从机之间的通信，则需通过主机作中介才能实现。

2. 多机通信过程

多机通信过程如下：

(1) 主机向各从机发送地址，此时 TB8=1(表示发送的是地址)，由于各从机在初始化时 SM2=1，因此此时 SM2=1，RB8=1(从机接的第 9 位数据，即主机的 TB8)，从而各从机都会把接收到的地址送入 SBUF。

(2) 各从机把接收到的地址与本机地址进行比较，若不相等，则 SM2=1(保持不变)，若相等，则 SM2=0，并把接收到的地址返回主机。

(3) 主机接收到返回地址后，与发送的地址进行比较(即核对)，若不相等，则重新从(1)开始，若相等，则转至步骤(4)。

(4) 主机向各从机发送数据，此时 TB8=0，由于相等的那一台从机的 SM2=0，从而会把接收的数据送入 SBUF，除此以外的各从机，由于 SM2=1，TB8=0，从而不会把接收到的数据送入 SBUF，即相当于主机只与地址相符的那一台从机通信。

对于多机通信的编程，这里不再列出，有兴趣的读者可自行编写。

6.3.3 PC 和单片机之间的通信

在数据处理和过程控制领域，通常需要一台 PC，由它来管理一台或若干台以单片机为核心的智能测量控制仪表。这时要想使每台单片机应用系统实时的检测参数能在 PC 上显示出来，或者通过 PC 来调整这些测量仪表的工作状态，就必须实现 PC 和单片机之间的通信。

在设计通信接口时，必须根据需要选择标准接口，并考虑传输介质、电平转换等问题。采用标准接口后，能够方便地把单片机和外设、测量仪器等有机地结合起来，从而构成一个测控系统。

1. RS-232 接口简介

大部分 PC 都具有 RS-232 接口，虽然它的性能指标不是很好，但在广泛的市场支持下仍然长盛不衰。MCS-51 单片机具有一个全双工的串行口，只要配上电平转换的驱动电路，隔离电路就可以和 PC 的 RS-232 接口组成一个简单的异步串行通信通道。

RS-232 接口是使用最早、应用最多的一种串行异步通信总线标准，适用于设备之间通信距离小于 15 m、传输速率最大为 20 kb/s 的串行通信。

RS-232 接口采用标准的通信串行异步数据格式，即信息的开始为起始位 0，信息的结束为停止位 1，信息本身可以是 5、6、7、8 位，也可根据需要再加上 1 位程控位，如果两个信息之间有间隔，也可加上空闲位 1。

RS-232 串行接口采用 9 针或 25 针的接插件进行串行数据的发送与接收。以 9 针为例，该插座的信号定义见表 6.4。

表 6.4　RS-232 插座信号定义

DB9	信号名称	方向	信 号 定 义
3	TXD	输出	数据发送端(从 PC 输出)
2	RXD	输入	数据接收端(进入 PC)
7	RTS	输出	请求发送(计算机请求发送数据)
8	CTS	输入	清除发送(Moderm 准备接收数据)
6	DSR	输入	数据设备准备就绪
5	SG	—	数字地
1	DCD	输入	数据载波检测
4	DTR	输出	数据终端(计算机)准备就绪
9	RI	输入	响铃指示

以上信号在通信过程中可能被全部或部分使用，最简单的通信仅需 TXD、RXD 线和 SG 即可完成，其他的握手信号可以适当处理或者直接悬空。

2. RS-232 电平转换器

PC 配置的 RS-232 有自己的电气标准，它的电平不是 +5 V 和地，而是负逻辑，即逻辑“0”为 +5 V～+15 V，逻辑 “1” 为−5 V～−15 V。因此，RS-232 不能和 TTL 电平直接相连，否则将使 TTL 电路烧坏，实际应用时必须注意。

RS-232 和 TTL 电平之间必须进行电平转换，可采用德州仪器(TI)公司推出的电平转换集成电路 MAX232。一片 MAX232 就可以完成发送、接收的电平转换功能。图 6.7 给出了 MAX232 的引脚图。

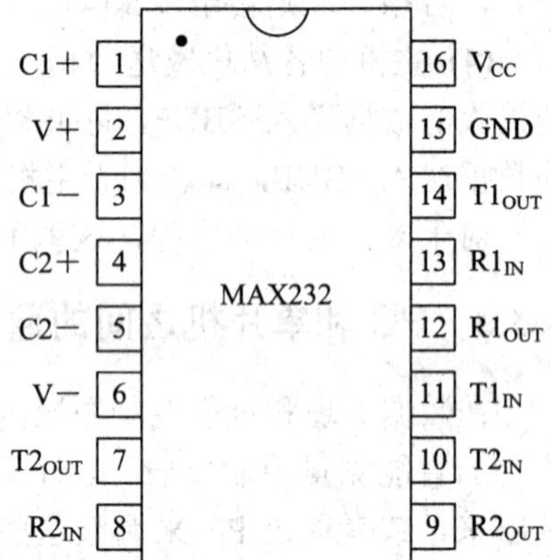

图 6.7　MAX232 引脚图

1) 单片机与 PC 的通信线路连接

对于 MCS-51 单片机，利用其 TXD、RXD 线和一根地线，就可以构成符合 RS-232 接口标准的全双工串行通信接口，这是 PC 和单片机最简单的零调制三线经济型连接，是进行全双工通信所必需的最少线路。

图 6.8 给出了采用 MAX232 芯片的 PC 和单片机的串行通信接口电路，与 PC 相连的是 PC 的 9 芯标准插座。

单片机发送信息到 PC 时，可以任选一路将 TTL 电平转换成 RS-232 电平的通道。可以将 MAX232 的 $T1_{IN}$(第 11 脚)接 51 单片机的 TXD，对应的 RS-232 电平输出端 $T1_{OUT}$(第 14 脚)接 PC RS-232 串口插座的 RXD(第 2 脚)。也可以将 MAX232 的 $T2_{IN}$(第 10 脚)接 51 单片机的 TXD，对应的 RS-232 电平输出端 $T2_{OUT}$(第 7 脚)接 PC RS-232 串口插座的 RXD(第 2 脚)。

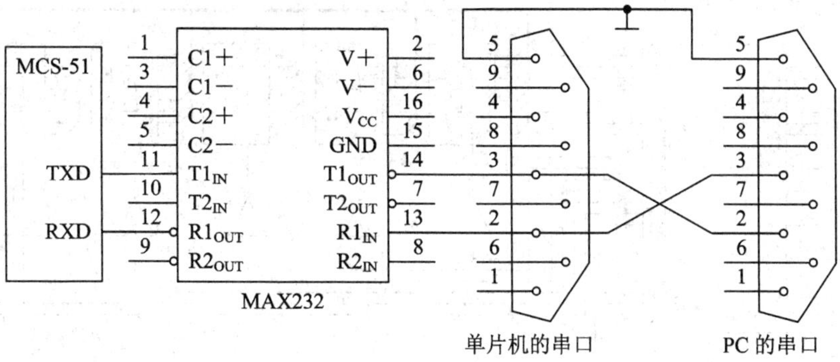

图 6.8　PC 和单片机的通信接口

单片机接收 PC 发送的信息时，可以任选一路将 RS-232 电平转换成 TTL 电平的通道。可以将 MAX232 的 $R1_{IN}$(第 13 脚)接 PC RS-232 串口插座的 TXD(第 3 脚)，对应的 TTL 电平输出端 $R1_{OUT}$(第 12 脚)接 51 单片机的 RXD。也可以将 MAX232 的 $R2_{IN}$(第 8 脚)接 PC RS-232 串口插座的 TXD(第 3 脚)，对应的 TTL 电平输出端 $R2_{OUT}$(第 9 脚)接 51 单片机的 RXD。

具体连接时还要在相关引脚之间加几个电容(0.1 μF 左右)。

2) 软件编程

51 单片机与 PC 的串行通信程序包括两部分：一部分是 51 单片机的串行通信程序，另一部分是 PC 的串行通信程序。PC 的通信程序要在 PC 上编译和运行，一般用高级语言(如 VB)编写，单片机的通信程序可以用 C51 语言编写。

(1) 单片机通信程序。因为 PC 方面采用的比特率为标准比特率，所以单片机通信程序中的比特率也要选用标准比特率，如可以选择 4800 b/s。一般选择信息格式为 8 个数据位、1 个停止位、1 个起始位。奇偶校验位可以根据需要来选择。根据信息格式，可以设定单片机串行口的工作方式。

(2) PC 通信程序。PC 方面的通信程序可以用 Turbo.C、VB 等高级语言来编写。如在 VB 中，可以很方便地使用 Mscomn.vbx 通信控件来实现单片机和 PC 之间的通信。

任务 15　单片机之间的双机通信

1. 任务目的

通过单片机之间的双机通信设计，进一步学习定时器的功能和编程应用，理解串行通信与并行通信两种通信方式的异同，掌握串行通信的字符帧和波特率两个重要指标，初步了解 MCS-51 系列单片机串口的使用方法。

2. 任务要求

本任务要求建立一个简单的单片机串行口双机通信测试系统。系统中，发送方与接收方各用一套单片机电路，分别称为甲机和乙机。编写程序，使甲、乙双方能够进行串行通信。要求将甲机内的多个数据发送给乙机，并在乙机的 6 个数码管上显示出来。

3. 电路设计

电路设计如图 6.9 所示。

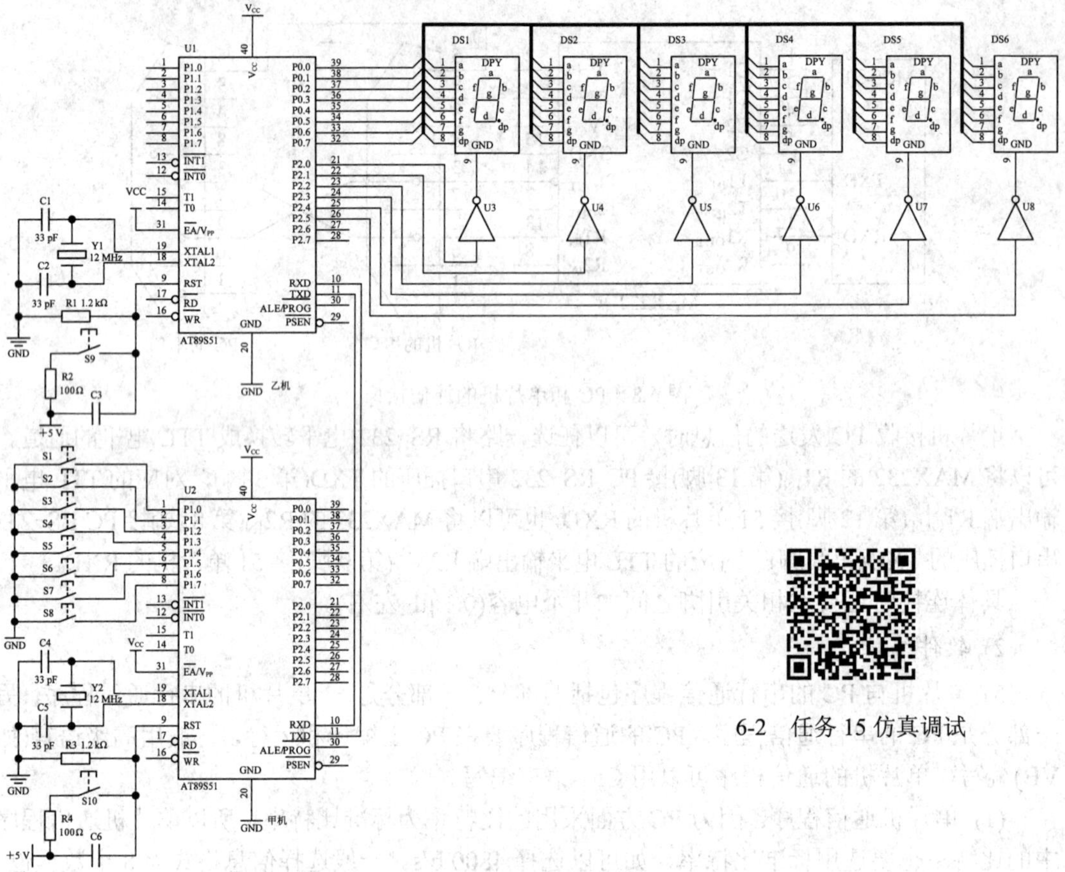

6-2　任务 15 仿真调试

图 6.9　硬件原理图

4. 程序设计

编写程序，使甲、乙双方能够进行通信。要求：将甲机任意多个数据发送给乙机，并在乙机的 6 个数码管中显示出来。程序可参考 6.3.1 节相关内容。

5. 任务小结

通过这个任务，我们可以编写简单的通信程序。

6.4　I^{2}C 串行通信

6.4.1　I^{2}C 总线简介

I^{2}C 总线是 Philips 公司推出的芯片间的串行传输总线，它采用两线制，由串行时钟线 SCL 和串行数据线 SDA 组成。I^{2}C 总线为同步传输总线，数据线上的信号与时钟同步，只需要两根线就能实现总线上各器件的全双工同步数据传输，可以极为方便地构成多机系统和外围器件扩展系统。I^{2}C 总线采用器件地址的硬件设置方法，使硬件系统的扩展简单灵活。按照 I^{2}C 总线规范，总线传输中的所有状态都生成相应的状态码，系统中的主机依照这些状态码自动地进行总线管理，用户只要在程序中装入这些标准处理模块，根据数据操作要

求完成 I^2C 总线的初始化，启动 I^2C 总线就能自动完成规定的数据传输操作。由于 I^2C 总线接口已集成在某些单片机的片内，因此用户无需设计接口，这大大缩短了设计时间。

I^2C 总线接口为开漏或集电极开路输出，需要外加上拉电阻。系统所有的单片机、外围器件都将数据线 SDA 和时钟线 SCL 的同名引脚相连在一起，总线上的所有节点都由器件引脚给定地址。系统中可以直接连接具有 I^2C 总线接口的单片机，也可以通过 I/O 口的软件模拟与 I^2C 总线芯片相连。在 I^2C 总线上可以挂接各种类型的外围器件，如 RAM、EEPROM、日历/时钟、A/D、D/A 以及由 I/O 口、显示驱动器构成的各种模块。

6.4.2　I^2C 总线的通信规约

I^2C 的通信规约简述如下：

(1) I^2C 采用主/从方式进行双向通信。器件发送数据到总线上，定义为发送器；器件从总线上接收数据，定义为接收器。主器件(通常为单片机)和从器件均可工作于接收器和发送器状态。总线必须由主器件控制。主器件产生串行时钟(SCL)，控制总线的传送方向，并产生开始和停止条件。无论是主器件还是从器件，接收一字节后必须发出一个应答信号 ACK。

(2) I^2C 总线的时钟线 SCL 和数据线 SDA 都是双向传输线。总线备用时，SDA 和 SCL 都必须保持高电平状态，只有关闭 I^2C 总线才能使 SCL 钳位在低电平。

(3) 在标准 I^2C 模式下，数据传输速率可达 100 kb/s，高速可达 400 kb/s。I^2C 总线数据传送时，在时钟线高电平期间，数据线上必须保持有稳定的逻辑电平状态。只有在时钟线为低电平时，才允许数据线上的电平状态发生变化。

(4) 在时钟线保持高电平期间，当数据线出现由高电平向低电平的变化时，作为起始信号 S，启动 I^2C 总线工作。若在时钟线保持高电平期间，数据线上出现由低电平到高电平的变化，则为终止信号 P，终止 I^2C 总线的数据传输。

(5) I^2C 总线传输的格式为：开始位以后，主器件送出 8 位的控制字节，以选择从器件并控制总线传输的方向，其后传输数据。I^2C 总线上传输的每一个数据均为 8 位，传输的字节数没有限制。但每传输一个字节后，接收器必须发出一位应答信号 ACK(低电平为应答信号，高电平为非应答信号)，发送器应答后，再发下一数据。每一数据都是先发高位，再发低位。在全部数据传输结束后，主器件发送终止信号 P。

上述的通信规约在内部有 I^2C 接口的单片机中是通过对相关的特殊功能寄存器操作完成的。对于内部无 I^2C 接口的单片机，可以通过软件模拟完成。下面以内部无 I^2C 接口的 8051 单片机扩展 I^2C 总线 EEPROM24C××为例，说明扩展 I^2C 接口的设计方法。

6.4.3　串行 EEPROM 的扩展

1. AT24C 系列

AT24C 系列 EEPROM 是典型的 I^2C 总线接口器件。其特点是：单电源供电；采用低功耗 CMOS 技术；工作电压范围宽(1.8 V～5.5 V)；自定时写周期(包含自动擦除)，页面写周期的典型值为 2 ms；具有硬件写保护功能。AT24C 系列串行 EEPROM 芯片有 8 个引脚，如图 6.10 所示，其引脚功能如表 6.5 所示。

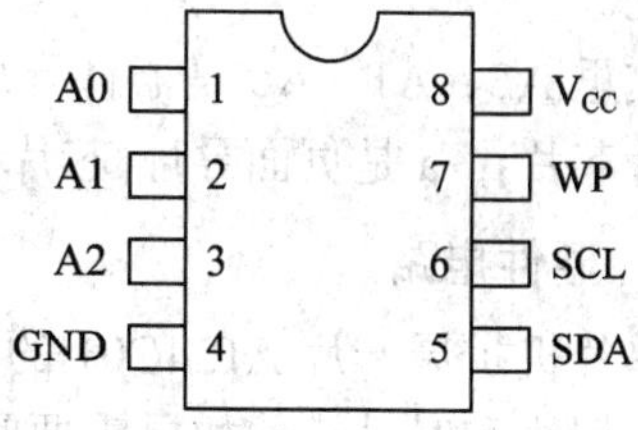

图 6.10　AT24C 系列 EEPROM 芯片引脚

表 6.5　AT24C 系列串行 EEPROM 芯片的引脚功能

引脚名称	功　能
A0、A1、A2	器件地址选择
SDA	串行数据/地址
SCL	串行时钟
WP	写保护
V_{CC}	工作电压
GND	地

表 6.5 中：

SCL：串行时钟输入引脚。串行时钟为上升沿时，数据输入芯片；串行时钟为下降沿时，数据从芯片输出。

SDA：串行数据输入/输出引脚，双向串行传输。该端为漏极开路驱动，可与其他漏极开路或集电极开路器件“线或”。

A0、A1、A2：器件地址输入端，这些输入引脚用于多个器件级联时设置器件地址。

2. 器件寻址

AT24C 系列 EEPROM 在开始状态后均需一个 8 位器件地址，以使器件能够进行读/写操作。

器件地址的高四位为 1010，这对所有 AT24C 系列的器件都是相同的。器件地址的第四位中，最低位为读/写控制($R/\overline{W}$)位，该位为高电平时启动读操作，处于低电平时启动写操作。其余 3 位寻址码将因芯片容量的不同而有不同的定义，如图 6.11 所示。

AT24C01/02	1	0	1	0	A2	A1	A0	$R/\overline{W}$
AT24C04	1	0	1	0	A2	A1	a8	$R/\overline{W}$
AT24C08	1	0	1	0	A2	a9	a8	$R/\overline{W}$
AT24C16	1	0	1	0	a10	a9	a8	$R/\overline{W}$

图 6.11　AT24C 系列器件地址

(1) 对于 AT24C01/02 来说，3 位器件寻址码是 A2、A1、A0 引脚。

(2) 对于 AT24C04 来说，仅用 A2 和 A1 器件寻址，第三位是存储器页面寻址位。

(3) 对于 AT24C08 来说，仅用 A2 器件寻址，后面两位是存储器页面寻址位。

(4) 对于 AT24C16 来说，无器件寻址位，这三位均用于存储器页面寻址。

6-3　I^2C 串行通信

这里 A2、A1、A0 是器件寻址(可以同时接多片 AT24C01/02 芯片，A2、A1、A0 决定是哪片芯片)；a 是页面寻址(芯片内部存储单元是分页的，a 决定选择哪个页面)。

3. 硬件电路

单片机扩展一片 AT24C01 的硬件电路参见图 6.16，只需要占用单片机的两个 I/O 端口线作数据线和时钟线。如果需要写保护控制，需多占一个 I/O 端口连接 WP 端；如果需要连接一片以上 I^2C 总线器件，还需要单片机的 I/O 端口连接 A2、A1、A0 地址线进行片选。

图中，A2、A1、A0 地址线直接接地，所以器件写数据地址为 A0H，读数据地址为 A1H。

4. 软件设计

为了保证数据传输的可靠性，标准的 I^2C 总线的数据传输有严格的时序要求，下面分析芯片的操作时序，并编写子程序。

1) 数据位的有效性规定

I^2C 总线进行数据传输时，时钟信号为高电平期间，数据线上的数据必须保持稳定，只有在时钟线上的信号为低电平期间，数据线上的高电平或低电平状态才允许变化，如图 6.12 所示。

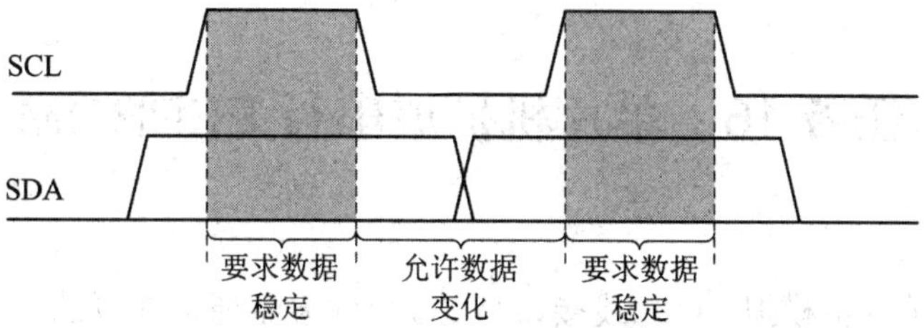

图 6.12　AT24C 系列芯片数据的有效性时序

2) 起始和终止信号

如图 6.13 所示，SCL 线为高电平期间，SDA 线由高电平向低电平的变化表示起始信号；SCL 线为高电平期间，SDA 线由低电平向高电平的变化表示终止信号。

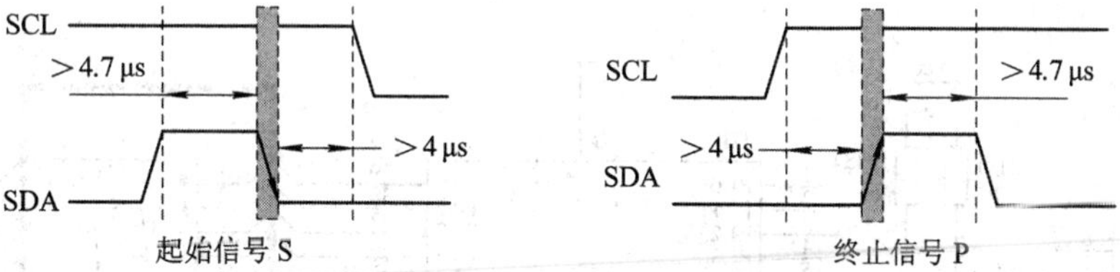

图 6.13　起始信号和终止信号时序

3) 写字节过程

单片机进行写操作时，首先发送该器件的 7 位地址码和写方向位“0”(共 8 位，即一个字节)，发送完后释放 SDA 线并在 SCL 线上产生第 9 个时钟信号。被选中的存储器器件在确认是自己的地址后，在 SDA 线上产生一个应答信号作为响应，单片机收到应答信号后就可以传输数据了。其时序如图 6.14 所示。

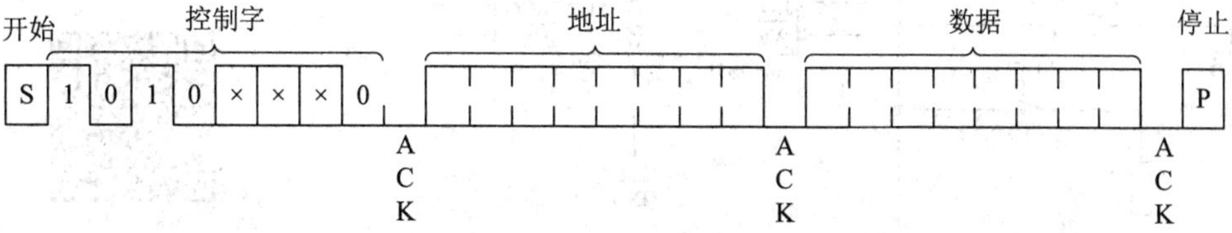

图 6.14　AT24C 系列存储器写字节时序

4) 读字节过程

读操作有当前地址读、随机读和顺序读三种基本操作。图 6.15 给出的是顺序读的时序图。应当注意的是，为了结束读操作，主机必须在第 9 个周期间发出停止条件或者在第 9 个时钟周期内保持 SDA 为高电平，然后发出停止条件。

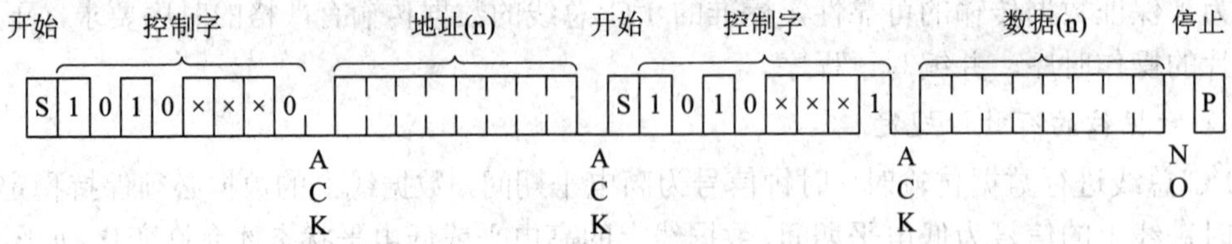

图 6.15　AT24C 系列存储器读字节时序

任务 16　单片机扩展串行 EEPROM

1. 任务目的

了解 51 系列单片机模拟 I^{2}C 总线接口与 I^{2}C 总线设备通信的方法。

2. 任务要求

将单片机的定时器做秒表，数据存储到 EEPROM，然后读出并通过数码管显示出来。

3. 电路设计

电路设计如图 6.16 所示。

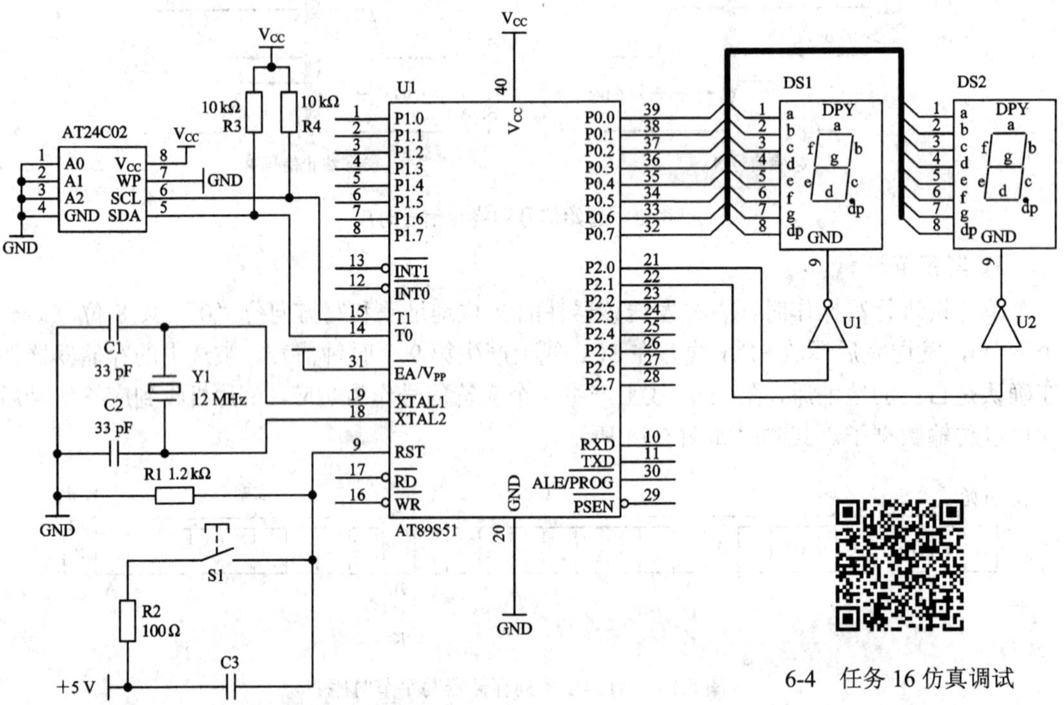

6-4　任务 16 仿真调试

图 6.16　硬件原理图

4. 程序设计

程序如下：

```
#include <reg51.h>                  //包含 51 单片机寄存器定义的头文件
#include <intrins.h>                //包含_nop_( )函数定义的头文件
#define OP_READ 0xa1                //器件地址以及读操作，0xa1 即为 1010 0001B
#define OP_WRITE 0xa0               //器件地址以及写操作，0xa0 即为 1010 0000B
sbit SCL=P3^4;                      //将串行时钟总线 SCL 位定义在 P3.4 引脚
sbit SDA=P3^5;                      //将串行数据总线 SDA 位定义在 P3.5 引脚
unsigned char code dispcode[10]={0x3f,0x06,0x5b,0x4f,0x66,0x6d,0x7d,
0x07,0xfe,0x67};                    //定义共阴数码管显示字形码
unsigned char sec=0;                //定义计数值，每过 1 s，sec 加 1
unsigned int count;                 //定时中断次数
bit write=0;                        //写 AT24C02 的标志
//函数功能：开始数据传输
void start( )                       //开始位
{
    SDA = 1;                        //SDA 初始化为高电平“1”
    SCL = 1;                        //开始数据传输时，要求 SCL 为高电平“1”
    _nop_( ); _nop_( ); _nop_( ); _nop_( ); _nop_( );          //等待 5 个机器周期
    SDA = 0;                 //SDA 的下降沿被认为是开始信号
    _nop_( ); _nop_( ); _nop_( ); _nop_( ); _nop_( );          //等待 5 个机器周期
    SCL = 0;                 //SCL 为低电平时，SDA 上数据才允许变化(即允许以后的数据传输)
}
//函数功能：结束数据传输
void stop( )                 //停止位
{
    SDA = 0;                 //SDA 初始化为低电平“0”
    SCL = 1;                 //结束数据传输时，要求 SCL 为高电平“1”
    _nop_( ); _nop_( ); _nop_( ); _nop_( ); _nop_( );     //等待 5 个机器周期
    SDA = 1;                 //SDA 的上升沿被认为是结束信号
    _nop_( ); _nop_( ); _nop_( ); _nop_( ); _nop_( );     //等待 5 个机器周期
    SDA=0;
    SCL=0;
}
//函数功能：检测应答位
bit Ask( )                   //检测应答
{
    bit ack_bit;             //储存应答位
    SDA = 1;                 //发送设备(主机)应在时钟脉冲的高电平期间(SCL=1)释放 SDA 线，
```

```
                          //以让 SDA 线转由接收设备(AT24C××)控制
    _nop_( ); _nop_( );   //等待 2 个机器周期
    SCL = 1;              //根据上述规定，SCL 应为高电平
    _nop_( ); _nop_( ); _nop_( ); _nop_( ); _nop_( );   //等待 5 个机器周期
    ack_bit = SDA;        //接收设备(AT24C××)向 SDA 送低电平，表示已经接收到一个字节
                          //若送高电平，表示没有接收到，传送异常，结束发送
    SCL = 0;              //SCL 为低电平时，SDA 上数据才允许变化(即允许以后的数据传输)
    return   ack_bit;     //返回 AT24C××应答位
}
//函数功能：从 AT24C××读数据
unsigned char ReadData( )              //从 AT24C××移入数据到 MCU
{
    unsigned char i;
    unsigned char x;                   //储存从 AT24C××中读出的数据
    for(i = 0; i < 8; i++)
    {
        SCL = 1;                       //SCL 置为高电平
        x<<=1;                         //将 x 中的各二进制位向左移一位
        x|=(unsigned char)SDA;         //将 SDA 上的数据通过按位“或”运算存入 x 中
        SCL = 0;                       //在 SCL 的下降沿读出数据
    }
    return(x);                         //将读取的数据返回
}
//函数功能：向 AT24C××的当前地址写入数据
void WriteCurrent(unsigned char y)
{
    unsigned char i;
    for(i = 0; i < 8; i++)             //循环移入 8 个位
    {
    SDA = (bit)(y&0x80);               //通过按位“与”运算将最高位数据送到 SDA，传送时
                                       //高位在前，低位在后
        _nop_( );                      //等待 1 个机器周期
       SCL = 1;                        //在 SCL 的上升沿将数据写入 AT24C××
       _nop_( );                       //等待 1 个机器周期
       _nop_( );                       //等待 1 个机器周期
        SCL = 0;   //将 SCL 重新置为低电平，在 SCL 线形成传输数据所需的 8 个脉冲
        y <<= 1;   //将 y 中的各二进制位向左移一位
    }
}
```

```
//函数功能：向 AT24C××中的指定地址写数据
void WriteSet(unsigned char add, unsigned char dat)
// 在指定地址 addr 处写入数据 WriteCurrent
{
    start( );                          //开始数据传输
    WriteCurrent(OP_WRITE);            //选择要操作的 AT24C××芯片，并告知要对其写入数据
    Ask( );
    WriteCurrent(add);                 //写入指定地址
    Ask( );
    WriteCurrent(dat);                 //向当前地址(上面指定的地址)写入数据
    Ask( );
    stop( );                           //停止数据传输
    _nop_( ); _nop_( ); _nop_( );_nop_( ); _nop_( ); //1 个字节的写入周期为 1 ms，最好延时 1 ms 以上
}
//函数功能：从 AT24C××中的当前地址读数据
unsigned char ReadCurrent( )
{
    unsigned char x;
    start( );                          //开始数据传递
    WriteCurrent(OP_READ);             //选择要操作的 AT24C××芯片，并告知要读其数据
    Ask( );
    x=ReadData( );                     //将读取的数据存入 x
    stop( );                           //停止数据传输
    return x;                          //返回读取的数据
}
//函数功能：从 AT24C××中的指定地址读数据
unsigned char ReadSet(unsigned char set_addr)
//在指定地址读取
{
    start( );                          //开始数据传输
    WriteCurrent(OP_WRITE);            //选择要操作的 AT24C××芯片，并告知要对其写入数据
    Ask( );
    WriteCurrent(set_addr);            //写入指定地址
    Ask( );
    return(ReadCurrent( ));            //从指定地址读出数据并返回
}
//函数功能：显示函数
void LEDshow( )                        //LED 显示函数
{
```

```
        P0=table[sec/10];
        P2=0x10;
        P2=0x00;                    //关重影
        P0=table[sec%10];
        P2=0x01;
        P2=0x00;                    //关重影
    }
    //函数功能：主程序
    void main(void)
    {
        TMOD=0x01;                  //定时器 T0 工作在方式 1
        ET0=1;
        EA=1;
        TH0=(65536-50000)/256;      //对 TH0、TL0 赋值
        TL0=(65536-50000)%256;      //使定时器 0.05 s 中断一次
        SDA=1;                      // SDA=1，SCL=1，使主、从设备处于空闲状态
        SCL=1;
        sec=ReadSet(2);             //读出保存的数据，将其赋予 sec
        TR0=1;                      //开始计时
            while(1)
            {
                LEDshow( );
                if(write==1)        //判断计时器是否计时 1 s
                {
                write=0;            //清零
                WriteSet(2,sec);    //在 AT24C02 的地址 2 中写入数据 sec
                }
            }
    }
    //函数功能：定时中断服务函数
    void t0(void) interrupt 1
    {
        TH0=(65536-50000)/256;          //对 TH0、TL0 赋值
        TL0=(65536-50000)%256;          //重装计数初值
        count++;                        //每过 50 ms，count 加 1
        if(count==20)                   //计满 20 次(1 s)时
        {
            count=0;                    //重新再计
            sec++;
```

```
        write=1;                    //1 s 写一次 AT24C02
        if(sec==100)                //定时 100 s，再从零开始计时
        {sec=0;}
    }
}
```

5. 任务小结

本任务中，用软件模拟 I^2C 总线时序实现对数据存储器的串行扩展，实现单片机与 I^2C 总线设备的数据读取和写入。串行扩展方式极大地简化了硬件连接，减少了单片机硬件资源的开销，提高了系统的可靠性，但串行接口方式速度较慢，在高速应用的场合，还是并行扩展法占主导地位。因此，并行和串行扩展方法都是进行应用系统设计所必须掌握的。

习　题　6

1. 选择题

(1) 串行通信传输速率的单位是波特，而波特的单位是(　　)。

A. 字符/秒　　B. 位/秒　　C. 帧/秒　　D. 帧/分

(2) 8051 单片机的串行口是(　　)。

A. 单工　　B. 全双工　　C. 半双工　　D. 并行口

(3) 帧格式为 1 个起始位、8 个数据位和 1 个停止位的异步串行通信方式是(　　)。

A. 方式 0　　B. 方式 1　　C. 方式 2　　D. 方式 3

(4) 单片机和 PC 接口时，往往采用 RS-232 接口，其主要作用是(　　)。

A. 提高传输距离　　B. 提高传输速度

C. 进行电平转换　　D. 提高驱动能力

(5) 当采用中断方式进行串行数据的发送时，发送完一帧数据后，TI 标志要(　　)。

A. 自动清零　　B. 由硬件清零

C. 由软件清零　　D. 由软、硬件清零

2. 简答题

(1) 串行通信和并行通信各有什么优缺点？它们分别适用于什么场合？

(2) 串行通信有几种通信方式？

(3) 串行口有几种工作方式？它们各有什么特点？

6-5　习题 6 解答　　　　6-6　项目六重难点

项目七　单片机应用系统设计

单片机具有小巧灵活、低功耗、低成本、易于产品化等特点，其应用范围十分广泛，如智能家电、智能仪表、计算机外设、工业测控系统等。前面几个项目中介绍了单片机的基本原理、C 语言基础及程序设计、系统扩展和接口技术，是应用系统设计的基础，但单片机应用系统设计还需要综合考虑各种资源的利用及各种接口和外围电路的设计等内容，因此，了解和掌握单片机应用系统设计的基本原则和方法有着十分重要的意义。

7.1　系统设计的原则和基本要求

总体来讲，一个单片机应用系统应包括硬件系统和软件系统两部分。硬件系统是由单片机最小系统、存储器、数字 I/O、模拟 I/O、驱动电路、键盘、显示器以及其他外围电路共同构成的硬件电路；软件系统是由系统软件和应用软件构成的。

根据单片机系统扩展与系统配置情况来划分，硬件系统包括单片机最小系统和扩展电路两个部分。扩展部分是对单片机输入、输出的扩展，主要分为人机对话、输入通道、输出通道、通用接口和存储器等。人机对话部分包括键盘和显示器等；输入通道部分包括数字量检测、模拟量检测和脉冲量检测；输出通道部分包括驱动控制、数字量控制等；通用接口部分主要由标准外部接口构成，如 RS-232 通用串行接口、RS-485 接口、以太网接口、USB 接口、现场总线接口(如 CAN)等；存储器扩展包括外部程序存储器的扩展和外部数据存储器的扩展。通过这样的扩展，单片机最小系统就可以利用这些外部资源完成应用系统的各种任务。

一个单片机应用系统并不一定要包括以上提到的所有组成部分，设计者在系统开发之前可根据系统任务要求进行增减。

7.1.1　系统设计的原则

单片机应用系统的开发是一个复杂的过程，在设计时需要考虑到系统设计的各个方面。其设计过程应该遵循如下原则。

1. 硬件系统设计的原则

如上所述，单片机应用系统的硬件设计包括单片机最小系统的设计和扩展电路部分的设计。单片机最小系统的设计主要是根据单片机的数据手册来设计相应的外围电路。当单片机内部的资源(如程序存储器、数据存储器、I/O 口、定时器、中断系统等模块)不能满足应用系统的要求时，必须进行片外扩展。系统的扩展应遵循以下原则：

(1) 尽可能选用典型电路，并符合常规用法。

(2) 系统的扩展应充分满足应用系统的功能要求，并预留部分资源，以便进行二次开发。

(3) 硬件结构设计应综合考虑软件设计方案。硬件结构设计不是孤立的，它与软件方案是相互关联的。

(4) 系统中的器件选择要尽可能做到性能匹配。

(5) 设计时需要考虑系统的可靠性及抗干扰能力。

(6) 需要考虑不同芯片的供电以及不同工作电压芯片的接口兼容性问题。

(7) 当单片机总线上外接电路较多时，必须考虑其驱动能力。

2. 应用软件设计的原则

单片机应用系统中的软件系统是根据系统的硬件电路和功能要求来进行设计的。硬件系统不同其对应的软件系统也各不相同。对于一个优秀的软件系统而言，除了能够可靠地实现系统的各种功能以外，还应该遵循以下原则：

(1) 软件结构清晰、简洁，流程合理。

(2) 为便于调试、移植、修改，各种功能程序应采用模块化结构进行设计。

(3) 合理规划程序存储区、数据存储区以及各种运行状态标志，高效地利用存储空间。

(4) 为了提高应用系统的可靠性，应该进行软件抗干扰设计。

7.1.2　系统设计的基本要求

系统设计的基本要求如下：

1. 可靠性高

可靠性是衡量单片机应用系统的一个重要指标。对于工业控制领域而言，单片机应用系统完成的任务是系统前端的信号采集和控制输出，一旦系统出现故障，必将造成整个生产过程的混乱和失控，会带来严重的后果。因此，可靠性设计应贯穿于单片机应用系统设计的整个过程。

首先，在设计时应对系统的应用环境进行细致地了解，认真分析各种可能影响系统可靠性的因素，采取切实可行的措施排除故障隐患。其次，在总体设计时应考虑系统的故障自动检测和处理功能。在系统正常运行时，定时地进行各个功能模块的自诊断，并对外界的异常情况做出快速处理。对于无法解决的问题，应及时切换到备用方案或告警提示。

2. 使用方便

在总体设计时，应考虑系统的使用和维修方便，尽量降低对维修人员专业知识的要求，以便于系统的广泛使用。

系统操作顺序应简单、人性化，功能符号要简明、直观。在系统方案上，硬件和软件都要模块化，以方便系统升级和维护。

3. 性价比高

为了使系统具有良好的市场竞争力，在提高系统性能指标的同时，还要优化系统设计，尽量降低系统成本。例如，可以采用硬件软化等技术来提高系统的性价比。

7.2　单片机应用系统的设计过程

单片机应用系统用途不同，它们的硬件和软件结构差别很大，但是单片机系统设计的方法和步骤是基本相同的，开发过程也大体一致。单片机应用系统设计过程流程图如图 7.1 所示。

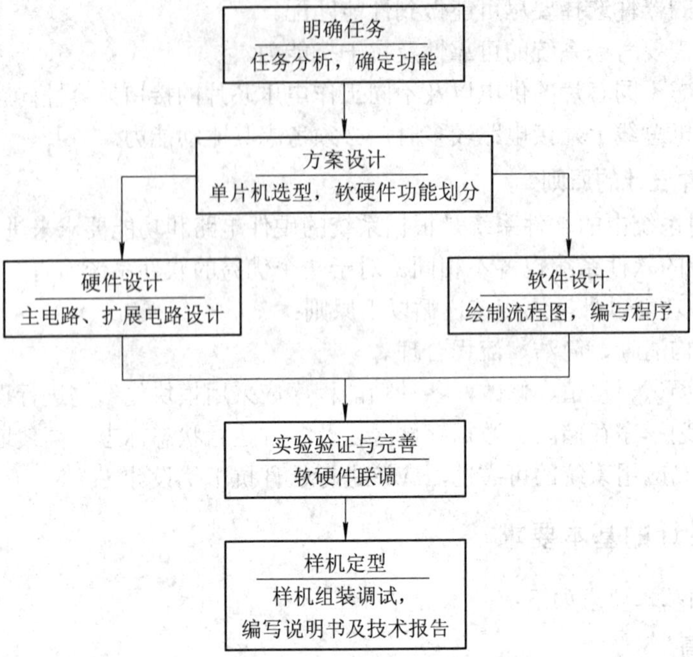

图 7.1　单片机应用系统设计过程流程图

1. 明确任务

要设计好一个性能优良的单片机应用系统，须注重对实际应用问题的调查。单片机作为应用系统的核心时，它所控制的对象多种多样，所实现的控制功能也是千差万别。在进行系统方案设计之前，需要对系统总体任务和要求进行分析，确定系统的详细功能和性能指标。通过对系统功能的确定，设计者可以充分估计各种技术难点，便于后续的方案设计。

1) 确定 I/O 类型和数量

确定系统的规模和功能后，必须要明确系统的 I/O 通道数。I/O 通道包括输入通道和输出通道，它不仅涉及系统本身的 I/O 通道数量，而且还涉及人机对话、通信模块等功能。

(1) 输入通道数。输入信号主要有现场输入状态(如行程开关、继电器触点、保护开关等)和系统设置状态(如键盘)，外部需要进行 A/D 变换的模拟信号(如电压、电流)，以及外部的频率信号和脉宽调制(PWM)信号。

(2) 输出通道数。输出信号主要有输出控制信号(如继电器控制、功率开关器件控制)和声音、显示控制信号(如语音提示、指示灯)，需要进行 D/A 变换的模拟信号及频率和脉宽调制信号。

2) 确定系统结构

单片机应用系统通常是安装在机壳内部的。机壳除了具有包装系统电路和美观的作用以外，还起到了屏蔽外部电磁干扰和减少内部电磁干扰对外辐射的作用。系统结构尺寸决定了机壳的大小，同时也决定了内部电路和人机界面的大小。合理的系统结构可以为系统应用和维护带来方便。因此，在确定系统结构时，要根据实际应用需求进行选择。

3) 确定人机界面

人机界面的确定同样也是系统功能确定的一个重要方面。人机界面主要涉及系统的显示(提示)和操作控制两个方面。目前比较常用的显示界面包括 LED、LCD、CRT 等。除此之外，声音提示也是人机界面的一部分(如按键声音、告警声音等)。操作控制主要包括各种按键、开关以及一些特殊的输入功能模块。设计者可根据不同的应用领域和产品的不同档次进行选择。

2. 方案设计

系统功能确定后，便可进行总体方案设计。总体方案设计主要包括单片机选型和软硬件功能划分。

1) 单片机选型

目前，市场上单片机的种类繁多，有 8 位、16 位、32 位的，有带 A/D 转换器、D/A 转换器的，有带 CAN、I^2C 等标准总线的等。在确定单片机的类型时，要根据任务所需要的 I/O 数量、存储空间大小、运算能力、系统响应速度、功耗、开发成本以及抗干扰能力等进行综合考虑。如应用于电力、汽车领域的系统对单片机的可靠性和抗干扰能力要求较高；应用于图像和声音信号处理的系统对单片机的运算能力要求较高；如果片内的存储器空间、I/O 数量不够，则需要考虑扩展等。目前，多数芯片制造商(如 Intel、NXP、NEC、MAXIM、Atmel、ST、Motorola、TI 等)在设计芯片时考虑了其芯片的应用领域。在选择单片机时，可以参考芯片制造商在相关应用领域的推荐选择芯片。通常在单片机选型时应从以下几个方面进行考虑：

(1) 在满足系统功能要求的情况下，避免过多的功能闲置。

(2) 提高整个系统的性价比。

(3) 为了缩短开发周期，应尽可能选择熟悉的单片机类型。

(4) 为了批量化生产，减小系统的维护成本，应尽量选择货源稳定的单片机类型。

2) 软硬件功能划分

在进行系统设计时，应充分利用单片机的软件资源以简化硬件电路，降低产品成本。一般情况下，用硬件实现速度比较快，可以节省 CPU 的运算时间，缺点是系统的硬件接线复杂、系统成本较高。用软件实现则较为经济，缺点是要占用更多的 CPU 运算时间。所以，若在 CPU 运算时间不紧张的情况下，应尽量采用软件实现；如果系统回路较多、实时性要求较强，则应考虑用硬件完成。

全面进行软硬件的规划，是一个非常重要的问题。设计者需要从系统的整体出发，全面地均衡软硬件功能，对系统要求、实现途径、开发周期、产品成本、系统可靠性等多方面进行综合考虑。设计者可以从实际的经验中不断总结，全面掌握软硬件方面的知识，提高系统的整体设计能力。

3. 硬件设计

硬件设计是指应用系统的电路设计，包括主电路、控制电路、存储器、I/O 接口、A/D 和 D/A 转换电路等。在进行硬件设计时，应考虑留有充分余量，电路设计力求正确无误，因为在系统调试中不易修改硬件结构。下面简述在设计单片机应用系统硬件电路时应注意的几个问题。

1) 单片机最小系统的设计

单片机最小系统包括单片机、时钟电路、电源电路、复位电路。设计者主要根据器件手册要求对工作电源、时钟、外部复位信号以及单片机功能的配置进行设计。特别是对于可靠性要求较高的系统，应该使用具有“看门狗”功能的芯片。在系统正常运行时，如果使用这种芯片，则需要在一定时间内用命令对“看门狗”复位，否则“看门狗”将认为系统出现死机，并发出复位信号使系统复位。

电源的质量直接影响单片机系统的可靠性，因此电源电路的设计是一个非常重要的部分。在设计电源电路时，需要确定单片机应用系统所需的电源电压，如 +5 V、+3.3 V、+2.5 V、+1.8 V 等。然后，根据应用系统中由同一组电源供电的所有芯片提供的电流大小总和，对所需的供电电流进行估算，并保留 20%～30%的余量。最后，根据需要的电压和电流来选择电源。

2) 扩展电路的设计

(1) 输入通道的设计。输入通道是系统进行数据采集的通道。不同的被测对象，其信息的表现形式也各不相同。根据物理量特征的不同，输入信号可分为模拟量输入信号、数字量输入信号和脉冲量输入信号三种。

① 对于数字量输入信号，其采集比较简单，只需对数字信号进行光电隔离、电平转换，便可直接作为输入信号。光电隔离的作用是将外部与内部电路隔离，两电源不共地，各自独立，避免外部的干扰进入单片机应用系统内部。该部分电路主要通过集成的光电耦合器来实现。

② 对于脉冲量输入信号，其电路的设计与数字量输入通道不同的是在选择器件时需要考虑被采集信号的频率。如果输入信号频率较高，则需要选择高速器件(如高速光电耦合器)。

③ 对于模拟量输入信号，其电路设计一般包括信号调理电路、滤波电路、多路切换开关、A/D 转换器等的设计。

信号调理电路：一般情况下外部的被测模拟量信号是非标准电信号，其信号范围难以满足 A/D 转换器的输入范围。为了有效地利用 A/D 转换器，需要将输入信号范围映射到 A/D 转换器输入范围。信号调理电路则将非标准电信号变成标准电信号，以适应 A/D 转换器的输入范围。例如，外部输入信号范围为−10 V～+10 V，A/D 转换器的输入信号范围为−5 V～+5 V，那么信号调理电路需要将−10 V～+10 V 的信号映射到−5 V～+5 V 的信号。因此，需要确定了外部输入信号范围和 A/D 转换器输入信号范围后，才能进行信号调理电路的设计。

滤波电路：外部的被测信号可能存在大量的噪声干扰，为了提高系统的测量精度和可靠性，需要设计滤波电路将干扰滤掉。在设计滤波电路时，需要根据输入信号的频率范围确定滤波电路的参数。

多路切换开关：当系统中需要用单个 A/D 转换器对多路模拟信号进行转换时，需要使用多路切换开关。多路切换开关的通道选择由单片机来控制。因此，可以由单片机选择哪一路模拟信号与 A/D 转换器输入端连接。通过单片机对多路开关通道的循环切换，可以实现对外部模拟信号的循环检测，从而实现用一个 A/D 转换器转换多路模拟信号。

A/D 转换器：其作用是将输入的模拟信号转换成数字信号。它是系统模拟量输入通道的核心芯片，其性能直接关系到模拟信号的转换精度和采样速度。对于内部没有集成采样保持模块的 A/D 转换器，还需要在输入端增加采样保持电路，以保证被测的模拟输入信号在 A/D 转换器进行转换期间保持不变。在选择 A/D 转换器时，需要根据系统的性能要求，考虑转换速度、转换精度、动态范围等性能指标。设计者可以根据单片机的 I/O 资源和转换速度综合考虑。

(2) 输出通道的设计。输出通道完成单片机应用系统输出信号的数/模转换、状态锁存、信号隔离与功率驱动。输出信号也可分为数字量输出信号、模拟量输出信号和脉冲量输出信号三种。

系统输出通道的基本结构与输入通道的类似。对于数字量和脉冲量而言，由于一些外部执行机构的输入信号要求较高的电流，因此在信号输出到执行机构之前，需要增加驱动电路，以提高系统的驱动能力。

常用的开关驱动器件有晶体管、复合晶体管、可控硅、继电器、MOSFET 和 IGBT 等。设计者可根据被驱动设备对输入信号的要求进行选择。例如，开关电路的驱动常采用继电器，MOSFET、IGBT 等器件常用于驱动电机和电力电子等设备。由于大功率驱动器件的价格相对较高，因此在选择驱动器件时，需要综合考虑系统开发成本和实际要求。

3) 存储器和 I/O 接口扩展

当单片机内部的存储器、I/O 接口等资源不够时，需要对其进行扩展。在选择扩展芯片前，应该确定需要扩展哪些资源(如 I/O 总线、数据存储器、程序存储器等)，以及扩展芯片与单片机的接口(并行总线或串行总线)。通常并行总线扩展 I/O 接口的芯片有 74LS245、74LS373、8255 等，扩展数据存储器的芯片有 6264、62256 等，扩展程序存储器的芯片有 2764、27256 等。用于单片机扩展的串行总线包括 I^2C、SPI 等总线，如 AT24C02。一般情况下，并行总线比串行总线传输速度快，而串行总线比并行总线的硬件连接更简单、更方便。

4) 人机对话的功能

人机对话模块是单片机应用系统中人机之间信息交流的主要通道。用户可以通过人机对话模块对应用系统进行操作(如启/停、参数设置等)，获得系统运行状态。人机对话功能应该界面美观，具有人性化的可操作性。设计者需要综合考虑系统成本来设计人机对话功能。例如，是选择显示器和键盘，还是选择触摸屏。

5) 绘制原理图

绘制原理图的目的一方面是便于前期搭建实验电路，另一方面是便于后期系统的改进和维护。目前，常用的计算机辅助设计软件有 Altium(原 Protel 升级版)、OrCAD、Cadence 等软件。这些计算机辅助设计软件通常集成了原理图设计工具、印制电路板(PCB)设计工具以及丰富的元件库和 PCB 封装，而且设计者可以定义自己的元件库和 PCB 封装。

4. 软件设计

单片机应用系统的软件设计是研制过程中任务最繁重的一项工作，其难度也比较大。单片机应用系统的软件主要包括两大部分，即用于管理单片机系统工作的监督管理程序和用于执行实际任务的功能程序。对于前者，应尽可能利用现成微机系统的监控程序，例如，键盘管理程序、显示程序等，因此在设计系统硬件逻辑和确定应用系统的操作方法时，应充分考虑这一点，这样可大大减轻软件设计的工作量，提高编程效率。后者要根据应用系统的功能要求来编写，例如，外部数据采集、控制算法的实现、外设驱动、故障处理及报警程序等。

单片机应用系统的软件设计千差万别，不存在统一模式。开发一个软件的明智方法是尽可能采用模块化结构。根据系统软件的总体构思，按照先粗后细的办法，把整个系统软件划分成多个功能独立、大小适当的模块。划分模块时要明确规定各模块的功能，尽量使每个模块功能单一，各模块间的接口信息简单、完备，接口关系统一，尽可能使各模块之间的联系降到最低限度。根据各模块的功能和接口关系，可以分别独立设计，某一模块的编程者可不必知道其他模块的内部结构和实现方法。在各个程序模块分别进行设计、编制和调试后，再将各个程序模块连成一个完整的程序进行总调试。

5. 实验验证与完善

系统原理图设计完成之后，需要经过实验验证，证明方案的合理性。实验电路板通常采用面包板、通用实验板、印制电路实验板来搭建。三种方法各有优缺点，读者可根据自己的情况来选择合适的方法。

在搭建好实验电路后，设计者就可以对硬件电路原理和设计的软件进行验证，进而对硬件电路和软件进行修改和完善。在系统设计过程中，这一步可能要反复若干次。设计者应该尽可能在这个阶段发现问题，并解决问题，以提高系统的可靠性和稳定性。为了缩短开发周期，设计者可以借助开发工具提高开发效率。

在完成实验验证，并确定系统修改方案后，就可以进行系统的样机设计与制作了。样机设计包括外壳的设计和印制电路板的设计。

6. 样机定型

在完成样机的设计与调试后，就可以进行组装定型了。除此之外，设计者还应该编写产品的使用说明书、安装维护手册等资料。

7.3　单片机应用系统的可靠性设计

单片机应用系统的设计除了需要对系统功能和结构进行设计以外，还需要对系统的可靠性进行设计。特别是对于工业产品，其工作环境非常复杂，存在各种各样的电磁干扰，如果在设计时没有考虑单片机应用系统的可靠性，那么在开发阶段能够正常运行的系统在工业现场有可能无法正常运行。所以，可靠性设计在单片机应用系统的设计中起着至关重要的作用。如何提高可靠性一直以来是单片机应用系统设计的一个重要问题。

7.3.1　电路的可靠性设计

1. 单片机的选型

目前市场上的各种单片机在设计阶段不断引入一些新的抗干扰技术，使其可靠性不断提高。外部时钟是高频的噪声源，除了会干扰自身应用系统之外，还会向外界辐射干扰，使系统电磁兼容性变差。因此，在满足系统要求的前提下，应尽量降低单片机外部时钟的频率或者选用频率低的单片机。例如，有些单片机采用了内部锁相环技术将外部的低频时钟倍频后用于系统总线，这样既可以降低外部时钟，又不牺牲单片机的性能。为了降低辐射干扰，有些单片机内部集成了晶振。

单片机指令系统设计上也有一些抗干扰的措施。在单片机选型时，可以考虑选择具有非法指令复位或非法指令中断功能的单片机。

2. 电源抗干扰的设计

1) 交流电源

工业现场的电源干扰非常严重，它对单片机应用系统运行的可靠性造成较大的危害。因此，提高单片机应用系统电源的可靠性非常重要。通常，单片机应用系统使用市电作为供电电源。在工业现场中，负荷变化、大功率设备的反复启停，往往会造成电源电压的波动，产生高能尖峰脉冲。这些干扰可能使单片机应用系统的程序“跑飞”或造成系统“死机”。为了提高单片机应用系统的可靠性，通常采用交流稳压器，防止电源的过压和欠压，并采用 1∶1 隔离变压器，防止干扰通过初级与次级间的电容效应进入单片机供电系统。

2) 直流电源

通常采用的直流电源有集成稳压电路、开关电源、DC-DC 变换器。在稳压电路中，每个稳压电路单独对电压过载进行保护，不会因某个电路出现故障而使整个系统遭到破坏；直流开关电源是一种脉宽调制型电源，具有体积小、重量轻、效率高、电网电压范围宽、不易输出过电压和欠电压的特点；DC-DC 变换器具有输入电压范围大、输出电压稳定且可调整、效率高、体积小的特点。在实际应用中可以根据系统设计的要求选择合适的方案。

3. 接地抗干扰应用的设计

在单片机应用系统中，地线的连接是电子设备抑制干扰的重要手段。接地的好坏将直接影响系统的可靠性。

1) 数字地与模拟地分开

数字地包括 CPU、TTL 和 CMOS 芯片的接地端，以及 A/D 转换器、D/A 转换器的数字接地端。模拟地是指放大器、三极管、采样保持器，以及 A/D 转换器、D/A 转换器中模拟信号的接地端。在布线时，需要将数字地和模拟地分开连接，然后在某一点处把两种地连接起来，以降低相互之间的干扰。

2) 接地线应尽量加粗

若接地线很细，则器件的接地电位会随电流的变化而变化，降低了系统抗噪性能，因此应尽可能地将地线加粗。

3) 单点接地与多点接地

若线路板上既有模拟电路又有数字电路，应使它们尽量分开。对模拟电路而言，低频电路的地应尽量采用单点并联接地，以减少地线造成的地环路。实际布线有困难时可部分串联后再并联接地。高频电路宜采用多点串联接地，地线应短而粗，高频元件周围应尽量使用栅格状的大面积铜箔。

4) 地线分布原则

对于印制电路板的布线来讲，如果设计双面板，则应尽可能地让一面横向布线，另一面纵向布线。为了抑制印制导线之间的串扰，应尽可能拉开线与线之间的距离，避免长距离的平行走线。为了减小高频信号的发射，尽量使用 45° 转角，而不要使用 90° 转角。石英晶体振荡器外壳应该接地。瞬变电流会因导线上的分布电感而产生冲击干扰。分布电感的大小与导线的长度成正比，与宽度成反比。在布线时应该让导线短而粗，减小电感量，从而减少干扰的产生。一些关键的线要在两边加上保护地，例如时钟引线、总线驱动器及高频信号的导线等。

4．复位电路的设计

为了提高系统的可靠性，许多芯片生产厂商推出了微处理器复位监控芯片(如 X25045)。这类芯片具有上电复位、电压监控、“看门狗”等功能。当系统出现电压不正常、死机等现象时，复位监控芯片能够发出复位信号，使单片机复位。

5．电容的使用

在电源输入端通常依次跨接大小不同的电容(如 100 pF、47 μF、0.1 μF 等)，这样可以有效地抑制电源纹波。去耦电容是印制电路板设计抗干扰的一种常用措施，原则上每个集成电路芯片都应布置一个 0.01 pF 的陶瓷电容作为去耦电容。电容引线不能太长，尤其是高频旁路电容不能有引线。

7.3.2 软件的可靠性设计

1．输入抗干扰

对于开关量的输入，在软件上可以采取多次(至少两次)读入的方法，几次经比较无误后，再进行确认。有时，可以采用软件延时来消除干扰，如通常采用软件延时的办法来消除按键抖动。

2．避免系统“死机”的方法

在无复位监控电路时，可以将未使用的程序存储空间写入程序“跑飞”后希望系统进入的程序地址。例如，当系统非正常跳入未使用程序存储空间时，希望程序指针跳到 0000H，则可以在未使用的程序存储空间中写入指令：LJMP 0000H。

3．自检程序

在开机后或有自检中断请求时，系统通过自检测试程序对整个系统或关键环节进行测试，如果存在问题，则会及时显示出来，这样可以提高系统中信息存储、传输、运算的可靠性。

以上介绍了单片机应用系统的设计过程和基本方法、常用的单片机开发系统以及单片机应用系统的可靠性设计，这些内容是有限的，对于初学者来讲，需要在实践中不断总结经验，循序渐进，以逐步提高单片机应用系统的设计能力。

任务 17 搬运机器人

1．任务概述

本任务来源于 2013 年全国高等职业院校技能大赛——机器人技术应用项目。该项目模拟了智慧工厂的自动化装配过程，各参赛队在组委会规定的机器人平台的基础上自行设计并制作机器人，实现工件的识别、抓取、运输、精确定位和装配工作。

比赛的场地模拟了一个智慧工厂的布局，场地立体效果图见图 7.2，平面图见图 7.3。

其中，平面图中的矩形框和对角线均为示意说明，在场地上并不存在。场地设置了手动机器人出发区和自动机器人出发区，该区域是机器人正式启动前所停泊的区域，有红、蓝两个出发区，尺寸大小均为 1000 mm × 1000 mm，在场地的上方(见图 7.2)。

整块场地被划分为手动区、自动区和限制区三个区域。场地上方的第一根水平白线与围栏之间组成的区域(见图 7.2)为手动区。比赛时，手动机器人只能在此区域内运行。手动区内安放 5 个车轮存贮台、2 个滚柱存贮座和 2 个装配柱，比赛前，有红、蓝各 4 个车轮直接放置在场地上，10 个滚柱分别放置在 2 个滚柱存贮座上。手动区以外的区域就是自动区，自动区内安放 4 个半成品存贮台、1 个成品存贮台、4 个轴承内圈存贮台、4 个轴承外圈存贮台和 2 个车轮轴存贮台，比赛前，红、蓝各 4 套轴承内、外圈和各 2 套车轮轴放置在轴承存贮台和车轮轴存贮台上，每个工件在存贮台上的位置随机摆放。图 7.3 中，场地中央矩形空白的区域为限制区，只有一方将 2 个半成品成功放到半成品存贮台后，才允许进入。

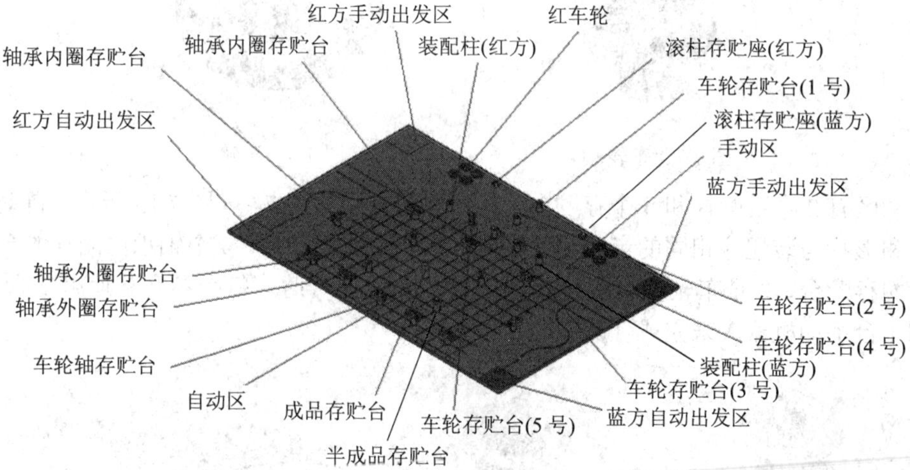

图 7.2　场地立体效果图

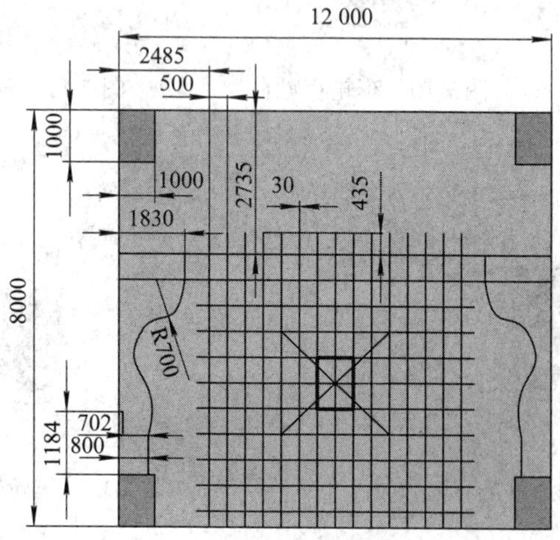

图 7.3　场地平面图

比赛时用于装配的工件有轴承外圈、轴承内圈、滚柱、车轮轴和车轮 5 种，其外观图分别如图 7.4～图 7.8 所示，工件的材料均为有机玻璃，颜色分为红、蓝两种。

图 7.4　轴承外圈

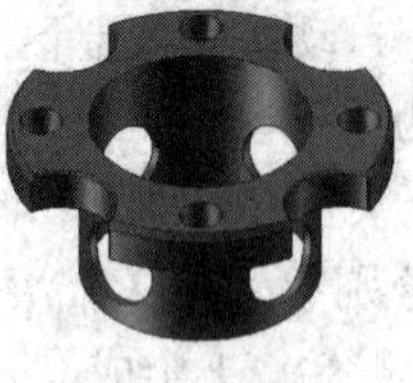

图 7.5　轴承内圈

图 7.6　滚柱

图 7.7　车轮轴

图 7.8　车轮

手动区有 2 个装配柱和 5 个存贮台，其外观图分别如图 7.9～图 7.13 所示。自动区有 4 个大小和形状与装配柱相同的半成品存贮台、1 个成品存贮台、4 个轴承内圈存贮台、4 个轴承外圈存贮台、2 个车轮轴存贮台(具体见图 7.2)。比赛时，每个参赛队使用 2 台自动机器人和 1 台手动机器人来完成任务。

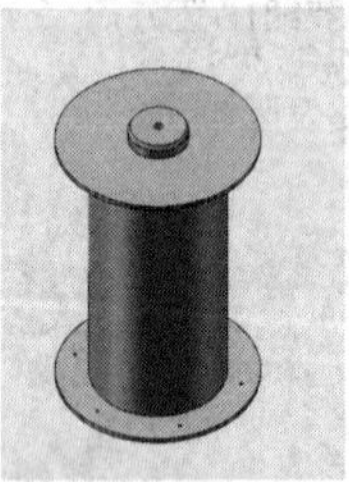

图 7.9　装配柱

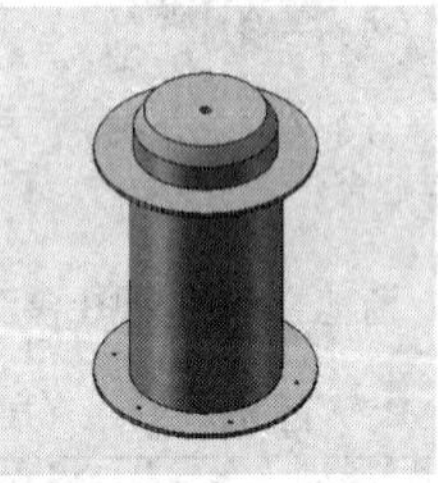

图 7.10　车轮存贮台

图 7.11　轴承内圈存贮台

图 7.12　轴承外圈存贮台

图 7.13　车轮轴存贮台

2. 任务要求

手动机器人和自动机器人均不预装工件，手动机器人和自动机器人同时出发。

(1) 手动机器人取走位于手动区边缘与本队颜色相同的车轮，并将其安放在手动区中央的车轮存贮台上。车轮可以叠加放置，但是只有位于最上方的车轮才可以计入成绩。

(2) 自动机器人分别取与本队颜色相同的轴承内圈和外圈装配成 2 套轴承半成品，并将其送到位于自动区中央的呈矩形分布的 4 个半成品存贮台上的其中任意 2 个上面。

轴承半成品的安装顺序是先安装轴承外圈，再安装轴承内圈。安装好的半成品如图 7.14 所示。

(3) 自动机器人和手动机器人共同在手动区的装配柱上安装车轮组件，然后自动机器人将装配好的组件运送到中央成品存贮台上。

场地中央矩形区域是限制区(见图 7.3)，只有一方将 2 个半成品成功放到半成品存贮台后，才允许进入。

车轮组件的装配顺序是轴承外圈—轴承内圈 4 根滚柱—车轮轴—车轮，装配完成的组件如图 7.15 所示，除 4 根滚柱和车轮由手动机器人安装外，其余均由自动机器人安装完成。手动机器人的任务可由自动机器人来完成。

(4) 如果手动机器人在 1 号车轮存贮台上成功放置了指定颜色的车轮，同时在中央与本队颜色相同的对角线上的 3 个存贮台上都放置了本队的半成品和成品(见图 7.3)，则装配输送任务完成。

图 7.14　轴承半成品

图 7.15　车轮成品组件

3. 设计思路及流程

机器人平台采用北京中科远洋科技有限公司的 A200 型和 M100 型机器人平台，其总体构成见图 7.16。其机械部分主要包括 2 个主动轮、1 个从动轮、铝合金架板、2 个直流电机、电池和电路板，控制部分主要包括平台底部安装的 16 路巡线传感器、传感器信号处理板、主控制板、电机驱动板和其他待开发的扩展部件。自动机器人平台控制系统组成框图如图 7.17 所示。其中，虚线框中的部分是机器人平台已经配备的部分，其他部分需根据设计的上部机构动作情况进行扩展。

平台上的电池、传感器信号处理板、主控制板、电机驱动板、16 路巡线传感器可根据上部机构及整体设计需求改变安装位置，平台的车轮、万向轮安装位置可以前后移动。由于手动机器人的编程比较简单，且功能可以被自动机器人涵盖，因此本书主要介绍两台自动机器人是如何配合完成任务的。根据任务要求可以将整个系统划分为机械系统和电气系统，电气系统是在机械系统的基础上进行设计的。

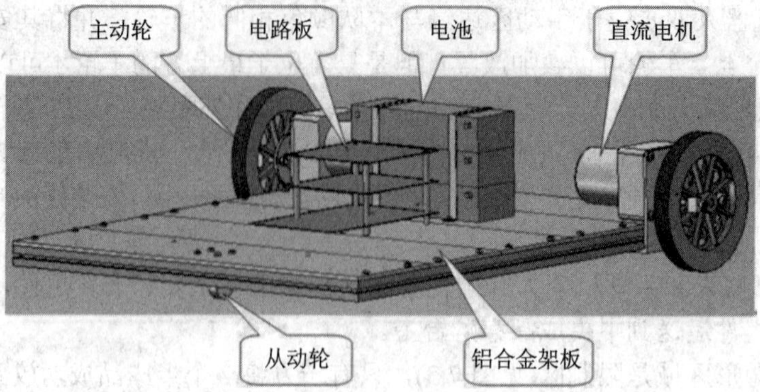

图 7.16　机器人平台的总体构成

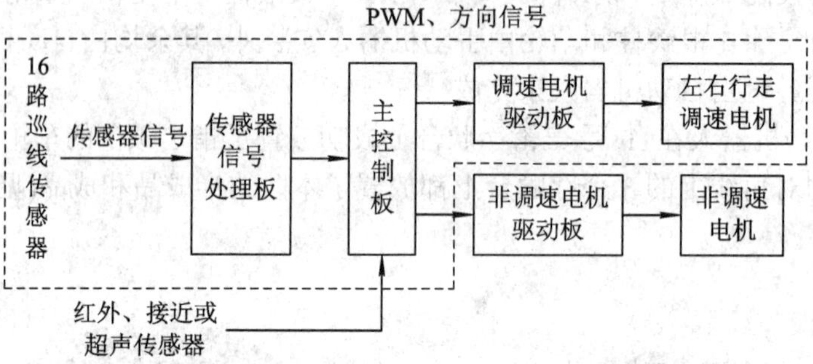

图 7.17　自动机器人平台控制系统组成框图

通过任务分解，设计出的自动机器人上部机构机械系统外观图如图 7.18 所示。根据机器人整车机械结构和动作分析，可将机器人的动作分解为行走和上部机构的动作。行走程序可以实现整车的前进、后退、左转和右转，上部机构可以实现手爪的上下、左右以及旋转运动，存放台的升降，大手爪和小手爪可以实现夹紧和放松动作。通过上述大、小手爪以及存放台的一系列动作来实现工件的抓取、搬运和装配。

图 7.18　自动机器人机械结构

4. 硬件设计

根据系统的功能分析，整个机器人系统可以分为主板电路和根据上部机构功能进行扩展的扩展板电路。

1) 主板电路

主板电路主要包括单片机电路，电源电路，行走电机电路，巡线传感器信号输入电路，输入、输出信号电路，串行通信电路，其中剩余单片机引脚通过端子引出。主板系统框图如图 7.19 所示。

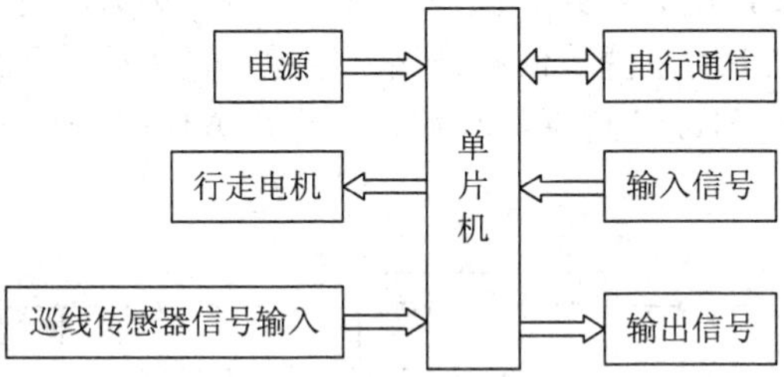

图 7.19　主板系统框图

(1) 单片机电路。单片机电路主要由单片机芯片、振荡电路和复位电路组成，如图 7.20 所示。

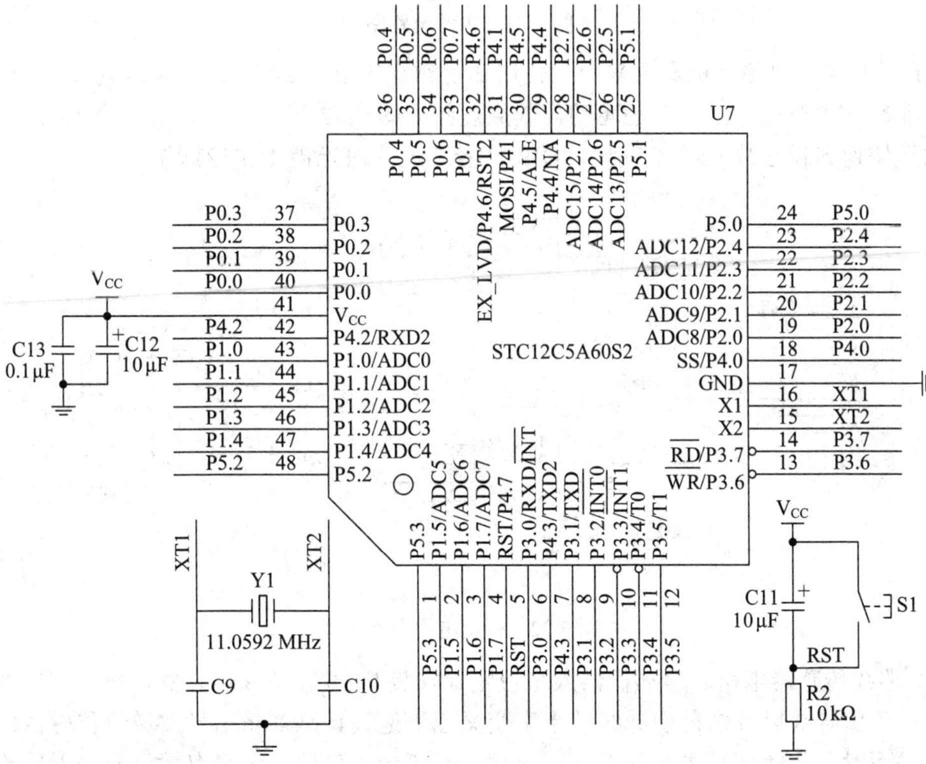

图 7.20　单片机电路图

主控制器采用宏晶科技厂商生产的 STC12C5A60S2 芯片，该芯片是高速、低功耗、超强抗干扰的新一代 8051 单片机，指令代码完全兼容传统的 8051 单片机，但速度比传统的 8051 单片机快 8～12 倍。其内部自带 60 KB FLASH ROM，具有 44 个通用 I/O 口，复位后为准双向口/弱上拉(普通 8051 传统 I/O 口)，可设置成准双向口/弱上拉、推挽/强上拉，四种模式仅为输入/高阻，开漏，每个 I/O 口驱动能力均可达 20 mA，但整个芯片最大不超过 55 mA。系统采用 11.0592 MHz 的晶振，复位电路采用阻容复位方式，有手动复位功能。

(2) 电源电路。机器人的供电全部来自于指定的 3 块 12 V 电池，整个电路的芯片使用 5 V 电压，所以电源电路需要将外部 12 V 的输入电压稳压后形成 5 V 供系统使用。系统采用线性稳压芯片 LM7805，电源电路如图 7.21 所示。12 V DC 电源的输入端和输出端接 2 个电解电容，容量大的 C1 用于滤除低频杂波，容量小的 C4 用于滤除高频杂波，C2 和 C3 是瓷片电容，用于高频旁路以及防止自激振荡。为了方便查看系统电源情况，使用发光二极管进行电源指示。

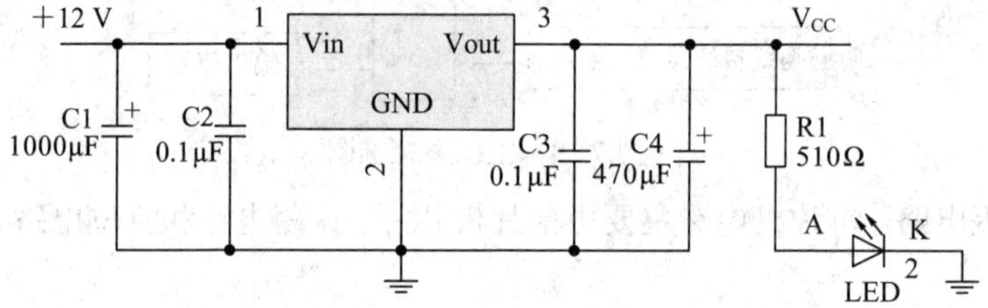

图 7.21　电源电路图

(3) 行走电机电路。机器人平台上使用 2 台额定电压为 24 V DC、150 转/分、70 W 功率的直流减速电机进行主动轮的驱动，其原理图如图 7.22 所示。左、右两个电机的 PWM 信号通过快速光耦芯片 6N136 输出，DIR 信号通过普通光耦 TLP521 输出。

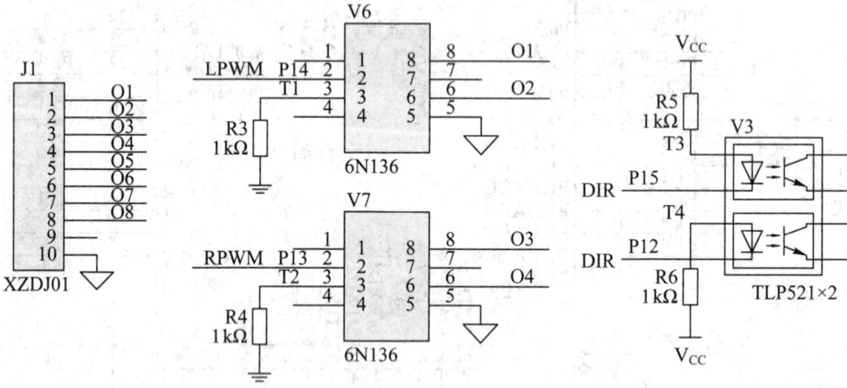

图 7.22　行走电机电路图

(4) 巡线传感器电路。自动机器人平台底部安装的 16 路巡线传感器，可以准确地探测到地面白色引导线以及白色引导线的十字交叉点。巡线传感器将信号发送给传感器信号处理板，进而对采集的信息进行处理，过滤掉地面背景反射信号，将有效信号送入单片机控制板，由于有 16 路输入信号，为了节约单片机引脚，可以采用八双向总线发送器/接收器 74HC245 进行信号的缓冲，同时利用输出使能端 $\overline{E}$ 轮流将高 8 位信号和低 8 位信号送入单片机，其电路图如图 7.23 所示。在传感器信号处理板上同时加装发光二极管，指示当前某路传感器是否在白色引导线上，方便设计人员观察。

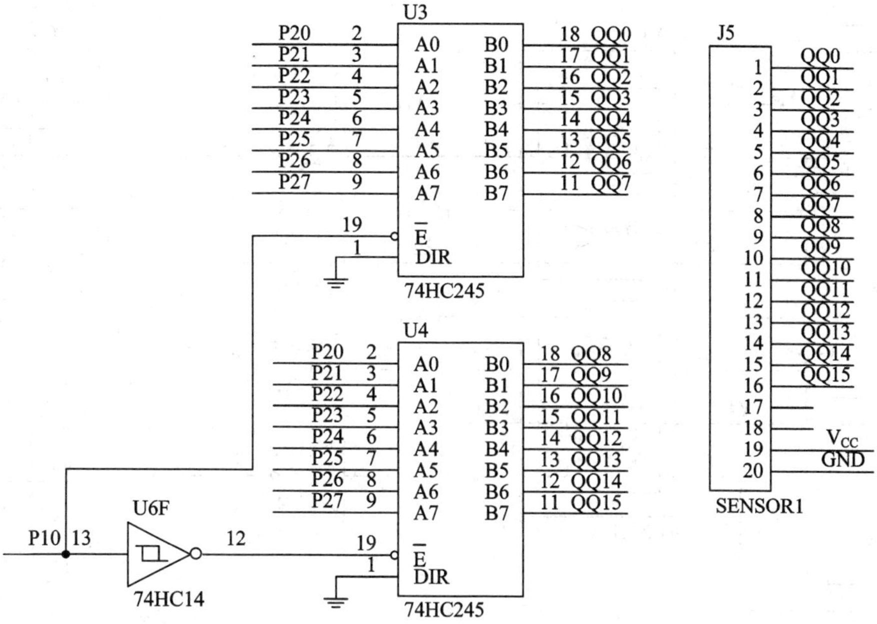

图 7.23　巡线传感器电路图

(5) 输入、输出信号电路。为了防止外界信号对单片机的干扰，在单片机的输入、输出部分都设计有光耦隔离。其输入、输出信号电路图见图 7.24。

(6) 串行通信电路。STC12C5A 系列单片机具有 2 个采用 UART(Universal Asynchronous Receiver/Transmitter)工作方式的全双工串行通信接口(串口 1 和串口 2)，其电路图如图 7.25 所示。

2) 扩展板电路

机器人平台上除了行走电机和巡线传感器的信号使用了 13 个 I/O 口之外，其余的 I/O 口都通过端子进行了引出，结合上部结构的动作，扩展板电路主要涉及巡线传感器扩展电路、上部机构位置传感器信号电路以及电机驱动电路。

(1) 巡线传感器扩展电路。机器人平台的主板底盘的前部有 16 路巡线传感器，为了使机器人在场地上行走得更稳定与精确，可以对巡线传感器进行扩展，扩展后的 16 路巡线传感器加装在底盘的后部，其扩展电路图如图 7.26 所示。

(2) 上部机构位置传感器信号电路。手爪的动作需要位置控制，因而加装对应的传感器，如手爪平移的左、中、右限位开关，手爪升降的上限位和下限位传感器，手爪的旋转到位传感器等。此外，大、小手爪夹取工件的夹紧传感器和升降台上升和下降到位传感器各两个。由于工件分蓝、红两个，在抓取时要对工件的颜色进行识别，因此在机器人的左、右侧各设置有颜色传感器。在机器人底盘处设置有左、右两个激光传感器。辅助平台上的巡线传感器用于确认行走位置。

通过上述分析可知，上部机构的位置控制共需要 12 路传感器信号输入端，由于单片机的 I/O 口有限，因而我们使用 74HC245 芯片进行扩展，其具体电路图如图 7.27 所示。

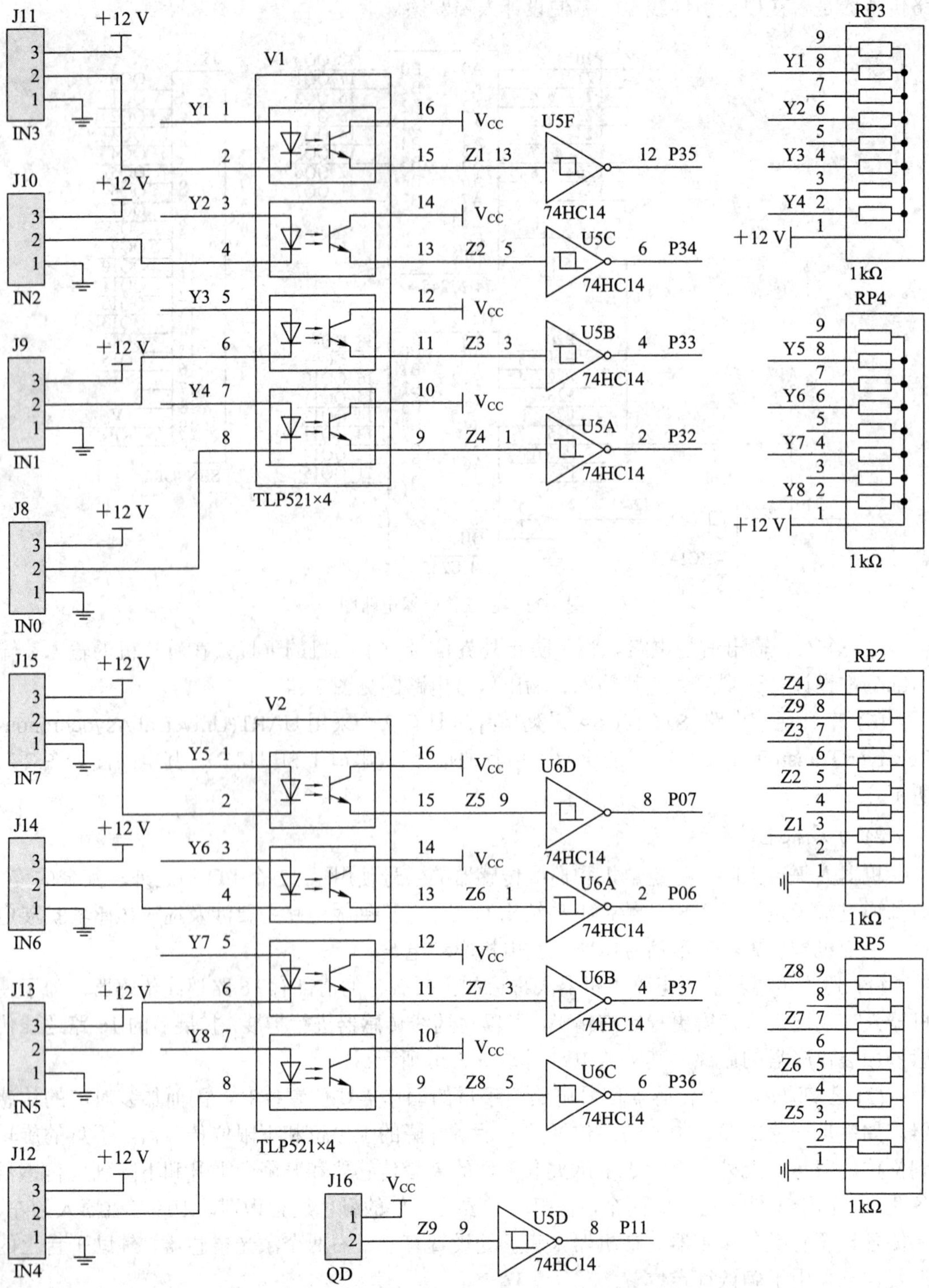

(a)

图 7.24　输入、输出信号电路图(1)

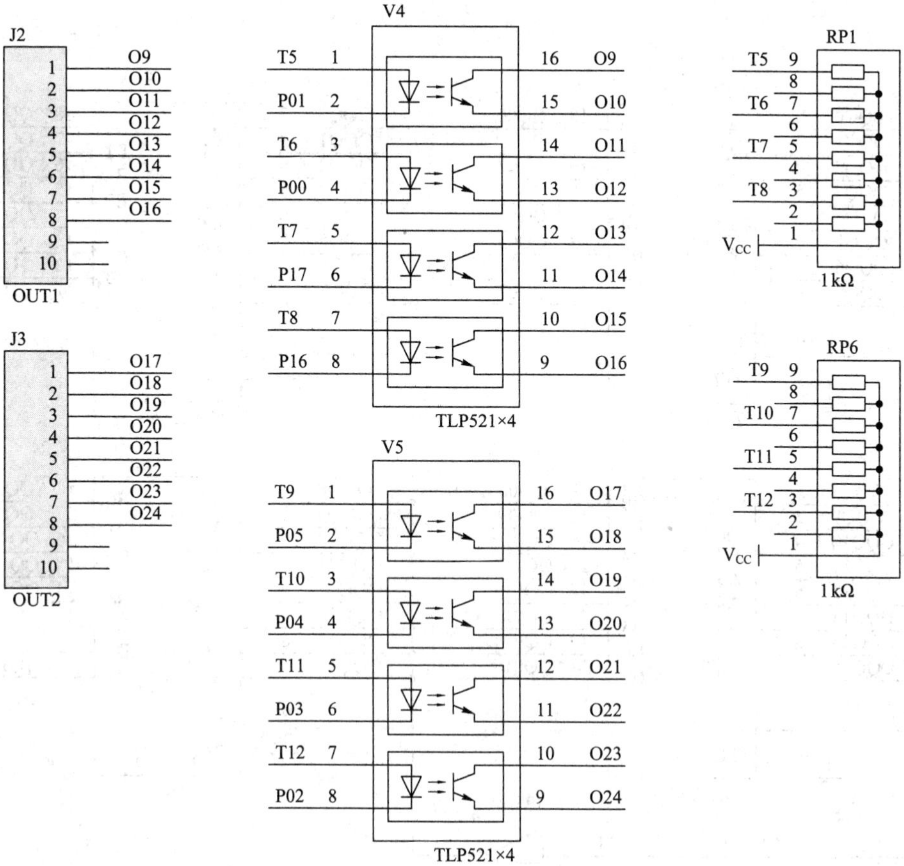

(b)

图 7.24　输入、输出信号电路图(2)

(a) 输入信号电路图；(b) 输出信号电路图

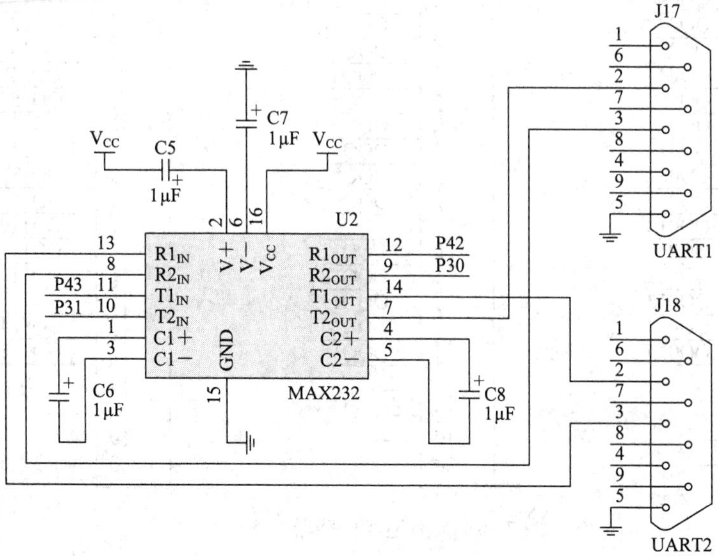

图 7.25　串行通信电路图

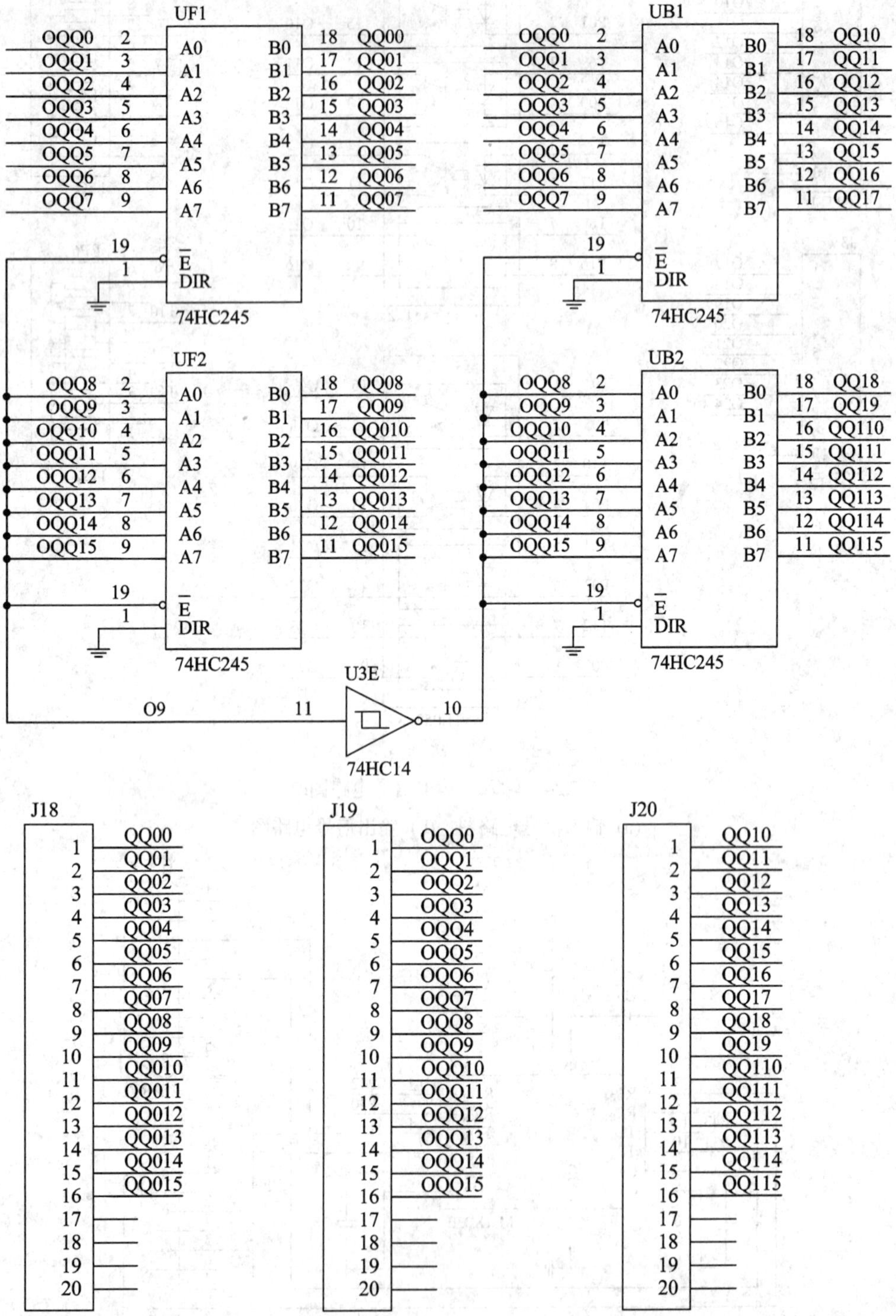

图 7.26　前后巡线传感器扩展电路图

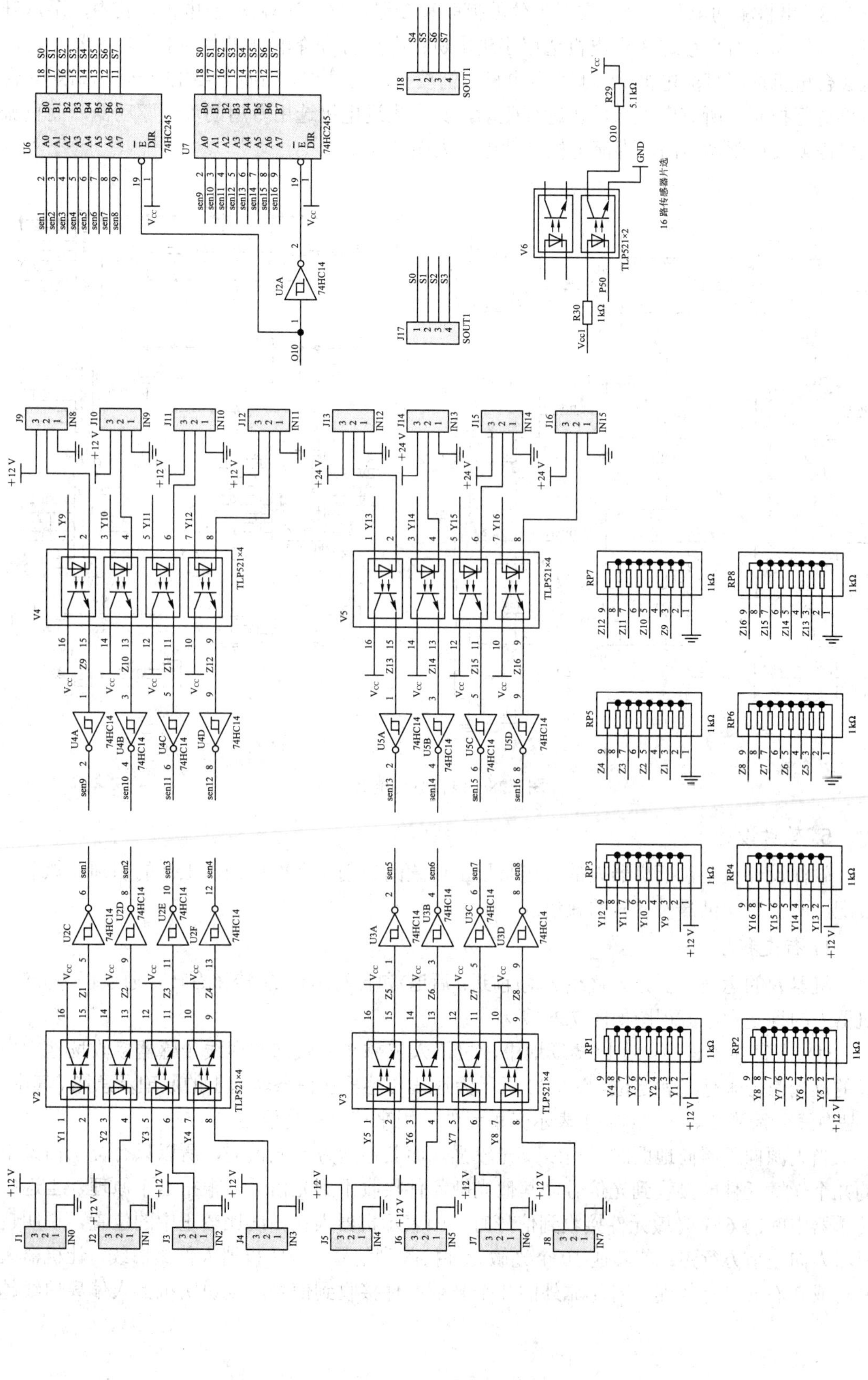

图 7.27 12路位置传感器扩展电路图

(3) 电机驱动电路。为了实现工件的抓取和装配，共设计有 6 台电机。其中，手爪升降、旋转和左右平移这 3 台电机选用步进电机；存放台升降电机和大、小手爪夹紧电机，这 3 台电机选用直流电机。由于所有电机都需要有双向动作，因而需要 12 个输出口对 6 台电机进行控制。所有电机都需要进行驱动，其中步进电机选用专用的步进驱动器，而直流电机需要设计驱动电路。直流电机驱动电路见图 7.28。

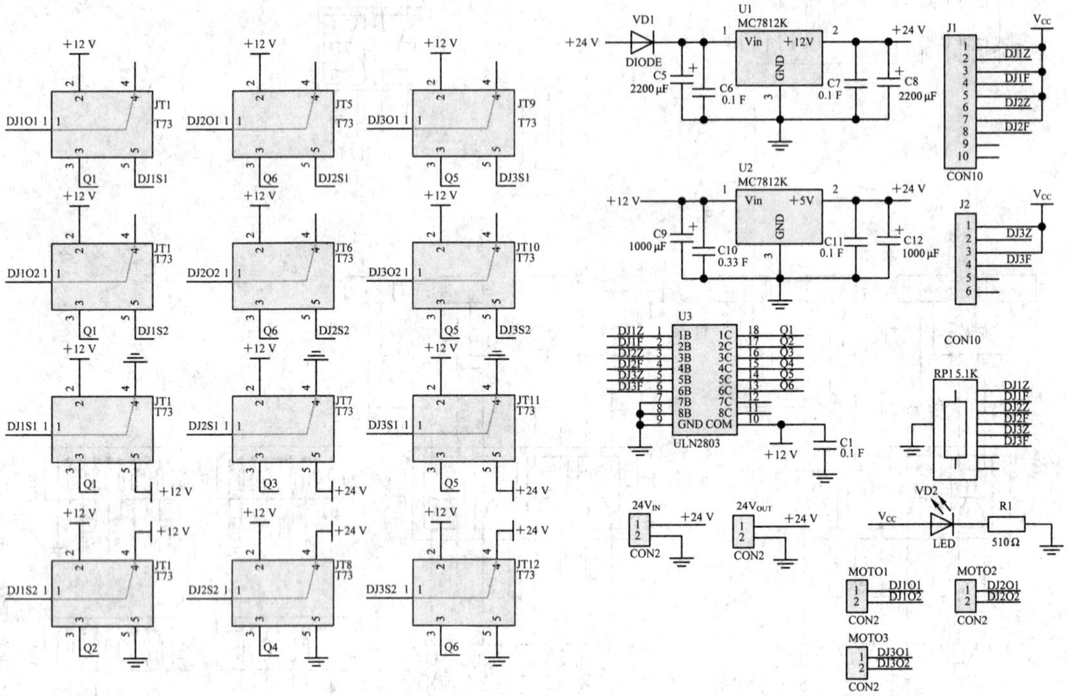

图 7.28　电机驱动电路图

5. 软件设计

软件设计主要包括机器人的行走与场上位置的识别，上部机构对工件的识别、抓取与装配，两台自动机器人之间的通信。

1) 行走程序

机器人的运动主要分为直线运动(前进、后退)和转弯运动(左转和右转)。通过任务分解，机器人的行走程序流程图如图 7.29 所示。

(1) 走直线子程序。在比赛场地中，机器人依靠平台底部的巡线传感器接收场地中白线的反光信号来行走和定位。图 7.30 所示为巡线传感器在白条轨道上的原理示意图。其中，3 是白线；箭头 2 表示光线；1 表示光敏元件，用来接收反光信号。

当光源向下照向地面时，白线反光较强，而其他地方反光很弱，所以只有位于白条上的几个光敏元件能接收到光信号，其他光敏元件接收不到光信号。根据这个原理，当巡线传感器中间的 6 个光敏元件接收到信号时，即表示机器人在白线比较正中的位置，说明让机器人向正前方行走；若其他 10 个光敏元件接收到信号，说明机器人偏离白线，让机器人左转或者右转进行纠偏。若越靠外的几个光敏元件接收到信号，则说明机器人偏离白线越多，需要的纠偏力度也越大。根据巡线传感器检测机器人偏离导引白线的大小(机器人的姿态偏差值)来随时调整机器人的纠偏力度，使其沿着导引线行进。

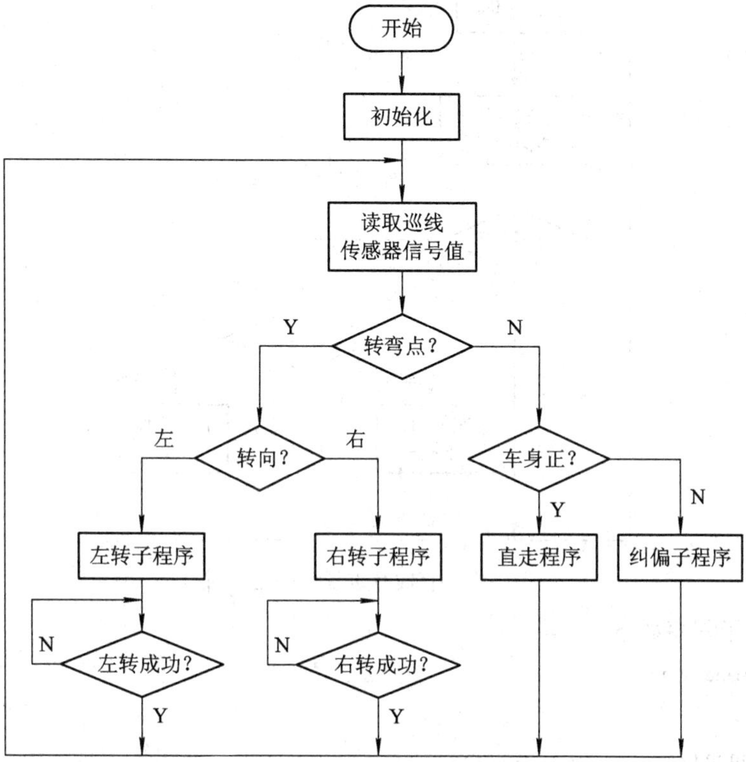

图 7.29　行走程序流程图

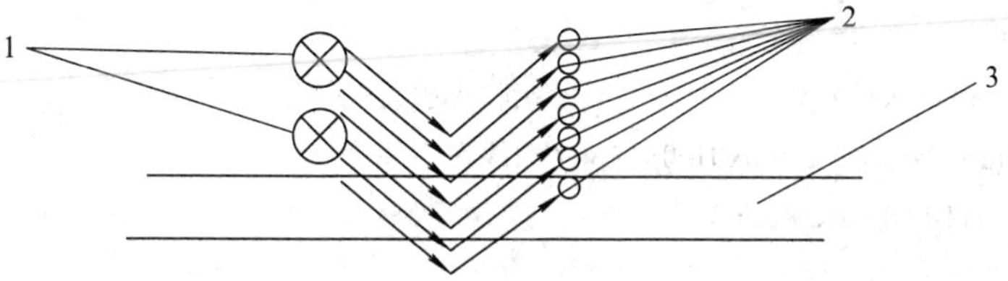

图 7.30　巡线传感器示意图

机器人的走位精度与相邻的两个光敏元件的距离有关。16 路巡线传感器的分布是：中间 6 个光敏元件(元件间距为 10 mm)，左、右两边各 5 个光敏元件(间隔为 12 mm)，机器人的走位精度大约为 ±5 mm。系统中，机器人相对于导引线的偏移信息是通过前后 2 排巡线传感器(共 32 个检测点)的检测值来表征的，其中前后 2 排中间各 6 个传感器用于检测机器人偏离导引线的信息。由于白线宽度为 30 mm，而光敏元件相互间距为 10 mm～12 mm，因此在机器人运行时，总有 3 个传感器能接收到信号，循环检测前后巡线传感器的信号，并通过区分传感器编号即可判断出机器人的车身姿态。直线行走子程序流程图如图 7.31 所示。

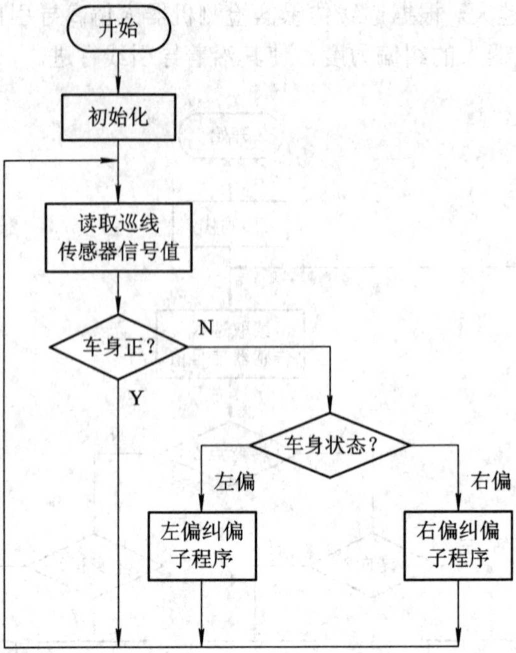

图 7.31　直线行走子程序流程图

直线行走子程序如下：

```
void goahead( )                          //前进子程序
{
    int m,j,k;
    Poke(0x4000,0);                      //前进信号
    While(1)
    {
     m=poke(0x4000,0);                   //接收光敏元件信号
     if(m==0x0380| m==0x01c0);           //白线在中间
     drive(100,0);sleep(0.03);
    }
}
```

drive( )函数中第一个参数表示两轮的平均速度，第二个参数表示两轮的速度差。例如drive(70,10)，表示左轮速度为(70−10)，右轮速度为(70+10)，这样左轮慢，右轮快，机器人向左转弯。由于巡线传感器检测到此时白线在车身中间，因此应向正前方走，两轮差速为0。在程序中如果检测到的巡线传感器信号不在中间点，如“if(m==0x0700) //白线偏左”，此时需要向右纠偏，左轮要快，调用“drive(90,−3);sleep(0.03);”，其中 drive 函数中的第二个参数的符号和大小由机器人的姿态决定，当车身偏离白线较大时，可以适当加大左、右两轮的差速。

(2) 转弯子程序。机器人在场地中行走时需要车身能够直角转弯，其转弯子程序类似于上述直线行走子程序中的纠偏程序，只是需要将差速调大。要注意的问题是在转弯刚开始的几秒时间里，传感器还未离开原来的白线，不能判断白线的位置，当传感器完全离开后再判断信号以确定是否转到相垂直的白线上。开始转弯时，具体的延迟时间需要根据实际机器人进行调试。低速右转子程序如下(左转子程序类似)：

```
void turnrightlow( )                    //停止时右转子程序
{
    int i,k;
    k=0x00;
    poke(0x4000,k);sleep(0.5);
    drive(18,-18);sleep(2.0);
    i=peek(0x4000);
    if((i==0x8180)||(i==0x80c0)||(i==0x81c0)||(i==0x8038)||(i==0x8820))
        break;
    else drive(18,-18);
    stop( );sleep(1.5);
    return( );
}
```

2) 上部机构程序

为了实现工件的抓取与装配，上部机构共设计有 6 台电机。其中，手爪升降、旋转和左右平移这 3 台电机选用步进电机；存放台升降电机和大、小手爪夹紧电机，这 3 台电机选用直流电机。由于每种电机的控制方式类似，因此这里分步进电机控制和直流电机控制进行介绍。

(1) 步进电机控制。步进电机是机电控制中一种常用的执行机构，它的用途是将电脉冲转化为角位移。它的驱动电路根据控制信号工作，控制信号由单片机产生。当步进驱动器接收到一个脉冲信号时，它就驱动步进电机按设定的方向转动一个固定的角度，换相顺序需要严格控制，即通电控制脉冲必须严格按照一定的顺序分别控制各相的通断。通过控制脉冲个数即可控制角位移量，从而达到准确定位的目的。控制步进电机的转向，即给定工作方式正序换相通电，步进电机正转；若按反序通电换相，则电机反转。控制步进电机的速度，即给步进电机发一个控制脉冲，它就转一步，再发一个脉冲，它会再转一步，两个脉冲的间隔越短，步进电机就转得越快。同时，通过控制脉冲频率来控制电机转动的速度和加速度，从而达到调速的目的。

由上述步进电机的工作原理可知，步进电机通过 DIR 控制方向，通过 PWM 的频率调节速度。在实际的设计中，为了上部机构定位的可靠，我们除了使用位置传感器之外，还利用了步进电机的步数进行位置的精确控制。下面以最复杂的手爪左、中、右平移的程序为例来介绍步进电机的程序编制。

由场地布置图以及轴承内圈和外圈的布置图可见，每个工件的摆放台上都左、右各放置一个工件。我们的机器人手爪正常行走时位于整个机构的中间部位，需要抓取工件时，根据颜色判断左移或者右移到左、右限位开关处，因此手爪有左、中、右三个定位位置。当接到位置传感器信号后，并没有精确到位，我们让电机继续动作一定的步数，从而可靠到位。根据上述思路编写的手爪平移(包含低速和加减速调节)的子程序如下：

```
unsigned char py_sj_xz;      //平移、升降、旋转步进电机选择：0 为平移，1 为升降，2 为旋转
bit TF0_BZ;                  //步进电机设定步数标志位
unsigned int n_pulse=0;      //步进电机加减速时，利用该变量进行速度切换
sbit dir_py=P4^4;            //平移电机方向，0 为向右
sbit cp_py=P4^5;             //平移电机脉冲
sbit s_pyl=P3^2;             //平移左传感器
sbit s_pym=P3^3;             //平移中间传感器
sbit s_pyr=P3^4;             //平移右传感器
/*=====================================================================
【函数原形】：void IO_initial( )
【功能说明】：端口初始化
【编写日期】：2013 年 3 月 26 日
=====================================================================*/
void IO_initial( )
{
        P0M1=0xc0;P0M0=0x3f;          //P00~P05 输出，P06、P07 输入
        P1M1=0x02;P1M0=0xfd;          //P11 输入，其余输出
        P2M1=0xff;P2M0=0x00;          //输入
        P3M1=0xfd;P3M0=0x02;          //P31 输出，其余输入
        P4M1=0x07;P4M0=0xf8;          //P40～P42 输入，P43～P46 输出
        P5M1=0x00;P5M0=0xff;          //输出
        P4SW=0xff;                    //P4 口作为普通口使用的定义
}
/*=====================================================================
【函数原形】：void timer0_initial( )
【功能说明】：定时器 T0 初始化：基准低速
【编写日期】：2013 年 3 月 27 日
=====================================================================*/
void timer0_initial( )
{
    TH0=160;TL0=160;ET0=1;
}
/*=====================================================================
【函数原形】：void timer0_initial1( )
【功能说明】：定时器 T0 初始化：步进电机加速 1
【编写日期】：2013 年 3 月 27 日
=====================================================================*/
void timer0_initial1( )
{
```

```
    TH0=170;TL0=170;ET0=1;
}
/*===========================================================================
【函数原形】：void timer0_initial2( )
【功能说明】：定时器 T0 初始化：步进电机加速 2
【编写日期】：2013 年 3 月 27 日
===========================================================================*/
void timer0_initial2( )
{
    ET0=1;TH0=180;TL0=180;
}
/*===========================================================================
【函数原形】：void timer0_initial3( )
【功能说明】：定时器 T0 初始化：步进电机加速 3
【编写日期】：2013 年 3 月 27 日
===========================================================================*/
void timer0_initial3( )
{
    ET0=1;TH0=190;TL0=190;
}
/*===========================================================================
【函数原形】：void timer0_initial4( )
【功能说明】：定时器 T0 初始化：步进电机加速 4
【编写日期】：2013 年 3 月 27 日
===========================================================================*/
void timer0_initial4( )
{
    ET0=1;TH0=200;TL0=200;
}
/*===========================================================================
【函数原形】：void timer0_initial5( )
【功能说明】：定时器 T0 初始化：步进电机加速 5
【编写日期】：2013 年 3 月 27 日
===========================================================================*/
void timer0_initial5( )
{
    ET0=1;TH0=210;TL0=210;
}
/*===========================================================================
```

```
【函数原形】: void timer0_initial6( )
【功能说明】: 定时器 T0 初始化: 步进电机加速 6
【编写日期】: 2013 年 3 月 27 日
==============================================================================*/
void timer0_initial6( )
{
    ET0=1;TH0=220;TL0=220;
}
/*==============================================================================
【函数原形】: void timer0_initial7( )
【功能说明】: 定时器 T0 初始化: 步进电机加速 7
【编写日期】: 2013 年 3 月 27 日
==============================================================================*/
void timer0_initial7( )
{
    ET0=1;TH0=225;TL0=225;
}
/*==============================================================================
【函数原形】: motor_py_bs( unsigned char py_bsfx,unsigned int num_bs)
【功能说明】: 电机平移步数函数
【参数说明】: py_fx: 1—左移, 0—右移; num_bs: 脉冲数
【编写日期】: 2013 年 3 月 27 日
==============================================================================*/
void motor_py_bs( unsigned char py_bsfx,unsigned int num_bs)
{
    timer0_initial( );        //以最低速度运行
    py_sj_xz=0;               //选择平移电机
    dir_py=py_bsfx;           // 1—左移, 0—右移
    delay_ms(5);
    TR0=1;
    while(num_bs>0)           //再发 num_bs 个脉冲结束
    {
        num_bs--;
        while(!TF0_BZ);
        TF0_BZ=0;
    }
    TR0=0;
}
```

```
/*==============================================================
【函数原形】：void motor_py_low( unsigned char py_lr,unsigned char py_position)
【功能说明】：电机低速左右平移
【参数说明】：py_lr：1—左移，0—右移；平移位置 py_position：0—右，1—中，2—左
【编写日期】：2013 年 3 月 27 日
==============================================================*/
void motor_py_low( unsigned char py_lr,unsigned char py_position)
{
    timer0_initial( );
    py_sj_xz=0;       //选择三个步进电机中的一个，0 为选择平移电机
    dir_py=py_lr;     //选择平移电机的方向，1 为左移，0 为右移
    P50=0;            //平移、上下、旋转的 6 个传感器片选信号，0 为选择该组传感器
    delay_ms(5);      //测试程序时这个时间要长一点，否则 24 V 还没上去单片机就开始发脉冲了
    TR0=1;            //开始以标准速度移动
    if(py_position==0)          //手爪想移动到 0 位置
    {
        while(s_pyr);           //未到达右限位开关时，一直以标准速度移动
        motor_py_bs(0,1000); //到达右限位开关之后，为了让它可靠到位，再发 1000 个脉冲
    }
    else if(py_position==1)
    {
      while(s_pym);                         //未到达中间时一直移动
      if(py_lr) {motor_py_bs(1,2000);}      //继续左移 2000 个脉冲
      else {motor_py_bs(0,1200);}           //继续右移 1200 个脉冲
    }
    else if(py_position==2)                 //到左限位
    {
        while(s_pyl);                       //未到达左限位开关时，一直以标准速度移动
        motor_py_bs(1,1000);                //到达左限位开关之后，再发 1000 个脉冲结束移动
    }
    TR0=0;
}
/*==============================================================
【函数原形】：void motor_py( unsigned char py_lr,unsigned char py_position)
【功能说明】：带加减速的电机左右平移
【参数说明】：py_lr：1—左移, 0—右移；平移位置 py_position：0—右，1—中，2—左
【编写日期】：2013 年 3 月 27 日
==============================================================*/
void motor_py( unsigned char py_lr,unsigned char py_position)
```

```
{
    timer0_initial( );
    py_sj_xz=0;             //选择三个步进电机中的一个，0 为选择平移电机
    dir_py=py_lr;           //选择平移电机的方向，1 为左移，0 为右移
    P50=0;                  //平移、上下、旋转的 6 个传感器片选信号，0 为选择该组传感器
    delay_ms(5);
    n_pulse=0;              //脉冲数置 0
    TR0=1;
    while(n_pulse<200);
    timer0_initial1( );
    while(n_pulse<400);
    timer0_initial2( );
    while(n_pulse<600);
    timer0_initial3( );
    while(n_pulse<800);
    timer0_initial4( );
    while(n_pulse<1000);
    timer0_initial5( );
    while(n_pulse<1200);
    timer0_initial6( );
    while(n_pulse<1400);
    timer0_initial7( );                 //平移电机上来就先进行 7 段加速，以最高速度运行
    if(py_position==0)                  //电机要移动到右限位开关
    {
        while(n_pulse<31000);           //当脉冲数低于 31 000 时，一直以最高速度移动
        timer0_initial6( );
        while(n_pulse<31200);
        timer0_initial5( );
        while(n_pulse<31400);
        timer0_initial4( );
        while(n_pulse<31600);
        timer0_initial3( );
        while(n_pulse<31800);
        timer0_initial2( );             //减速
        while(s_pyr);                   //未达到右限位开关时，一直以低速移动
        motor_py_bs(0,400);             //继续右移 400 个脉冲
    }
    else if(py_position==1)             //目标位置为 1 号位
    {
```

```
            while(n_pulse<31000);
            timer0_initial6( );
            while(n_pulse<31200);
            timer0_initial5( );
            while(n_pulse<31400);
            timer0_initial4( );
            while(n_pulse<31600);
            timer0_initial3( );
            while(n_pulse<31800);                //减速
            timer0_initial2( );
            while(s_pym);                        //未到达中间位置时，一直以最低速度移动
            if(py_lr)motor_py_bs(1,200);         //若选择左移，则继续平移 200 个脉冲
            else   motor_py_bs(0,200);
        }
        else if(py_position==2)                  //目标位置为 2
        {
            while(n_pulse<31000);
            timer0_initial6( );
            while(n_pulse<31200);
            timer0_initial5( );
            while(n_pulse<31400);
            timer0_initial4( );
            while(n_pulse<31600);
            timer0_initial3( );
            while(n_pulse<31800);
            timer0_initial2( );
            while(s_pyl) ;                   //未到达左限位开关时，一直以最低速度移动
            motor_py_bs(1,800);              //继续左移 800 个脉冲
        }
        TR0=0;
}
/*==========================================================================
【函数原形】: void cp_motor( ) interrupt 1 using 1
【功能说明】: 3 个步进电机脉冲信号中断函数
【编写日期】: 2013 年 3 月 27 日
==========================================================================*/
void cp_motor( ) interrupt 1 using 1
{
    n_pulse++;                  //加减速时用这个脉冲数进行速度切换
```

```
        TF0_BZ=1;            //步数标志位
        if(py_sj_xz==0)cp_py=~cp_py;
        else if(py_sj_xz==1)cp_sj=~cp_sj;
        else if(py_sj_xz==2)cp_xz=~cp_xz;
    }
```

(2) 直流电机控制。直流电机主要包括启停、正反转和速度的控制。调节直流电机转速最方便有效的方法是对电枢(即转子线圈)电压 U 进行控制。控制电压的方法有多种，广泛应用脉宽调制 PWM 技术来控制直流电机电枢的电压。

所谓 PWM 控制技术，就是利用半导体器件的导通与关断，把直流电压变成电压脉冲序列，通过控制电压脉冲宽度或周期以达到变压的目的。直流电机的转子转动方向可由直流电机上所加电压的极性来控制，由于直流电机外接了驱动电路，因此由上面设计的直流电机的驱动电路可知，只要控制继电器的通断就可以改变方向。由于存放台以及大、小手爪的电机速度不需改变，因而只需控制电机的启停和正反转。编写的存放台程序如下：

```
/*=================================================================
【函数原形】: void dcmotor_cft(unsigned char cft_sx)
【功能说明】: 存放台电机程序
【参数说明】: cft_sx: 1—上升，0—下降
【编写日期】: 2013 年 3 月 27 日
=================================================================*/
void dcmotor_cft(unsigned char cft_sx)
{
    P50=1;                  //存放台上、下限位开关片选 p50 为 1
    if(cft_sx==1)           //想上升
    {
        cft_qd=0;           //存放台可以升降的启动信号
        cft_sj=1;           //上升
        while(cft_sdw);     //只要上升未到位就一直上升
    }
    if(cft_sx==0)           //想下降
    {
        cft_qd=0;           //存放台可以升降的启动信号
        cft_sj=0;           //下降
        while(cft_xdw);     //只要下降未到位就一直下降
    }
    cft_qd=1;               //存放台不可移动
}
```

利用上述方法将所有 6 个电机的子程序编写完成后，调用上述子程序可以完成系统的初始化找原点的子程序。程序如下：

```
/*==========================================================================
【函数原形】：void system_initial( )
【功能说明】：系统初始化程序，回系统原点
【编写日期】：2013 年 3 月 27 日
==========================================================================*/
void system_initial( )
{
    delay_ms(1000);
    P50=0;                      //平移、升降、旋转，大、小手爪的传感器片选信号
    delay_ms(20);
    if(s_xdw)                   //升降台不处于下限位开关时
    {
        motor_sj(1,0);          //上升到下限位
    }
    motor_sj_bs(1,10000);       //继续上升 10 000 个脉冲
    delay_ms(1000);
    if(s_xzdw)                  //如果大手爪不在前限位开关，则调用旋转到前限位的程序
    {
        motor_xz(1,1);motor_xz(0,0);      //先旋转到前面再旋转到后面
    }
    else if(s_xzdw==0)
        motor_xz(0,0);          //如果大手爪在前限位开关，则直接调用回后面的程序

    delay_ms(1000);
    if(s_pym==0)                //如果检测到中间信号
    {
        motor_py_low(1,2);      //先左移到左限位
        delay_ms(200);
        motor_py_low(0,1);      //右移到中间位置
    }
    else if(s_pyl==0)           //如果检测到左限位开关
    {
        motor_py_low(0,1);      //右移到中间位置
    }
    else if(s_pyr==0)           //如果检测到右限位开关
    {
        motor_py_low(1,1);      //左移到中间位置
    }
    else                    //三个限位开关都没检测到，直接先左移。若碰到中间限位开关，
                            //则停；若碰到左限位开关，则再调用一个右移回原点程序
```

```
{
    timer0_initial( );
    py_sj_xz=0; //选择三个步进电机中的一个，0 为选择平移电机
    dir_py=1;    //电机直接左移
    P50=0;       //平移、上下、旋转的 6 个传感器片选信号，0 为选择该组传感器
    delay_ms(5); //测试程序时这个时间要长一点，否则 24 V 还没上去单片机就开始发脉冲了
    TR0=1;
    while(s_pyl&&s_pym);          //在左移的过程中一直检测左限位和中间位置，当任何
                                  //一个到达时，则停止
    if(s_pym==0)                  //若检测到中间信号，则继续移动 1000 个脉冲结束
    {
        motor_py_bs(1,1000);
        TR0=0;
    }
    else if (s_pyl==0)            //若检测到左限位，则右移到中间位置
    motor_py_low(0,1);
}
delay_ms(1000);
if(dsz_jjdw)                      //如果大手爪不处于夹紧状态
{
    dcmotor_dsz(1);               //先夹紧
    delay_ms(5);
    dcmotor_dsz(0); //放松
}
else
    dcmotor_dsz(0);               //放松
    delay_ms(1000);
if(xsz_jjdw)                      //如果小手爪不处于夹紧状态
{
    dcmotor_xsz(1);               //先夹紧
    delay_ms(5);
    dcmotor_xsz(0);               //放松
}
else
    dcmotor_xsz(0);               //放松
    delay_ms(1000);
    P50=1;                        //使用存放台上下传感器
    delay_ms(20);                 //传感器片选信号需要一点时间
if(cft_sdw)                       //若存放台不在上限位
```

```
    {
        dcmotor_cft(1);                        //先上升
    }
    delay_ms(1000);
}
```

(3) 通信程序。两台自动机器人在场上需要配合完成任务，这就需要这两台机器人之间进行通信，我们采用 ZIGBEE 模块相互通信。通信的内容主要是机器人的工作状态。两台机器人之间通信协议规定如下：1 号机器人先发送信息，2 号机器人接收，收到有效信息后回应 1 号机器人，此时 1 号机器人接收。通过上述通信要求可知我们要编写端口初始化程序、CRC 校验表程序、计算校验和程序、串口通信初始化程序、发送和接收程序以及串行通信中断程序。其通信程序如下：

```
unsigned char xdata receive_done=0;              //接收结束标志
unsigned char xdata receive_data_length=0;       //接收数据字节计数器
unsigned char xdata RX_data[15];                 //1 号机器人发送的数据
unsigned int  xdata CRC_16;                      //16 位 CRC 校验位
unsigned char  xdata workstation[6]={0x01,0x10,0x08,0x80};    //当前的工作状态
/*==========================================================================
【函数原形】：void IO_initial( )
【功能说明】：端口初始化
【编写日期】：2013 年 3 月 26 日
==========================================================================*/
void IO_initial( )
{
    P0M1=0xc0;P0M0=0x3f;    //P00～P05 输出，P06、P07 输入
    P1M1=0x02;P1M0=0xfd;    //P11 输入，其余输出
    P2M1=0xff;P2M0=0x00;    //输入
    P3M1=0xfd;P3M0=0x02;    //P31 输出，其余输入
    P4M1=0x07;P4M0=0xf8;    //P40～P42 输入，P43～P46 输出
    P5M1=0x00;P5M0=0xff;    //输出
    P4SW=0xff;              //P4 口作为普通口使用的定义
}
/* CRC  高位字节值表*/
static unsigned char code auchCRCHi[] = {
    0x00, 0xC1, 0x81, 0x40, 0x01, 0xC0, 0x80, 0x41, 0x01, 0xC0,
    0x80, 0x41, 0x00, 0xC1, 0x81, 0x40, 0x01, 0xC0, 0x80, 0x41,
    0x00, 0xC1, 0x81, 0x40, 0x00, 0xC1, 0x81, 0x40, 0x01, 0xC0,
    0x80, 0x41, 0x01, 0xC0, 0x80, 0x41, 0x00, 0xC1, 0x81, 0x40,
    0x00, 0xC1, 0x81, 0x40, 0x01, 0xC0, 0x80, 0x41, 0x00, 0xC1,
    0x81, 0x40, 0x01, 0xC0, 0x80, 0x41, 0x01, 0xC0, 0x80, 0x41,
```

```
        0x00, 0xC1, 0x81, 0x40, 0x01, 0xC0, 0x80, 0x41, 0x00, 0xC1,
        0x81, 0x40, 0x00, 0xC1, 0x81, 0x40, 0x01, 0xC0, 0x80, 0x41,
        0x00, 0xC1, 0x81, 0x40, 0x01, 0xC0, 0x80, 0x41, 0x01, 0xC0,
        0x80, 0x41, 0x00, 0xC1, 0x81, 0x40, 0x00, 0xC1, 0x81, 0x40,
        0x01, 0xC0, 0x80, 0x41, 0x01, 0xC0, 0x80, 0x41, 0x00, 0xC1,
        0x81, 0x40, 0x01, 0xC0, 0x80, 0x41, 0x00, 0xC1, 0x81, 0x40,
        0x00, 0xC1, 0x81, 0x40, 0x01, 0xC0, 0x80, 0x41, 0x01, 0xC0,
        0x80, 0x41, 0x00, 0xC1, 0x81, 0x40, 0x00, 0xC1, 0x81, 0x40,
        0x01, 0xC0, 0x80, 0x41, 0x00, 0xC1, 0x81, 0x40, 0x01, 0xC0,
        0x80, 0x41, 0x01, 0xC0, 0x80, 0x41, 0x00, 0xC1, 0x81, 0x40,
        0x00, 0xC1, 0x81, 0x40, 0x01, 0xC0, 0x80, 0x41, 0x01, 0xC0,
        0x80, 0x41, 0x00, 0xC1, 0x81, 0x40, 0x01, 0xC0, 0x80, 0x41,
        0x00, 0xC1, 0x81, 0x40, 0x00, 0xC1, 0x81, 0x40, 0x01, 0xC0,
        0x80, 0x41, 0x00, 0xC1, 0x81, 0x40, 0x01, 0xC0, 0x80, 0x41,
        0x01, 0xC0, 0x80, 0x41, 0x00, 0xC1, 0x81, 0x40, 0x01, 0xC0,
        0x80, 0x41, 0x00, 0xC1, 0x81, 0x40, 0x00, 0xC1, 0x81, 0x40,
        0x01, 0xC0, 0x80, 0x41, 0x01, 0xC0, 0x80, 0x41, 0x00, 0xC1,
        0x81, 0x40, 0x00, 0xC1, 0x81, 0x40, 0x01, 0xC0, 0x80, 0x41,
        0x00, 0xC1, 0x81, 0x40, 0x01, 0xC0, 0x80, 0x41, 0x01, 0xC0,
        0x80, 0x41, 0x00, 0xC1, 0x81, 0x40
};
/* CRC 低位字节值表*/
static unsigned char code auchCRCLo[] = {
        0x00, 0xC0, 0xC1, 0x01, 0xC3, 0x03, 0x02, 0xC2, 0xC6, 0x06,
        0x07, 0xC7, 0x05, 0xC5, 0xC4, 0x04, 0xCC, 0x0C, 0x0D, 0xCD,
        0x0F, 0xCF, 0xCE, 0x0E, 0x0A, 0xCA, 0xCB, 0x0B, 0xC9, 0x09,
        0x08, 0xC8, 0xD8, 0x18, 0x19, 0xD9, 0x1B, 0xDB, 0xDA, 0x1A,
        0x1E, 0xDE, 0xDF, 0x1F, 0xDD, 0x1D, 0x1C, 0xDC, 0x14, 0xD4,
        0xD5, 0x15, 0xD7, 0x17, 0x16, 0xD6, 0xD2, 0x12, 0x13, 0xD3,
        0x11, 0xD1, 0xD0, 0x10, 0xF0, 0x30, 0x31, 0xF1, 0x33, 0xF3,
        0xF2, 0x32, 0x36, 0xF6, 0xF7, 0x37, 0xF5, 0x35, 0x34, 0xF4,
        0x3C, 0xFC, 0xFD, 0x3D, 0xFF, 0x3F, 0x3E, 0xFE, 0xFA, 0x3A,
        0x3B, 0xFB, 0x39, 0xF9, 0xF8, 0x38, 0x28, 0xE8, 0xE9, 0x29,
        0xEB, 0x2B, 0x2A, 0xEA, 0xEE, 0x2E, 0x2F, 0xEF, 0x2D, 0xED,
        0xEC, 0x2C, 0xE4, 0x24, 0x25, 0xE5, 0x27, 0xE7, 0xE6, 0x26,
        0x22, 0xE2, 0xE3, 0x23, 0xE1, 0x21, 0x20, 0xE0, 0xA0, 0x60,
        0x61, 0xA1, 0x63, 0xA3, 0xA2, 0x62, 0x66, 0xA6, 0xA7, 0x67,
        0xA5, 0x65, 0x64, 0xA4, 0x6C, 0xAC, 0xAD, 0x6D, 0xAF, 0x6F,
        0x6E, 0xAE, 0xAA, 0x6A, 0x6B, 0xAB, 0x69, 0xA9, 0xA8, 0x68,
```

```
    0x78, 0xB8, 0xB9, 0x79, 0xBB, 0x7B, 0x7A, 0xBA, 0xBE, 0x7E,
    0x7F, 0xBF, 0x7D, 0xBD, 0xBC, 0x7C, 0xB4, 0x74, 0x75, 0xB5,
    0x77, 0xB7, 0xB6, 0x76, 0x72, 0xB2, 0xB3, 0x73, 0xB1, 0x71,
    0x70, 0xB0, 0x50, 0x90, 0x91, 0x51, 0x93, 0x53, 0x52, 0x92,
    0x96, 0x56, 0x57, 0x97, 0x55, 0x95, 0x94, 0x54, 0x9C, 0x5C,
    0x5D, 0x9D, 0x5F, 0x9F, 0x9E, 0x5E, 0x5A, 0x9A, 0x9B, 0x5B,
    0x99, 0x59, 0x58, 0x98, 0x88, 0x48, 0x49, 0x89, 0x4B, 0x8B,
    0x8A, 0x4A, 0x4E, 0x8E, 0x8F, 0x4F, 0x8D, 0x4D, 0x4C, 0x8C,
    0x44, 0x84, 0x85, 0x45, 0x87, 0x47, 0x46, 0x86, 0x82, 0x42,
    0x43, 0x83, 0x41, 0x81, 0x80, 0x40
} ;
/*=============================================================================
【函数原形】：unsigned int crc16Calculate (unsigned char xdata * pBuf,unsigned char byLen)
【功能说明】：计算 CRC 校验和，属于通信程序中的公用部分
【编写日期】：2013 年 4 月 9 日
=============================================================================*/
unsigned int crc16Calculate (unsigned char xdata * pBuf,unsigned char byLen)
{
    unsigned char uchCRCHi = 0xFF;        /*高 CRC 字节初始化*/
    unsigned char uchCRCLo = 0xFF;        /*低 CRC  字节初始化*/
    unsigned uIndex;   /*CRC 循环中的索引*/
    /*传输消息缓冲区*/
    while(byLen--)
    {
        uIndex = uchCRCHi ^ *pBuf++ ;   /*计算 CRC */
        uchCRCHi = uchCRCLo ^ auchCRCHi[uIndex];
        uchCRCLo = auchCRCLo[uIndex] ;
    }
    return (uchCRCHi << 8 | uchCRCLo) ;
}
/*=============================================================================
【函数原形】：void uart1_initial( )
【功能说明】：串口通信 1 初始化
【编写日期】：2013 年 4 月 2 日
=============================================================================*/
void  uart1_initial( )
{   //波特率 9600
    TMOD = 0x22;
    TH1 = 0xfd;
```

```
        TL1 = 0xfd;
        /*串口方式 1, 开启接收*/
        SCON=0x50;
        PCON=0x00;
        /*打开串行口中断*/
        ES=1;
        EA=1;
        TR1=1;
        //启动 BTR
        AUXR =0x10;
}
/*==============================================================================
【函数原形】: void uart1_(unsigned char xdata *pBuf,unsigned char length)
【功能说明】: 串口 1 主动发送信息给 2 号机器人(1 号机器人给 2 号机器人发信息)
【编写日期】: 2013 年 4 月 12 日
==============================================================================*/
void uart1_(unsigned char xdata *pBuf,unsigned char length)
{       unsigned int i;
        unsigned long int j=0;
        CRC_16=crc16Calculate(pBuf,length-2);
        pBuf[length-1]=CRC_16%256;
        pBuf[length-2]=CRC_16/256;      //计算校验位的高 8 位和低 8 位
        for (i=0; i<length; i++)
        {
                SBUF = pBuf[i];   //*pBuf 使用指针将 pBuf[i]的信息送入缓冲器，需要编写实参的数组
                while (!TI);
                TI = 0;             //等待发送完毕
        }
        if( (pBuf[1]==0x06) || (pBuf[1]==0x07) || (pBuf[1]==0x08) )   //0x06,0x07,0x08 是规定好的
//功能码，接收到 3 个功能码中的任何一个表示有回应，收不到就继续等待
        {
                while((!receive_done)&&(j<100000)) //等待回应，若没回应，2 s 退出等待，重发一次
                {
                        j++;
                }                       //若没接收到接收完成标志，或时间没达到，则一直等待
                receive_done=0;
                if(j==100000)           //若时间到了
                {
                        for (i=0; i<length; i++)
```

```
                {
                    SBUF = pBuf[i];
                    while (!TI);
                    TI = 0;      //再发送一次，一共发送 2 次，若这段时间仍然没收到 2 号的
                                 //回应，则认为 2 号出了故障，自己退出单独工作
                }
                j=0;
                while((!receive_done)&&(j<100000))
                {
                    j++;
                }
                receive_done=0;
            }
        }
}
/*=====================================================================
【函数原形】：void uart1_response_robot(unsigned char Buf)
【功能说明】：发送，采用查询方式回应信息给其他机器人
【编写日期】：2013 年 4 月 12 日
=====================================================================*/
void uart1_response_robot(unsigned char Buf)
{     SBUF = Buf;            // 1 号给 2 号的，1 与 2 之间的回应信息
      while (!TI);           //未发送完之前一直等待
      TI = 0;
}
/*=====================================================================
【函数原形】：void uart_1(void) interrupt 4 using 1
【功能说明】：串口接收中断  //本程序只是接收中断，发送采用的是查询方式，在下一个程序
                            //每个机器人要进行通信用的中断
【编写日期】：2013 年 4 月 12 日
=====================================================================*/
void uart_1(void) interrupt 4 using 1
{     EA=0;      //在串口中断时关闭其他中断，所以关闭 CPU 总中断
      if (RI)    //RI——接收中断标志位，当接收到停止位时该位由硬件置 1
      {     RI=0;      //检测到中断，先关闭中断标志位
            RX_data[receive_data_length]=SBUF;         //接收到的数据从 SBUF 中逐一放在
                                                       //RX_data[]数组中
            receive_data_length++;       //每接收一个字节的数据就将长度加 1
            if(receive_data_length==6)  //判断接收帧是否完整，此处只要 6 位信息，并且是固定的
```

```
                {
                    receive_data_length=0;
                    receive_done=1;
                }
            }
            RI=0;
            EA=1;
        }
        void main(void)
        {
            IO_initial( );              //端口初始化
            start_=1;
            while(start_==1);           //等待启动信号
            uart1_initial( );           //串口初始化
            EA=1;
            ES=1;                       //开中断
            uart1_(&workstation[0],6);
        }
```

6. 任务小结

本任务综合应用传感器检测、电机控制、定时器、通信等知识点，完成了 2013 年全国高等职业院校技能大赛——机器人技术应用项目。

习　题　7

1. 简述单片机应用系统开发的一般过程。
2. 单片机应用系统的干扰源主要有哪些？列举常用的软件、硬件抗干扰措施。
3. 如何提高单片机应用系统的可靠性？
4. 请设计下面经典的单片机综合应用系统。

(1) 基于 AT89C51 单片机的数控稳压电源设计。
(2) 基于 AT89C51 单片机的电子密码锁设计。
(3) 基于 AT89C51 单片机的直流电机控制系统设计。
(4) 基于 AT89C51 单片机的音乐盒设计。
(5) 基于 AT89C51 单片机的计算器模拟系统设计。
(6) 基于 AT89C51 单片机的快热式家用热水器设计。

7-1　习题 7 解答　　　　7-2　项目七重难点

项目八　STM32 单片机开发入门简介

8.1　STM32 处理器概述

8.1.1　STM32 单片机概述

MCS-51 是单片机学习中一款入门级的经典 MCU(Microcontroller Unit)，其结构简单，易于教学，且可通过串口编程而不需要额外的仿真器，所以在许多高校的单片机教学中被大量采用。随着市场产品的激烈竞争，对 MCU 的要求也更为苛刻：功能更多，功耗更低，易用界面和多任务。面对这些要求，MCS-51 资源就显得捉襟见肘了。不论是高校教学还是市场需求，亟待有一款新的 MCU 来为嵌入式领域注入新的活力。

为满足市场需求，ARM 公司推出了全新的基于 ARMv7 架构的 32 位 Cortex-M3 微控制器内核。紧随其后，ST(意法半导体)公司推出了基于 Cortex-M3 内核的 MCU-STM32。STM32 凭借其产品线的多样化、极高的性价比、简单易用的库开发方式，迅速在众多 Cortex-M3 系列的 MCU 中脱颖而出。STM32 刚上市就迅速占领了中低端 MCU 市场，受到了市场和工程师们的青睐。51 单片机与 STM32 单片机实物图如图 8.1 所示。

图 8.1　51 单片机与 STM32 单片机实物图

作为即将走上技术岗位的大学生，我们应跟上技术潮流，掌握 STM32 的编程方法。

8.1.2　STM32 的架构

下面以 STM32 单片机代表 STM32F10X 系列产品为例进行讲解。STM32F10X 系列采用的是 Cortex-M3 内核，由 ARM 公司设计。芯片制造商如 ST、TI 等，负责在内核之外设计部件并开发整个芯片。STM32F10X 的内部结构组成如图 8.2 所示。

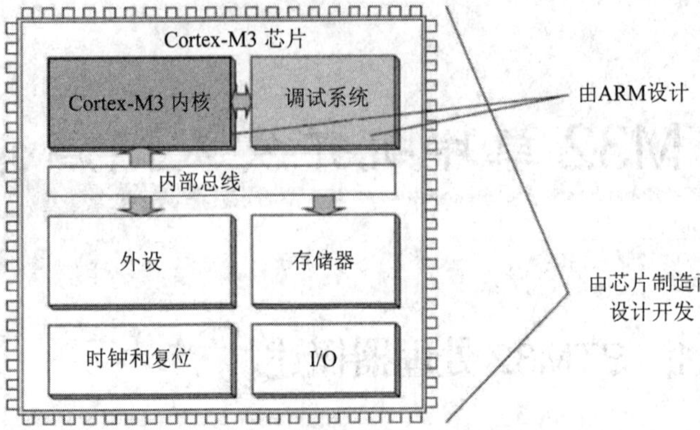

图 8.2　STM32 F10X 的内部结构组成

8-1　ISP 串口下载

单片机由内核(IP)和片上外设组成。内核相当于人的大脑，外设如同人体的各个功能器官。51 内核是 20 世纪 70 年代 Intel 公司设计的，外设是 IC 厂商(STC)在内核的基础上添加的，不同的 IC 厂商会在内核上添加不同的外设，从而设计出各具特色的单片机。这里 Intel 属于 IP 核厂商，STC 属于 IC 厂商。STM32 也一样，ARM 属于 IP 核厂商，ARM 给 ST 授权，ST 公司在 Cortex-M3 内核的基础上设计出 STM32 单片机。

图 8.3 所示为 STM32F10X 系列单片机的系统结构框图。由图 8.3 可以看出，STM32F10X 系列单片机由驱动单元、ICode 总线、被动单元和总线矩阵四部分组成。

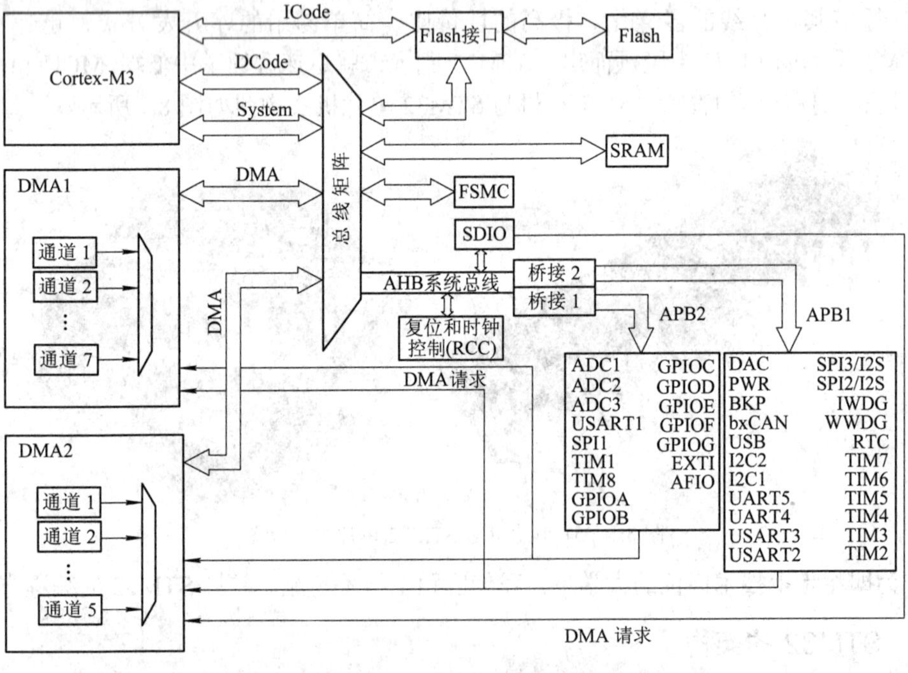

图 8.3　STM32F10X 系列单片机的系统结构框图

1．驱动单元

1) Cortex-M3

Cortex-M3 是一个 32 位处理器内核。内部的数据路径是 32 位的，寄存器是 32 位的，存储器接口也是 32 位的。Cortex-M3 采用哈佛结构，拥有独立的指令总线和数据总线，可同时执行取指令与数据访问操作，使数据访问不再占用指令总线，从而提升了处理性能。

2) DCode 总线(Data Code Bus)与 DMA 总线(Direct Memory Access Bus)

DCode 总线与 DMA 总线均为数据总线。一般条件下，常量存放在内部 Flash 中，而变量存放在内部 SRAM 中。这些数据可以由 DCode 和 DMA 来读取，为了避免两者同时去读取数据从而造成冲突，因此设置了一个总线矩阵来裁定由谁来读取数据。

以一个例子来说明 DMA 总线的作用。现在要从 SRAM 中读取一个数据到内部的外设数据寄存器 DR。若没有 DMA，CPU 首先通过 DCode 总线将数据从 SRAM 读到 CPU 的内部通用寄存器里来暂存数据，然后通过 DCode 总线将数据传到 DR，这样需通过 CPU 作为数据的中转。若有 DMA 总线，只需 CPU 发送相应命令，就可将 SRAM 中的数据直接发送到 DR。

3) System 总线(System Bus)

System 总线连接着 Cortex-M3 内核的系统总线(外设总线)和总线矩阵，总线矩阵协调着内核和 DMA 间的访问。System 总线主要用于访问外设的寄存器，通常说的寄存器编程(即读/写寄存器)都是通过 System 总线来完成的。

4) DMA(Direct Memory Access，直接存储器访问)控制器

DMA 将数据从一个地址空间复制到另一个地址空间，提供外设和存储器之间或者存储器和存储器之间的高速数据传输。当 CPU 初始化这个传输动作时，传输动作由 DMA 控制器来实现和完成。DMA 无需 CPU 直接控制传输，也没有中断处理方式那样保留现场和恢复现场过程，通过硬件为 RAM 和 I/O 设备开辟一条直接传输数据的通道，大大提高了 CPU 的效率。

STM32F10X 系列单片机有 2 个 DMA 控制器(DMA1 有 7 个通道，DMA2 有 5 个通道，每个通道用于管理来自于一个或多个外设对存储器访问的请求)和 1 个仲裁器(用来协调各个 DMA 请求的优先权)。

2. ICode 总线

ICode 总线将 Cortex-M3 内核的指令总线与闪存指令接口相连接。程序编写好后通过编译变成一条条指令存储在外设的 Flash 中，内核要读取这些指令来执行程序就必须通过 ICode 总线完成。

3. 被动单元

1) 内部 Flash

内部 Flash 用于存放指令和只读数据，也包括未加载程序的存储以及用户自定义数据的存储。

2) 内部 SRAM

内部 SRAM 就是通常说的 RAM。程序的变量、堆栈等的开销都是基于内部的 SRAM。内核通过 DCode 总线来访问它。

3) FSMC(Flexible Static Memory Controller，可变静态存储控制器)

FSMC 是 STM32 系列采用的一种新型存储器扩展技术。通过对特殊功能寄存器的设置，

FSMC 能够根据不同的外部存储器类型发出相应的数据/地址/控制信号类型以匹配信号的速度，从而使得 STM32 系列微控制器不仅能够应用各种不同类型、不同速度的外部静态存储器，而且能够在不增加外部器件的情况下同时扩展多种不同类型的静态存储器，满足系统设计对存储容量、产品体积以及成本的综合要求。注意，FSMC 只能扩展静态内存。

4) AHB(Advanced High performance Bus)到 APB(Advanced Peripheral Bus)转换桥

AHB 主要用于高性能模块(如 CPU、DMA 和 DSP 等)之间的连接。AHB 系统由主模块、从模块和基础结构(Infrastructure)三部分组成，整个 AHB 总线上的传输都由主模块发出，由从模块负责回应。

APB 主要用于低带宽的周边外设之间的连接，例如 UART、SPI 等，它的总线架构不像 AHB 支持多个主模块，在 APB 里面唯一的主模块就是 APB 桥。其中，APB1 负责 DAC、USB、SPI、I^2C、CAN、串口 2～5、普通 TIM；APB2 负责 ADC、I/O、高级 TIM、串口 1。APB1 和 APB2 上挂载的各种外设速度相对较低，因此需 AHB 到 APB 转换桥来衔接。

5) SDIO 总线

SDIO 总线提供了 AHB 外设总线与多媒体卡(MMC)、SD 存储卡、SDIO 卡和 CE-ATA 设备间的接口。

4. 总线矩阵

AHB 主设备是指 CPU 或 DMA，由它们启动总线访问，即读/写操作。那些响应主设备读/写访问的设备就是 AHB 从设备，比如存储器、各类外设等。因为总线矩阵的存在，使得多个主设备可以并行访问不同的从设备，增强了数据传输能力，提升了访问效率，同时也改善了功耗性能。

虽然总线矩阵使得多个主设备可以并行访问不同的从设备，但在每个预定的时间内，只有一个主设备拥有总线控制权。当有多个主设备同时出现总线请求时，需进行仲裁。所以总线矩阵里还有 AHB 总线仲裁器，用于保证每个时刻只有一个主设备通过总线矩阵对从设备进行访问。

8.1.3 STM32 最小系统

STM32 内部资源相当丰富，一个最小系统基本上由电源、复位电路、时钟电路、启动配置电路和调试接口电路构成。STM32F103RBT6 的最小系统电路图如图 8.4 所示。

1. 电源

STM32F10X 系列单片机的工作电压在 2.0 V～3.6 V 之间。一般使用稳压器件时，电压选择 3.3 V；使用锂电池时，电压在 2.6 V～3.6 V 之间。如果使用 AD 功能，则电压在 2.4 V～3.6 V 之间。如果使用备用电源，应将其加在 VBAT 端口上。

2. 复位电路

STM32 器件内部有复位电路，且有 3 种复位模式：上电复位、手动复位、程序自动复位，当 V_{DD} 小于 2.0V 时会产生掉电复位。STM32F10X 系列单片机通常为低电平复位，与 51 单片机高电平复位相反，复位电路上电容电阻位置调换。

上电复位：在上电瞬间，电容充电，RESET 出现短暂的低电平，需求的复位信号持续时间约为 1 ms。

手动复位：按键按下时，RESET 和地导通，从而产生一个低电平，实现复位。

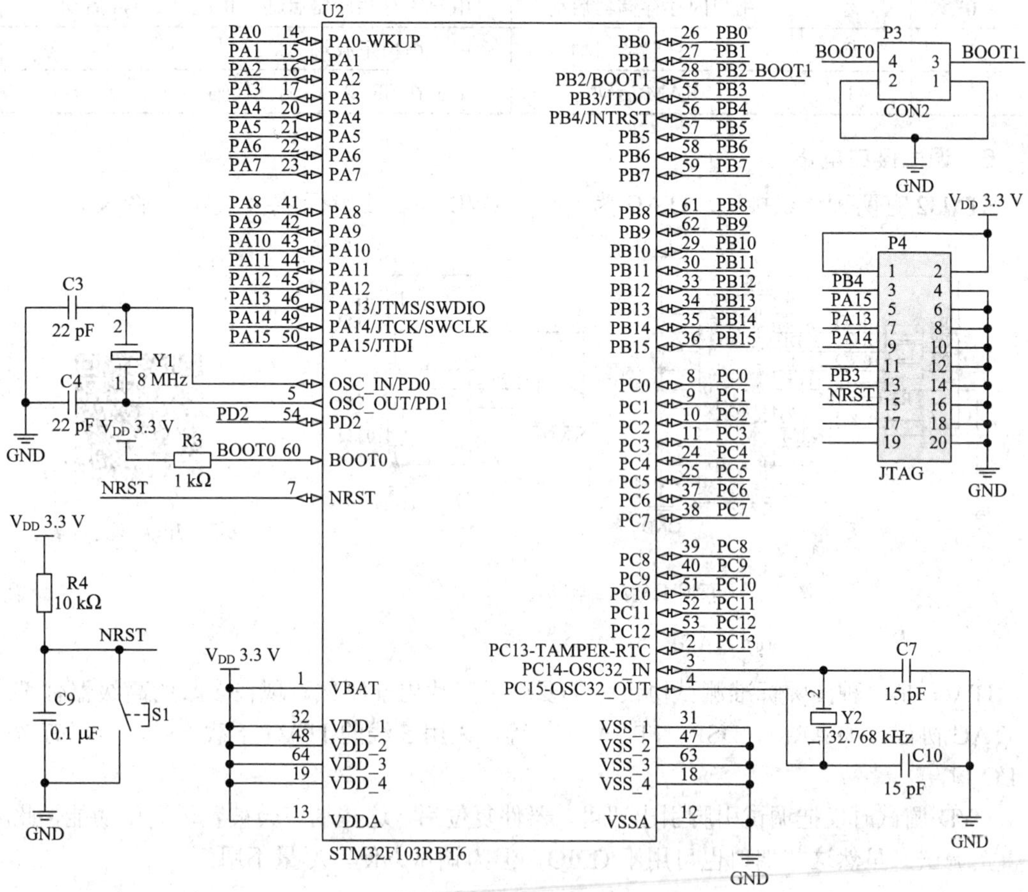

图 8.4　STM32 F103RBT6 的最小系统电路图

3．时钟电路

STM32 内部具有两个 RC 振荡器(对于 STM32F10X 系列，分为主时钟高速 8 MHz 及低速 40 kHz，各系列有所不同)及锁相环 PLL，虽然依靠内部 RC 也可以正常工作，但 RC 相比于晶振不够准确也不够稳定，所以有条件还是尽量使用外部晶振。

高速外部(HSE OSC)接口可以外接晶振，也可以使用其他的时钟源。时钟源最好是方波，也可以是三角波、正弦波，其占空比应在 50%左右，频率不能超过 25 MHz。

如图 8.4 中，外接两个晶振。Y1 为 8 MHz 高速时钟晶振，用于为整个系统提供时钟；Y2 为 32.768 kHz 低速时钟晶振，用于驱动 RTC 和 IWDC 看门狗，可以提供准确的时钟频率。

4．启动配置电路

STM32F10X 系列单片机有 3 种启动方式，通过 BOOT0、BOOT1 的电平进行设置。为了便于设置，BOOT0 接电平，并且和 BOOT1 通过 2X2 插针相连。通过跳线可以配置三种不同启动模式，见表 8.1。

表 8.1　BOOT 配置表

BOOT0	BOOT1	启动模式	说　明
0	×	用户闪存存储器启动	用户闪存存储器启动，也就是 Flash 启动
1	0	系统存储器启动	用于串口下载
1	1	SRAM 启动	用于在 SRAM 中调试代码

5．调试接口电路

STM32 有两种调试接口，JTAG 为 4 线，SWD 为 2 线串行(共 4 线)，见图 8.5。

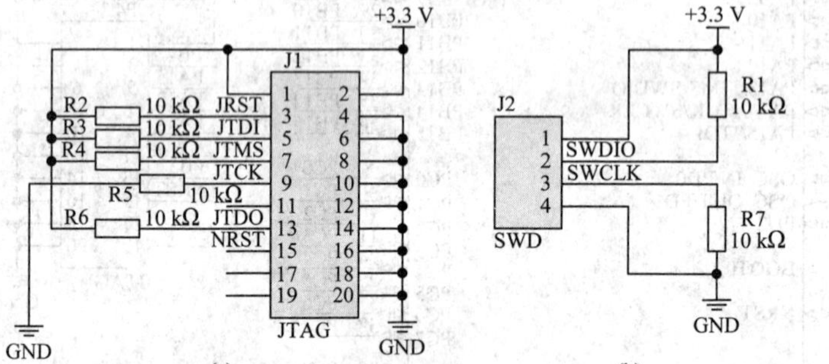

(a)　　(b)

8-2　Jlink 程序下载

图 8.5　两种调试接口电路图

(a) JTAG；(b) SWD

JTAG 是一种国际标准测试协议，主要用于芯片内部测试。现在多数的高级器件都支持 JTAG 协议，如 ARM、DSP、FPGA 器件等。采用 5 线的 JTAG 下载方式，可以有效节省 I/O 口。

SWD 调试时仅把调试引脚引出即可。器件复位后，这些端口会被置于调试功能，此时可直接调试。虽然这些端口也可用于 GPIO，但为调试方便，尽量不用。

8.2　STM32 编程基础

8.2.1　STM32 库开发方式

在学习 51 单片机时，一般都采用直接配置寄存器来控制芯片的工作方式，如使用定时器、中断等。配置时一般都需要查看芯片的数据手册，需要把相应的寄存器的相应位配置成“0”或者“1”，这些都是非常麻烦的。

由 8.1 节可看出 STM32 内部的 Cortex-M3 体系结构比 51 单片机复杂得多，若沿用 51 单片机的学习方法，使用直接配置寄存器的方式进行编程，不仅非常烦琐，而且开发效率也不高。

为了帮助学习者快速上手，ST 公司创建了 STM32 库函数。实际上库函数就是架设在寄存器与用户驱动层之间的代码，向下可以直接给出寄存器的相关配置，向上为用户提供配置寄存器的函数接口。图 8.6 直观地描述了库开发方式与直接配置寄存器方式。

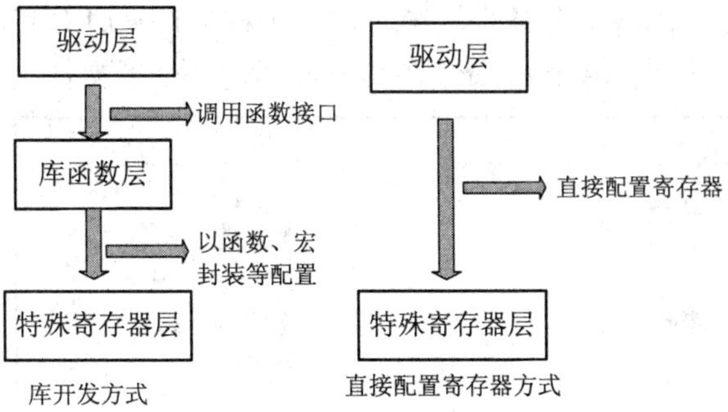

图 8.6　库开发方式与直接配置寄存器方式

8.2.2　利用固件库在 Keil 4 下建立工程

对于初学者而言，搭建开发环境、建立工程进而开展项目开发，需按照如下步骤完成。

1．需要准备的工作

(1) 下载 STM32F10x_StdPeriph_Lib_V3.5.0 固件库。

(2) 下载并安装好 KeilμVision V4.12(MDK4)。

2．开始搭建工程

(1) 解压 STM32F10x_StdPeriph_Lib_V3.5.0 固件库。解压后得到如图 8.7 所示的几个文件列表，其中：

_htmresc：该文件夹里面是 ST 的 Logo 图片，基本无用，可以删除。

Libraries：该文件夹里面有非常重要的文件，包含 STM32 的系统源文件和头文件，即库文件。

Project：该文件夹里面为 STM32F10x 的例程和工程模板。Keil 对应的就是 MDK-ARM 文件下的工程模板。

Utilities：该文件夹里面有一些实用程序，可删除。

Release_Notes.html：版本注释，可删除。

stm32f10x_stdperiph_lib_um.chm：库函数的帮助文件，可查找每个函数的功能和调用方法。

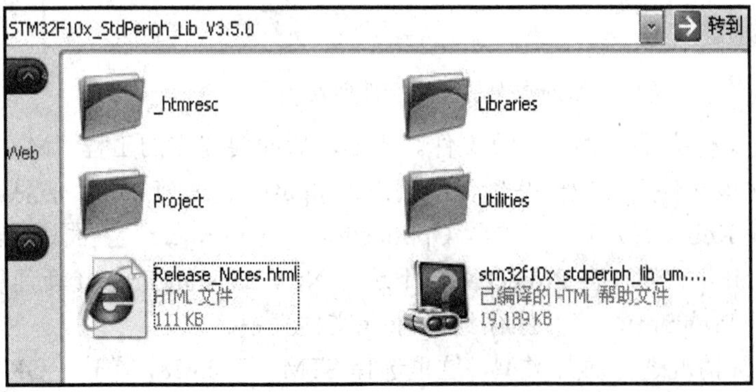

图 8.7　STM32 库文件列表

(2) 为了项目程序中的各部分条理清晰，创建工程文件夹时对其子目录创建子文件夹。例如，建立一个工程文件夹 My Project，在其下再创建 5 个子文件夹，如图 8.8 所示。

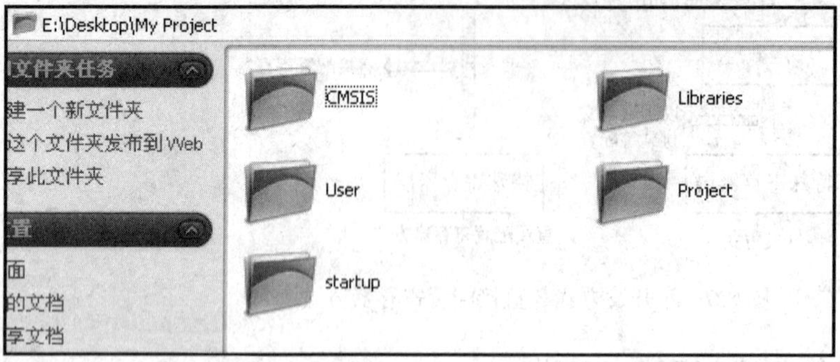

图 8.8　工程文件夹中的子文件夹列表

8-3　MDK-ARM 安装

各文件夹说明如下：

CMSIS：此文件夹是从 STM32F10x_StdPeriph_Lib_V3.5.0 固件库中的 CMSIS 文件夹直接复制过来的。

Libraries：此文件夹从 STM32F10x_StdPeriph_Lib_V3.5.0 固件库中的 Libraries 文件夹复制过来，只保留了当中的 inc 和 src 文件夹，即只包含库文件。

Startup：此文件夹从 CMSIS\CM3\DeviceSupport\ST\STM32F10x\Startup 目录下直接将 Startup 文件剪切出来。其中放置的是启动代码，具体的代码根据所用芯片的容量选择。比如，选用的 STM32F103C8 为中等容量芯片，故选择其中的 startup_stm32f10x_md.s 启动代码，其他不用的可以删除。

User：User 文件夹为用户的应用程序，其中包括 main.c、stm32f10x_conf.h、stm32f10x_it.c、stm32f10x_it.h 4 个文件，这 4 个文件可从 V3.5.0 固件库 Project\STM32F10x_StdPeriph_Template 目录下复制过来，对 main.c 文件中的内容进行修改，具体见图 8.9。

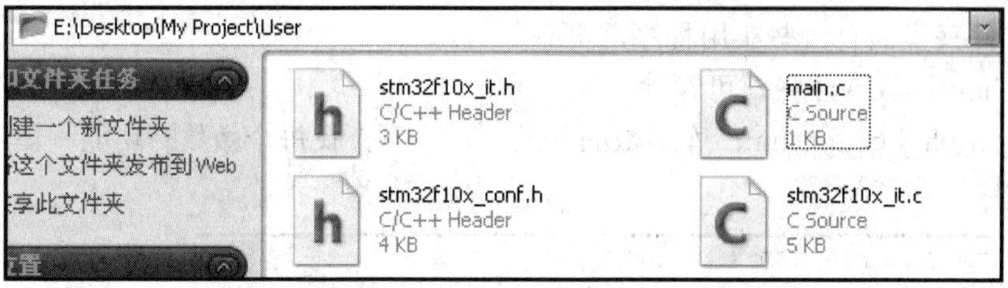

图 8.9　User 文件夹中的文件列表

8-4　STM32 库文件

Project：此文件夹用来存放项目文件。比如，后面要建立的工程“My Program.uvproj”就放在这里。在该文件下存放一些项目的输出(Output)信息和 Listing 信息。建立这个文件夹之后就可以在 Keil 4 开发环境下的“Options for Target Project”里面进行路径设置了。

(3) 打开 Keil 4 软件，在 Project 菜单下选择 New µVision Project 新建项目，键入新的项目名称(如 My Program)，将其保存到 Project 文件夹中。

(4) 根据实际情况选择芯片类型，这里选择 STM32F103C8，单击“OK”按钮，弹出窗口询问是否复制启动代码，选择“否”，如图 8.10 所示，至此新的项目工程已建好。

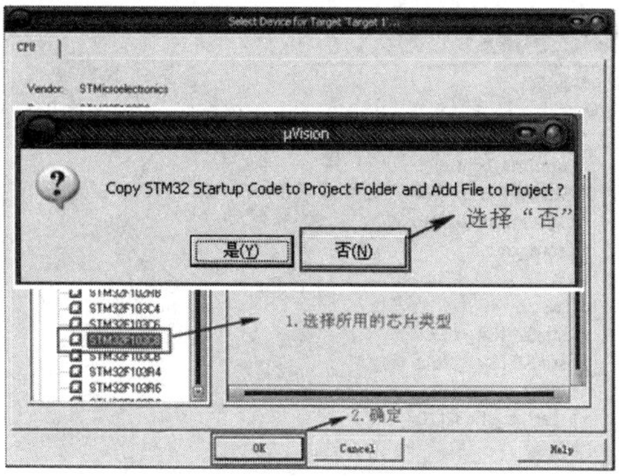

图 8.10 选择芯片型号

8-5 STM32 工程的创建

(5) 单击如图 8.11 所示的项目组合图标，弹出组件、环境、书籍(Components，Environment and Books)窗口。根据实际需要添加相应的文件，如图 8.12 所示。添加完成后，工程 Project 区的文件树状结构如图 8.13 所示。

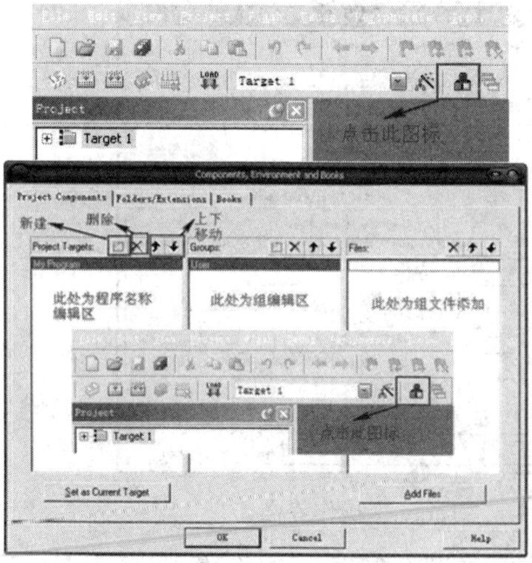

图 8.11 项目组合图标

8-6 GPIO 工作原理

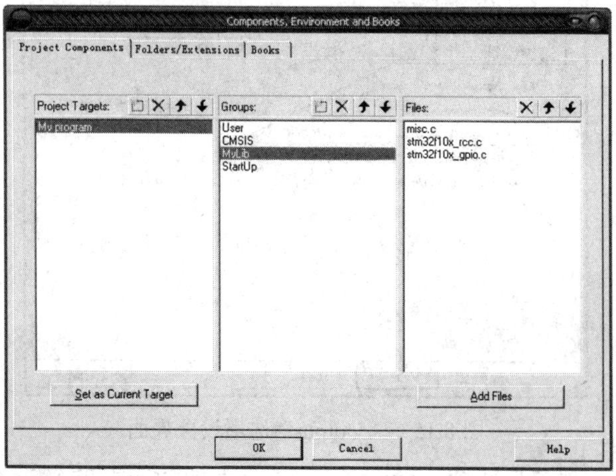

图 8.12 在组件、环境、书籍下添加文件

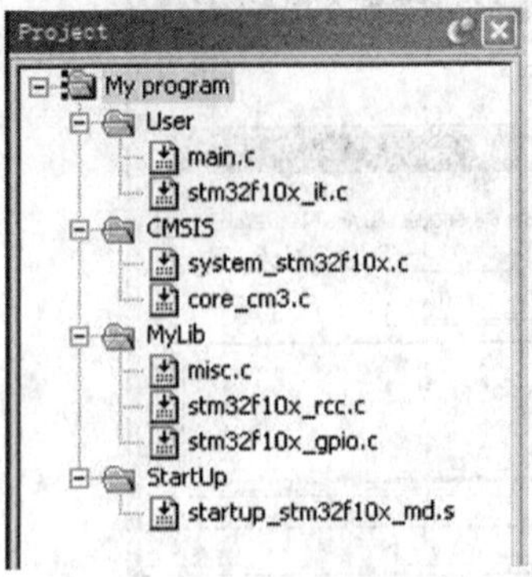

图 8.13 Project 文件树状结构

3. 配置工程

第一步，设置目标选项。单击图标进入“Target”操作界面，如图 8.14 所示，设置时钟晶振频率为 8.0 MHz。

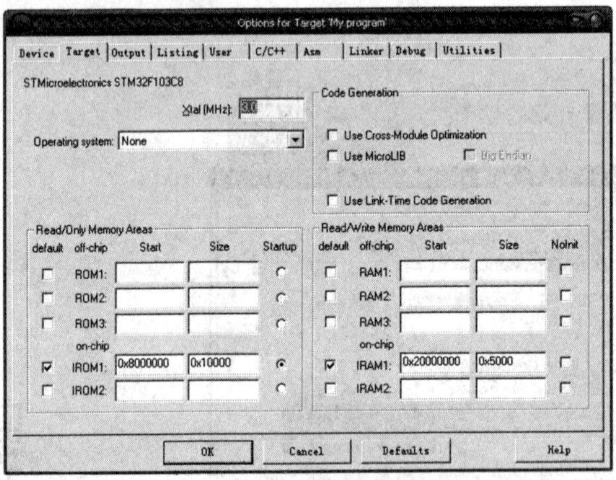

图 8.14 “Target”操作界面

第二步，选择“Output”选项，进行如图 8.15 所示的设置。

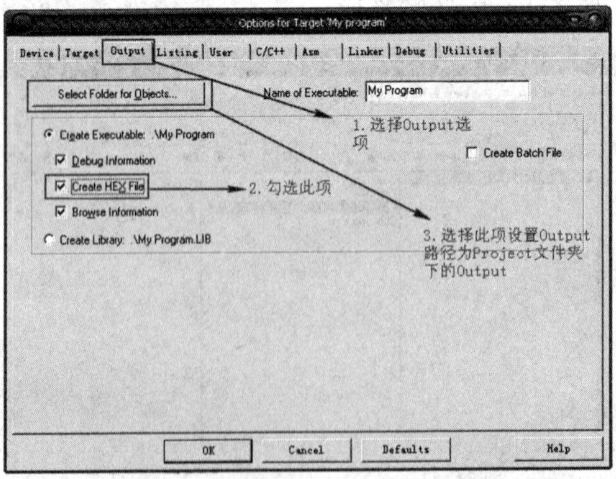

图 8.15 “Output”选项设置界面

第三步，单击“Listing”选项，并配置 Listing 文件的所在路径为 Projet 下的 Listing 文件夹。

第四步，配置编译器的路径，设置如图 8.16 所示。在“C/C++”选项中可以加入预定义的宏，此处务必要加入 USE_STDPERIPH_DRIVER 和 STM32F10X_MD 两个宏。另外，在“Include Paths”框中可以填入<.h>头文件所在的目录，如<.\Lib>、<.\Lib\inc>、<.\User>，以方便编译器搜索头文件定义。

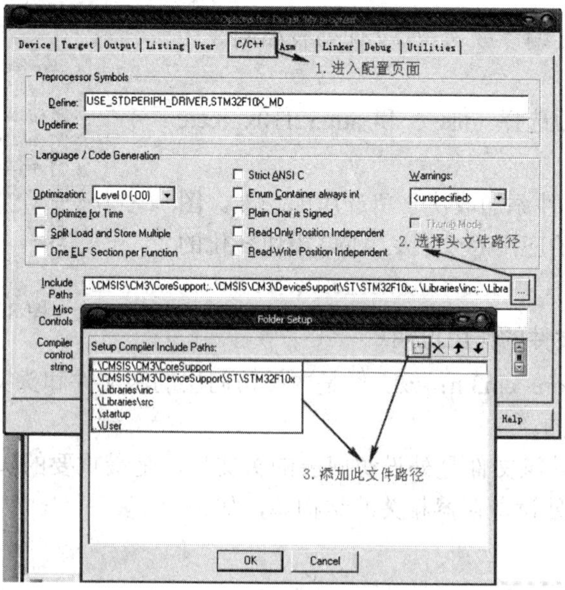

图 8.16　“C/C++”选项设置界面

目前进行编译，仍然会有错误。因为 main.c 包含的头文件“stm32f10x.h”中缺少对一些设置量的定义。需要分别在<stm32f10x.h>文件中，取消对#define STM32F10X_MD 和#define USE_STDPERIPH_DRIVER 的屏蔽，具体操作如图 8.17 所示。这两项定义好后，方可正常运行。其中，“#define STM32F10X_MD”的作用是选择存储容量的型号，每种芯片都不太一样，故必须选择；“#define USE_STDPERIPH_DRIVER”用于指定要使用的标准库文件，因为需要用库文件开发，所以必须选择。<stm32f10x.h>文件中默认是不用库文件的，而是直接进行寄存器操作。

```
#if !defined (STM32F10X_LD) && !defined (STM32F10X_LD_VL) && !defined (STM32F10X_MD) && !defined
  /* #define STM32F10X_LD */      /*!< STM32F10X_LD: STM32 Low density devices */
  /* #define STM32F10X_LD_VL */   /*!< STM32F10X_LD_VL: STM32 Low density Value Line devices */
  #define STM32F10X_MD            /*!< STM32F10X_MD: STM32 Medium density devices */
  #define STM32F10X_MD_VL         /*!< STM32F10X_MD_VL: STM32 Medium density Value Line devices */
  /* #define STM32F10X_HD */      /*!< STM32F10X_HD: STM32 High density devices */
  /* #define STM32F10X_HD_VL */   /*!< STM32F10X_HD_VL: STM32 High density value line devices */
  /* #define STM32F10X_XL */      /*!< STM32F10X_XL: STM32 XL-density devices */
  /* #define STM32F10X_CL */      /*!< STM32F10X_CL: STM32 Connectivity line devices */
#if !defined  USE_STDPERIPH_DRIVER
/**
 * @brief Comment the line below if you will not use the peripherals drivers.
   In this case, these drivers will not be included and the application code will
   be based on direct access to peripherals registers
   */
#define USE_STDPERIPH_DRIVER
#endif
```

图 8.17　头文件<stm32f10x.h>调整

另外一种方法如图 8.18 所示，即在“C/C++”选项的“Define”框中添加“USE_STDPERIPH_DRIVER,STM32F10X_MD”，其作用和调整头文件是一样的。

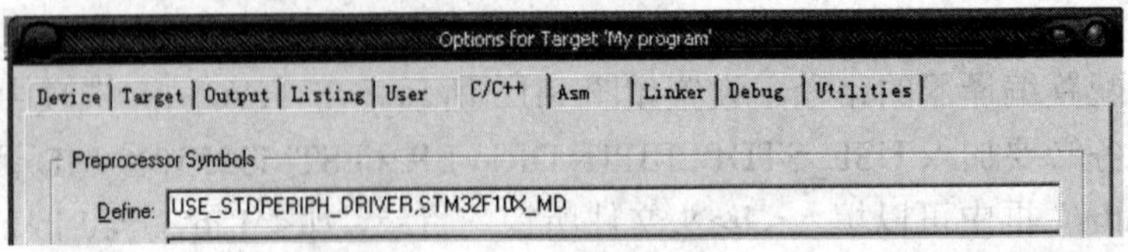

图 8.18　“C/C++”选项中的 Define 设置

选择好后，可直接编译成功。库文件列表如图 8.19 所示。

(1) 库文件中必须选择 misc.c 和 stm32f10x_rcc.c 这两个 C 文件。

(2) 另外的 C 文件添加取决于所选用的功能。图 8.19 中添加了 I/O 口的应用 C 文件、ADC 模块转化的头文件等。

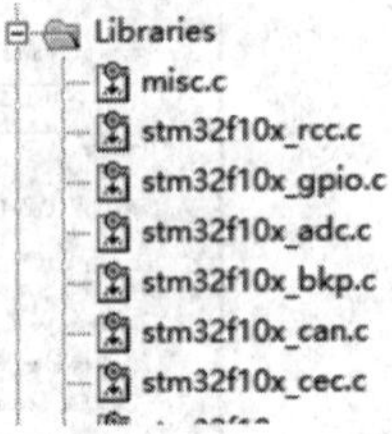

图 8.19　库文件列表

4．部分重要库文件的作用说明

(1) core_cm3.c/core_cm3.h：该文件是内核访问层的源文件和头文件，其中的代码多半是使用汇编语言编写的。

(2) stm32f10x.h：该文件是外设访问层的头文件，是最重要的头文件之一，例如向量定义等，还定义了和外设寄存器相关的结构体，如：

```
typedefstruct
{
__IO uint32_t CRL;
__IO uint32_t CRH;
__IO uint32_t IDR;
__IO uint32_t ODR;
__IO uint32_t BSRR;
__IO uint32_t BRR;
__IO uint32_t LCKR;
} GPIO_TypeDef;
```

头文件包含了许多寄存器的定义，在应用文件中(例如自己编写的 main 源文件)只需要包含头文件 stm32f10x.h 即可。

头文件 stm32f10x.h 中的第 8296 行：

```
#ifdef USE_STDPERIPH_DRIVER
#include "stm32f10x_conf.h"
#endif
```

此处定义了头文件“stm32f10x_conf.h”。

(3) system_stm32f10x.c/system_stm32f10x.h：该头文件也可以称为外设访问层的头文件和源文件。在该文件中可以定义系统的时钟频率，包括低速时钟总线和高速时钟总线的频率。

(4) stm32f10x_conf.h：该文件和 V2 版本的库的内容是一样的，需要使用哪些外设就取消哪些外设的注释。

(5) stm32f10x_it.c/stm32f10x_it.h：这两个文件包含了 stm32 的中断函数。在源文件和头文件中并没有把所有的中断入口函数都写出来，而只写了 ARM 内核的几个异常中断，其他中断函数需要用户自己编写。stm32f10x_it.c 的最后给出了一个如下模板：

```
/******************************************************************************/
/* STM32F10X Peripherals Interrupt Handlers */
/* Add here the Interrupt Handler for the used peripheral(s) (PPP), for the available peripheral
interrupt handler's name please refer to the startup file (startup_stm32f10x_xx.s). */
/*
* @brief This handles PPP interrupt request.
* @param None
* @retval None
*/
/*void PPP_IRQHandler(void)
{
}*/
```

从注释中的英文提示可以看出，中断向量的名称可以从相应的启动代码中找出，例如可以从 startup_stm32f10x_md.s 中找到 USART1 中断函数 USART1_IRQHandler，其他的中断函数名可以依此类推获得。

8.2.3 STM32 单片机编程思路

进行 STM32 编程时，应用程序调用关系如图 8.20 所示，编程过程可按照以下给出的四条顺序架构来展开，这样调试过程中遇到问题时，可以较容易地判断出出错位置。

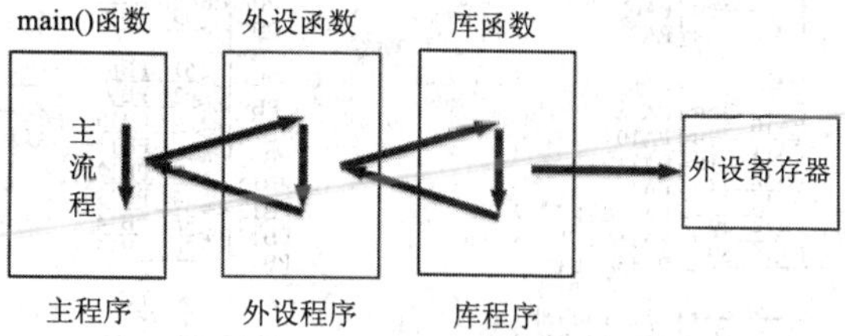

图 8.20 应用程序调用过程示意图

1. 通用初始化

(1) RCC 初始化：全局与外设的时钟配置，要先开时钟再用外设。

(2) NVIC 初始化：中断通道使能及优先级设定。

(3) SysTick 初始化：时钟定时器，提供时钟基准，精确延时需要。

(4) GPIO 初始化：GPIO 方式要与外设对应。

2. 外设初始化

定时器、ADC、USART、LCD 等硬件设备初始化。

3. 主函数构建

根据项目功能需求情况，调用相关算法，实现所需功能。

4．中断函数构建

编写中断处理函数。

项目构建后最好先进行软件模拟，然后将程序下载到目标板进行硬件调试和运行。除了常规的寄存器、存储器等显示窗口，还应该利用外设窗口和逻辑分析仪窗口观测外设及其引脚的工作状态，尤其是在软件模拟过程中。

任务 18　点亮 LED 灯

1．任务目的

(1) 熟悉 Keil 编程环境。

(2) 了解 GPIO 端口操作。

(3) 编译项目并生成可执行 HEX 文件。

(4) 下载.Hex 文件到开发板中运行。

8-7　任务 18 仿真调试

2．任务要求

利用 STM32F103RBT6 的一个 I/O 口控制一只 LED 灯，使其以一定的时间间隔闪烁。

3．电路设计

在最小系统电路的基础上，利用 GPIO 口 PC13 控制 LED 灯(LED1)的亮灭，电路设计如图 8.21 所示。

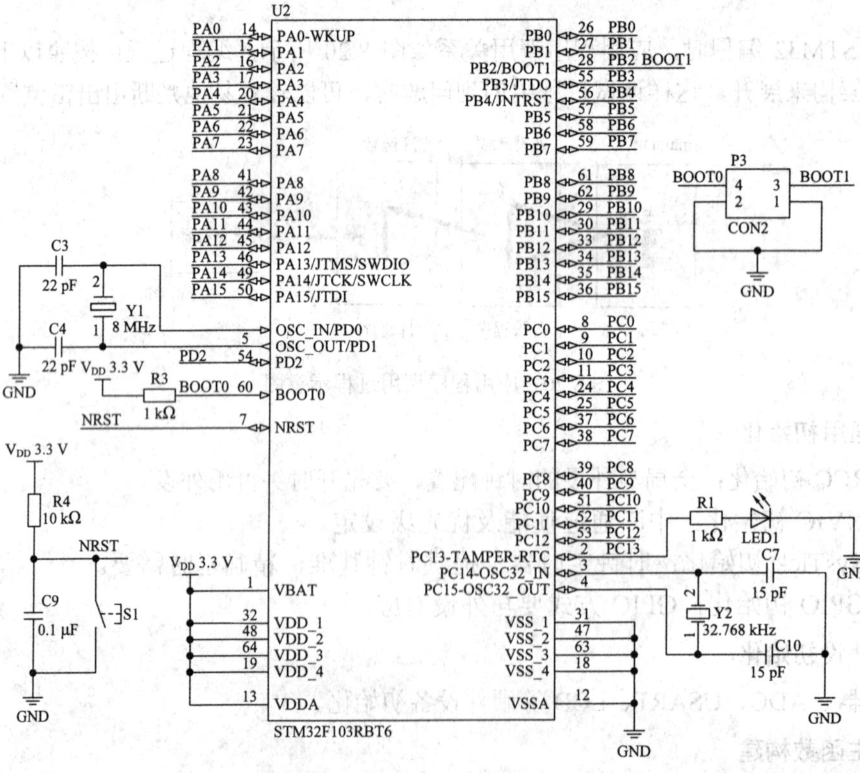

图 8.21　STM32F103RBT6 与发光二极管的连接电路

4．程序设计

(1) led.h 头文件：

```
#ifndef __LED_H
#define __LED_H
#include "stm32f10x.h"
#define LED1_GPIO_RCC          RCC_APB2Periph_GPIOC
#define LED1_GPIO_PORT         GPIOC
#define LED1_GPIO_PIN          GPIO_Pin_13
#define LED1_ONOFF(x)          GPIO_WriteBit(GPIOC,GPIO_Pin_13,x);
void LED_GPIO_Config(void);
void LEDXToggle(uint8_t ledx);
#endif
```

(2) led.c 源文件：

```
//头文件
#include "led.h"
void LED_GPIO_Config(void)
{
    //定义一个 GPIO_InitTypeDef 类型的结构体
    GPIO_InitTypeDef GPIO_InitStructure;
    RCC_APB2PeriphClockCmd(LED1_GPIO_RCC,ENABLE); //使能 GPIO 的外设时钟
    /*LED*/
    GPIO_InitStructure.GPIO_Pin =LED1_GPIO_PIN;              //选择要用的 GPIO 引脚
    GPIO_InitStructure.GPIO_Mode = GPIO_Mode_Out_PP;         //设置引脚模式为推免输出模式
    GPIO_InitStructure.GPIO_Speed = GPIO_Speed_50MHz;        //设置引脚速度为 50 MHz
    GPIO_Init(LED1_GPIO_PORT, &GPIO_InitStructure);          //调用库函数，初始化 GPIO
}
```

(3) main 函数：

```
//头文件
#include "stm32f10x.h"
#include "led.h"
//函数声明
void Delay_ms(uint16_t time_ms);
int main(void)
{
  /*初始化 LED 端口*/
  LED_GPIO_Config();
  while(1)
```

```
        {
            /*led 灭*/
            LED1_ONOFF(Bit_SET);
            Delay_ms(500);
            /*led 亮*/
            LED1_ONOFF(Bit_RESET);
            Delay_ms(500);
        }
    }
    //延时函数
    void Delay_ms(uint16_t time_ms)
    {
        uint16_t i,j;
        for(i=0;i<time_ms;i++)
        {
                for(j=0;j<10309;j++);      //大约 1ms
        }
    }
```

5．任务小结

本任务通过用 STM32F10X 系列单片机控制连接到一个 GPIO 口上的 LED 小灯实现闪烁效果的软硬件设计过程，使读者熟悉 STM32 单片机编程开发过程和软件延时方法。

任务 19　基于 STM32F10X 单片机的 USART 通信设计

1．任务目的

(1) 了解 GPIO 中串口的初始化。

(2) 了解串口初始化步骤。

(3) 了解串口中断函数。

(4) 编写主程序，实现发送功能。

2．任务要求

在计算机上设置串口，以实现单片机和计算机之间最基本的通信；通过串口 1 打印输出设定好的字符串到计算机上。

3．电路设计

在最小系统电路的基础上，USART 发送端选用 GPIO 的复用端口 PA9，USART 接收端选用 GPIO 的复用端口 PA10，电路设计如图 8.22 所示。

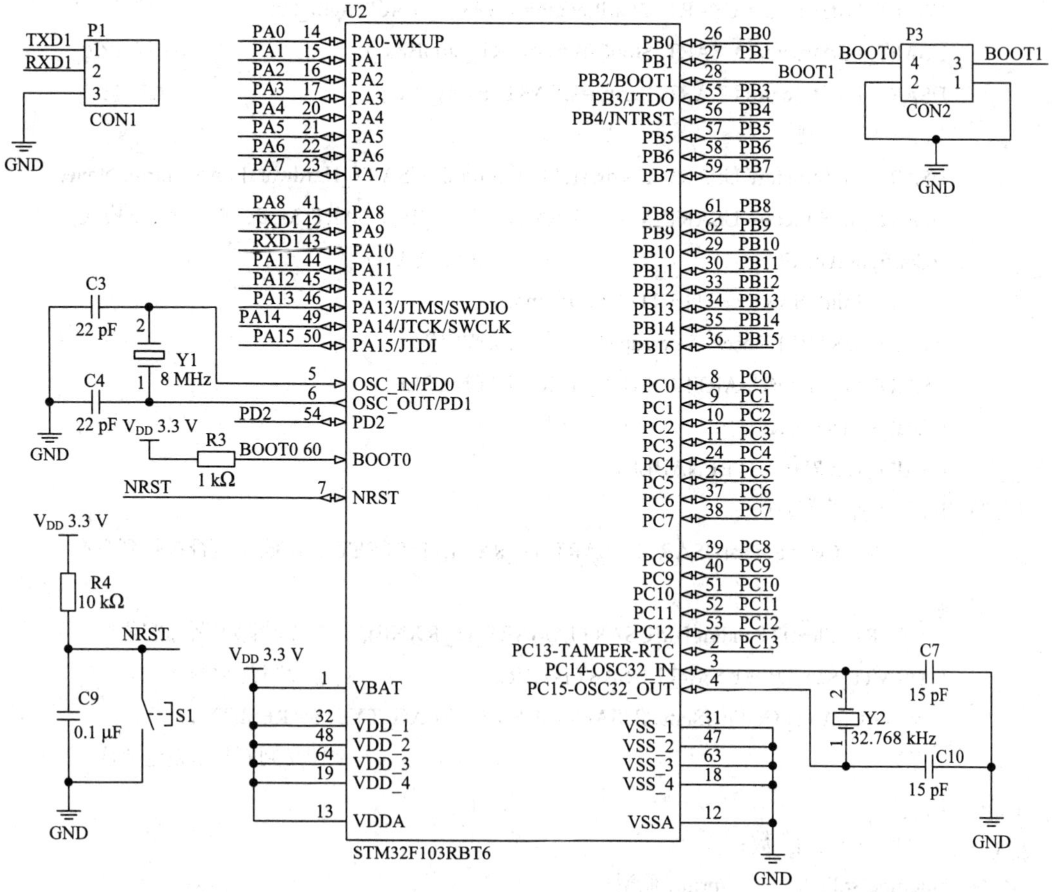

图 8.22　STM32F103RBT6 串口通信电气图

4．程序设计

(1) GPIO 初始化：

```
//USART 1 PA10:RXD
/*Configure USART1Rx (PA.10)as input floating */
GPIO_InitStructure.GPIO_Pin =GPIO_Pin_10;
GPIO_InitStructure.GPIO_Mode =GPIO_Mode_IN_FLOATING;    //输入
GPIO_Init(GPIOA, &GPIO_InitStructure);
//USART 1 PA9:TXD，复用功能引脚
/*Configure USART1Tx(PA.09)as alternate function push-pull*/
GPIO_InitStructure.GPIO_Pin =GPIO_Pin_9;
GPIO_InitStructure.GPIO_Mode =GPIO_Mode_AF_PP;
GPIO_Init(GPIOA, &GPIO_InitStructure)
```

(2) USART_Configuration()串口初始化函数：

```
USART_InitTypeDefUSART_InitStructure;
USART_InitStructure.USART_BaudRate =115200;              //波特率设置
```

```
USART_InitStructure.USART_WordLength= USART_WordLength_8b;          //8 位数据
USART_InitStructure.USART_StopBits =USART_StopBits_1;               //1 停止位
USART_InitStructure.USART_Parity= USART_Parity_No ;                 //无校验
//无硬件流控制
USART_InitStructure.USART_HardwareFlowControl=USART_HardwareFlowControl_None;
USART_InitStructure.USART_Mode= USART_Mode_Rx| USART_Mode_Tx;  //收发模式
/*ConfigureUSART1*/              //初始化上面设置
USART_Init(USART1,&USART_InitStructure);
/*Enable USART1 Receiveinterrupts*/  //使能接收中断
USART_ITConfig(USART1,USART_IT_RXNE,ENABLE);
/*Enable theUSART1*/               //打开串口
USART_Cmd(USART1,ENABLE);
```

(3) 串口中断函数：

```
if(USART_GetITStatus(USART1,USART_IT_RXNE) !=RESET)     //确认是否接收到数据
{
  USART_ClearITPendingBit(USART1,USART_IT_RXNE);        //清除中断标志位
  USART_SendData(USART1,USART1->DR);                    //发送数据
  while(USART_GetFlagStatus(USART1, USART_FLAG_TXE) == RESET){};
                                                        //判断是否发送完成
}
```

(4) 重定向 printf 函数：

```
#include"stdio.h"       //printf 原型
//定义函数
intfputc(intch,FILE*f)
{
  /*WriteacharactertotheUSART*/
  USART_SendData(USART1,(uint8_t) ch);
  /*Loopuntiltheendoftransmission*/
  while(USART_GetFlagStatus(USART1,USART_FLAG_TXE) ==RESET)
  {}
  returnch;
}
```

在 OptionsforTarget\Target 中勾选 UseMicroLIB。

注意：对 I/O 口进行初始化时，发送端设置为复用推挽输出模式，接收端设置为浮空输入。重定向 printf 步骤要全，串口中断中的 USART_GetITStatus 获取中断标志状态的函数与 USART_GetFlagStatus 获取发送完成标志的函数是不同的，不能混淆。

5．任务小结

本任务通过基于 STM32F10X 单片机的 USART 通信设计，使读者了解串口初始化步骤。

习 题 8

1．填空题

(1) STM32 单片机是 ST 公司在 Cortex-M3 内核的基础上设计出的________位单片机。

(2) Cortex-M3 处理器内核采用的架构是________________。

(3) STM32 单片机由________、________、被动单元和总线矩阵四部分组成。

(4) DMA 总线主要是传输______的总线。

(5) STM32F10X 系列单片机的工作电压范围为______V，若使用备用电源，在____端口应加上备用电源。

(6) STM32 复位电路有 3 种复位模式：________、________和________。当 V_{DD} 小于 2.0 V 时，会产生掉电复位。

(7) 低速时钟晶振一般设置为________kHz，用来驱动 RTC 和 IWDC 看门狗，可提供准确的时钟频率。

(8) STM32 单片机编程设计有直接配置寄存器方式和________开发方式两种。

(9) STM32 库文件开发中，必须选择____________和____________这两个 C 文件。

(10) STM32 库文件中的关于中断函数的 H 文件是____________________，C 文件是____________。

2．简答题

(1) 简述 STM32 单片机的内部结构框架。

(2) 简述 DMA 和 DCode 的区别。

(3) 如何设置 BOOT0 和 BOOT1 来实现 STM32F10X 系列单片机的 3 种启动方式？

(4) 简述 STM32 利用库函数编程的基本编程思路。

3．编程题

在最小系统电路图上，利用 PA0～PA7 实现对 8 盏 LED 灯的流水控制。

8-8　习题 8 解答　　　　8-9　项目八重难点

附录　常用的 C51 标准函数库

下面简单介绍 Keil μVision4 编译环境提供的常用 C51 标准函数库，以便在进行程序设计时使用。

1. I/O 函数库

I/O 函数主要用于数据通过串口的输入和输出等操作。C51 的 I/O 函数的原型声明包含在头文件 stdio.h 中。由于这些 I/O 函数使用了 8051 单片机的串行接口，因此在使用前需要先进行串口的初始化，然后才可以实现正确的数据通信。下例是以 2400 波特率、12 MHz 初始化串口：

```
SCON=0x52
TMOD=0x20
TR1=1
TH1=0Xf3
```

2. 标准函数库

标准函数库提供了一些数据类型转换以及存储器分配等操作函数。标准函数的原型声明包含在头文件 stdlib.h 中。常用的标准函数如附表 1 所示。

附表 1　常用的标准函数

函数	功　能	函数	功　能
atoi	将字符串转换成整型数值并返回该值	srand	初始化随机数发生器的随机数
atol	将字符串转换成长整型数值并返回该值	calloc	为 n 个元素的数组分配内存空间
atof	将字符串转换成浮点型数值并返回该值	free	释放前面已分配的内存空间
strtod	将字符串转换成双精度浮点型数值并返回该值	init_mempool	对前面申请的内存进行初始化
strtol	将字符串转换成长整型数值并返回该值	malloc	在内存中分配指定大小的存储空间
strtoul	将字符串转换成无符号长整型数值并返回该值	realloc	调整先前分配的存储器区域大小
rand	返回一个 0～32 767 之间的伪随机数		

3. 字符函数库

字符函数库提供了对单个字符进行判断和转换的函数。字符函数的原型声明包含在头文件 ctype.h 中。常用的字符函数如附表 2 所示。

附表 2　常用的字符函数

函数	功　　能	函数	功　　能
isalpha	检查形参字符是否为英文字母	isupper	检查形参字符是否为大写英文字母
isalnum	检查形参字符是否为英文字母或数字字符	isspace	检查形参字符是否为空格字符
iscntrl	检查形参字符是否为控制字母	isxdigit	检查形参字符是否为十六进制数字字符
isdigit	检查形参字符是否为十进制数字字符	toint	将形参字符转换为十六进制数字字符
isgraph	检查形参字符是否为可打印字符	tolower	将大写字符转换为小写字符
isprint	检查形参字符是否为可打印字符，包括空格符	toupper	将小写字符转换为大写字符
ispunct	检查形参字符是否为标点、空格或格式字符	toascii	将任何字符型参数缩小到有效的 ASCII 范围之内
islower	检查形参字符是否为小写英文字母		

4. 字符串函数库

字符串函数的原型声明包含在头文件 string.h 中。在 C51 语言中，字符串应包含 2 个或多个字符，字符串的结尾以空字符来表示。字符串函数通过接收指针串来对字符串进行处理。常用的字符串函数如附表 3 所示。

附表 3　常用的字符串函数

函数	功　　能	函数	功　　能
memchr	在字符串中顺序查找字符	stelen	返回字符串字符总数
memcmp	按照指定的长度比较两个字符串的大小	strstr	搜索字符串出现的位置
memcpy	复制指定长度的字符串	strchr	搜索字符出现的位置
memccpy	复制字符串，如果遇到终止字符，则停止复制	strops	搜索并返回字符出现的位置
memmove	复制字符串	strrchr	检查字符在指定字符串中第一次出现的位置
memset	按规定的字符填充字符串	strrpos	检查字符在指定字符串中最后一次出现的位置
strcat	复制字符串到另一个字符串的尾部	strspn	查找不包含指定字符集中的字符
strncat	复制指定长度的字符串到另一个字符串的尾部	strcspn	查找包含指定字符集中的字符
strcmp	比较两个字符串的大小	strpbrk	查找第一个包含在指定字符集中的字符
strncmp	比较两个字符串的大小，比较到字符串结束符后便停止	strrpbrk	查找最后一个包含在指定字符集中的字符
strcpy	将一个字符串覆盖另一个字符串		
strncpy	将一个指定长度的字符串覆盖另一个字符串		

5. 内部函数库

内部函数库提供了循环移位和延时等操作函数。内部函数的原型声明包含在头文件 intrins.h 中。常用的内部函数如附表 4 所示。

附表 4 常用的内部函数

函数	功 能	函数	功 能
crol	将字符型数据按照二进制循环左移 n 位	_iror_	将整型数据按照二进制循环右移 n 位
irol	将整型数据按照二进制循环左移 n 位	_lror_	将长整型数据按照二进制循环右移 n 位
lrol	将长整型数据按照二进制循环左移 n 位	_nop_	使单片机程序产生延时
cror	将字符型数据按照二进制循环右移 n 位	_testbit_	对字节中的一位进行测试

6. 数学函数库

数学函数库提供了多个数学计算的函数。其原型声明包含在头文件 math.h 中。常用的数学函数如附表 5 所示。

附表 5 常用的数学函数

函数	功 能	函数	功 能
abs	计算并返回输出整型数据的绝对值	exp	计算并返回输出浮点数 x 的指数
cabs	计算并返回输出字符型数据的绝对值	log	计算并返回输出浮点数 x 的自然对数
fabs	计算并返回输出浮点型数据的绝对值	log10	计算并返回输出浮点数 x 的以 10 为底的对数
labs	计算并返回输出长整型数据的绝对值	sqrt	计算并返回输出浮点数 x 的平方根
ceil	计算并返回一个不小于 x 的最小正整数	modf	将浮点数的整数和小数部分分开
floor	计算并返回一个不大于 x 的最小正整数	pow	进行幂指数运算
cos、sin、tan、acos、asin	计算三角函数的值	atan、atan2、cosh、sinh、tanh	计算三角函数的值

7. 绝对地址访问函数库

绝对地址访问函数库提供了一些宏定义的函数，用于对存储空间的访问。绝对地址访问函数的原型声明包含在头文件 absacc.h 中。常用的绝对地址访问函数如附表 6 所示。

附表6　常用的绝对地址访问函数

函数	功　　能	函数	功　　能
CBYTE	对 8051 单片机的存储空间进行寻址 CODE 区	PWORD	访问 8051 单片机的 PDATA 区存储空间
DBYTE	对 8051 单片机的存储空间进行寻址 IDATA 区	XWORD	访问 8051 单片机的 XDATA 区存储空间
PBYTE	对 8051 单片机的存储空间进行寻址 PDATA 区	FVAR	访问 FAR 存储器区域
XBYTE	对 8051 单片机的存储空间进行寻址 XDATA 区	FARRAY	访问 FAR 空间的数组类型目标
CWORD	访问 8051 单片机的 CODE 区存储空间	FCARRAY	访问 FCONSTFAR 空间的数组类型目标
DWORD	访问 8051 单片机的 IDATA 区存储空间		

参考文献

[1] 王静霞，杨宏丽，刘俐. 单片机应用技术：C 语言版. 北京：电子工业出版社，2009
[2] 马忠梅，等. 单片机 C 语言应用程序设计. 北京：北京航空航天大学出版社，2001
[3] 彭芬. 单片机 C 语言应用技术. 西安：西安电子科技大学出版社，2012
[4] 高卫东. 51 单片机原理与实践：C 语言版. 北京：北京航空航天大学出版社，2011
[5] 黄翠翠. MCS-51 单片机原理及应用. 北京：北京大学出版社，2013
[6] 刘成尧. 项目化单片机技术综合实训. 北京：电子工业出版社，2013
[7] 鲍安平，严莉莉，王璇. 单片机应用技术. 西安：西安电子科技大学出版社，2013
[8] 任正云. C 语言程序设计. 北京：中国水利出版社，2009
[9] 杜文洁，王晓红. 单片机原理及应用案例教程. 北京：清华大学出版社，2012
[10] 陈海松，何慧琴，刘丽莎. 单片机应用技能项目化教程. 北京：电子工业出版社，2012
[11] 李全利. 单片机原理及应用技术. 北京：高等教育出版社，2013
[12] 孙福成. 单片机原理与应用：KEIL C 项目教程. 西安：西安电子科技大学出版社，2012